大型通江湖泊河-湖两相判别及水质监测评价优化方法

王　华　方少文　邓燕青
梁东方　刘建新　王仕刚　著

科学出版社
北　京

内 容 简 介

本书阐述大型通江湖泊河-湖两相判别及水质监测评价优化方法，系统概括湖泊水质监测评价基本方法、鄱阳湖水文泥沙特征与水环境特征、碟形湖分布特征、数学模型构建等基本理论和技术，通过大量资料收集、野外监测、室内实验及相应数学模型建立，对鄱阳湖河-湖两相判别理论和技术展开研究，并对水质监测评价方法进行优化。研究成果为大型通江湖泊水环境质量评价提供重要的参考。

本书可供水利部门、环境保护部门、城市建设管理部门的管理者与决策者以及相关专业的科研人员参考阅读。

图书在版编目（CIP）数据

大型通江湖泊河-湖两相判别及水质监测评价优化方法 / 王华等著. —北京：科学出版社，2022.9

ISBN 978-7-03-073206-4

Ⅰ. ①大… Ⅱ. ①王… Ⅲ. ①鄱阳湖-水质监测-研究 Ⅳ. ①X832

中国版本图书馆 CIP 数据核字（2022）第 170903 号

责任编辑：周 炜 梁广平 罗 娟 / 责任校对：任苗苗

责任印制：吴兆东 / 封面设计：蓝正设计

科 学 出 版 社 出版

北京东黄城根北街 16 号

邮政编码：100717

http://www.sciencep.com

北京中石油彩色印刷有限责任公司 印刷

科学出版社发行 各地新华书店经销

*

2022 年 9 月第 一 版 开本：720 × 1000 B5

2022 年 9 月第一次印刷 印张：16

字数：300 000

定价：118.00 元

（如有印装质量问题，我社负责调换）

前　　言

鄱阳湖是中国第一大淡水湖泊，通江特征显著。其流域面积占长江流域面积的 9%，水量占长江流域水量的 15%，多年平均经湖口汇入长江的径流量为 1470 亿 m^3。鄱阳湖聚集了许多世界珍稀濒危物种，是白鹤等珍稀水禽和珍稀森林鸟类的重要栖息地和越冬地，被列入首批“中国国际重要湿地名录”，是一个具有全球意义的生态宝库。作为长江中下游通江湖泊的典型代表，鄱阳湖在调节长江径流、维护生态平衡、保持生物多样性、发展区域生态经济等方面起着重要作用。

鄱阳湖承纳赣江、抚河、信江、饶河、修河五大河流来水，经调蓄后由湖口注入长江，五河来水及长江的双重影响形成了鄱阳湖独特的水情特征。鄱阳湖季节性特征显著，高水湖相，低水河相，换水周期短，与典型湖泊有极大差别。江西省水文局多年水资源动态监测结果显示：汛期高水位时，鄱阳湖呈湖泊形态，湖面面积、库容及水体自净稀释能力显著增加，大多数监测点水质都能达Ⅲ类及Ⅲ类以上标准；枯水期低水位时，湖面缩小、在流速及形态上体现出河流的特征，若仍然按照湖库水质评价标准评价此状态下的水质，多数监测点在总磷、总氮等水质指标上会出现劣于Ⅲ类，甚至有劣Ⅴ类的情况，而采用针对河流的水质评价标准评价时,与当地水流条件相似的河流相比,其水质评价结果则优 1～2 个等级。针对鄱阳湖枯水期湖相特征不显著，水文特征异于典型湖泊的情况，应用典型湖泊水质评价标准评价鄱阳湖枯水期水质显然不尽合理，也不够科学，严重制约了鄱阳湖水资源管理及后续的流域环境规划与污染负荷削减分配研究。

针对鄱阳湖水质评价工作中存在的问题，本书开展鄱阳湖河-湖两相不同形态下水质评价优化体系研究，针对不同形态下的鄱阳湖采用有区别的、科学可靠的、适用于鄱阳湖不同水期的水质评价方法及标准。本书综述世界范围内通江湖泊水环境保护、河-湖两相判别及水质监测评价体系研究进展；以我国最大的淡水湖泊及最典型的通江湖泊鄱阳湖为例，针对其水位宽幅变化，以及高水似湖、低水似河的复杂水环境特征,提出基于特定时空条件的河-湖两相判别及水质监测评价优化方法；基于鄱阳湖特殊的地理位置，系统分析其水文泥沙、水环境、水生态等基础特征；探索鄱阳湖进出湖水量、湖体水位对降水过程的响应机制，阐明“降水过程-进出湖水量-湖体水位”的相互关系；基于湖体与入湖河道水文特征，揭示不同时间、空间尺度下鄱阳湖水体形态对水文过程响应关系；构建湖泊水环境耦合数学模型并基于野外实测数据对模型进行率定验证，开展不同水平年鄱阳湖长序列水环境数值模拟研究；综合实测数据及数值计算结果，提出考虑水深、水动力、水龄等多因素的河-湖两相定量判别方法体系，实现鄱阳湖特定空间点位特定时间尺度下的河-湖两相定量判别；基于判别结果，针对鄱阳湖水环境质量评价工作中存在的实际问题，提出监测评价点位优化方法并选择典型年对湖泊水质开展回顾性分析与评价。国内在水质评价标准方面尚无一湖两标的相关研究，本书的研究成果可为国内类似研究提供借鉴，具有积极的理论与实践参考意义。

本书共 8 章，由王华、方少文、邓燕青、梁东方、刘建新、王仕刚共同撰写。邢久生参与了第 1 章、第 2 章的撰写，袁伟皓参与了第 4 章、第 8 章的撰写，曾一川参与了第 6 章的撰写，李保参与了第 3 章、第 5 章、第 7 章的撰写，祝水贵、郭玉银、李梅、颜宇、曹美、刘恋、龚芸、李媛媛、沈子琳、李晓瑛、吴怡、田雪琪、崔芳、李思琼、闫雨婷、徐浩森、袁定波、张晶晶、周闪闪、刘志奇、张迪、赵义君、沈雨晗、闫怀宇、杜涵蓓、万皓、吴孟桉参与了本书的资料收集、数据整理和部分章节的撰写工作，在此一并表示感谢。全书由王华统稿。

本书为江西省水利厅重大科技项目“鄱阳湖河湖相判别及水质监测评价体系研究”(KT201314)、国家自然科学基金项目“通江湖泊水沙节律性波动环境下重金属铜的迁移机制”(51779075)、江西省水利厅重点科技项目“基于时空二维差异的鄱阳湖水质特征研究”(KT201623)联合资助的成果。

限于作者水平，书中难免存在不妥之处，敬请读者批评指正。

作　者
河海大学环境学院
2022 年 1 月

目　录

第1章　绪　　论

1.1　通江湖泊基本概念与特征

水是人类及动植物赖以生存的必不可少的物质资源，同时也是工农业生产、社会经济发展和生态环境改善不可替代的极为宝贵的自然资源。从数量上看，地球上的水量是非常丰富的，地球表面积为 5.1 亿 km^2，水圈内部水体的总储量约 13.86 亿 km^3。海洋总面积约 3.61 亿 km^2，占地球表面积的 70.8%；海水储量为 13.38 亿 km^3，占全球水总储量的 96.5%。陆地总面积约为 1.49 亿 km^2，占地球表面积的 29.2%；陆地水储量仅为 0.48 亿 km^3，约占全球水总储量的 3.5%[1,2]。在地球总储水量中，咸水约占 97.47%，淡水约 0.35 亿 km^3(含盐量≤1g/L)，占 2.53%。淡水中有 69.56%为固体状态，大部分存在于两极冰川与雪盖、高山冰川和永久冻土层中，难以利用；其次为地下水，占淡水总量的 30.1%，主要分布在地面至深度 2000m 的地壳中；其余为湖泊、沼泽、河流中的水[3,4]。

全球可利用的淡水总量不到全球总储水量的 1%，这部分淡水与人类的关系最为密切，具有极其重要的社会、经济和环境价值[4,5]。水的分类方案很多，根据研究任务、目的的不同，采取的方案也有所区别，如按水的存在形式可分为气态水、液态水和固态水，按照水中的含盐量又可分为咸水、半咸水和淡水，按天然水所处的环境又可分为海水、大气水及陆地水。水体是指河流、湖泊、水库、沼泽、海洋以及地下水等水的聚积体，按类型可以分成陆地水体和海洋水体以及地表水体和地下水体。在环境学中，水体不仅包括水本身，还包括水中的悬浮物、溶解物质、胶体物质、底质和水生物等，水体是一个完整的生态系统或完整的自然综合体。

1.1.1　通江湖泊的定义与分布

通江湖泊指与河流相通、有江河水自由入湖或湖水自由入江河的湖泊。与此相对应的是阻隔湖泊，即由于大坝、堤坝、水闸等修建，湖泊与江河间的水不能自由流动的湖泊[6]。通江湖泊可分为完全通江湖泊与部分通江湖泊，完全通江湖泊(图 1.1)是指江水自由入湖并自由出湖的湖泊，部分通江湖泊(图 1.2)是指有江水自由入湖、湖水自由入河流的湖泊或河水自由入湖、湖水自由入江的湖泊。

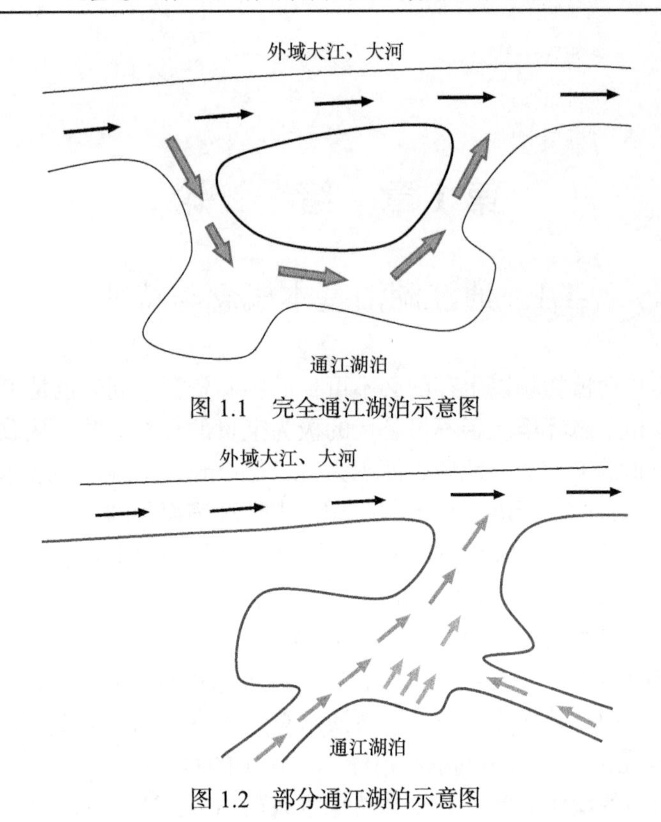

图 1.1 完全通江湖泊示意图

图 1.2 部分通江湖泊示意图

长江中游是中国湖泊最为集中的区域之一，湖北省曾有“千湖之省”之称。长江两岸的绝大多数 10km^2 以上的湖泊为通江湖泊，数量超过 100 个，其中湖南约 20 个，湖北近 40 个，江西、安徽约 10 个[7,8]。但现在除了我国的两大淡水湖泊鄱阳湖和洞庭湖，其他通江湖泊与长江的自然联系几乎已全部被切断。

1.1.2 通江湖泊环境特征与问题分析

1. 水资源特征

通江湖泊与长江相通，江水倒灌是通江湖泊的典型特征，具有调蓄长江洪水、维持湖泊水位、保障湖泊区水资源利用安全、促进洲滩湿地生态演变等功能。通江湖泊季节性水位波动的变化更趋复杂，长江中游来水对鄱阳湖水位变化起到了决定性的作用。通江湖泊具有复杂的水沙交换过程和输移交换规律[9,10]。

2. 水环境特征

通江湖泊内部污染物质的输移过程和湖泊水环境容量易受长江和三峡水库的影响，在特定的条件下可能导致通江湖泊局部水体环境质量恶化、富营养化加重和藻类水华暴发，同时这些变化又反过来影响湖泊湿地植被生长和发育，改变湿地水动力、水质净化能力和珍稀候鸟栖息地生境等。有研究表明，洞庭湖水文情势的改变导致枯季水环境容量上升，而洪季水环境容量则有所下降。三峡水库蓄水期，鄱阳湖因大量湖水注入长江，湖口水位降低，湖泊水量的减少降低了水体自净能力，导致水质下降；三峡水库泄水期，江水对鄱阳湖湖水出流顶托加重，延长水滞留时间，增加入湖污染物滞留，可能引起水质下降。此外，长江倒灌鄱阳湖带来的泥沙也影响了鄱阳湖水体的透明度。

3. 生态系统特征

通江湖泊孕育了大片生机勃勃的湿地，具有丰富的生物多样性，与长江急流水域相比，通江湖泊保持了缓流或者静止水体的环境，使一些鱼类在急流中产卵，到静水中育肥和避难，为许多洄游或半洄游性鱼类提供“三场一道”(索饵场、繁殖场、育肥场和洄游通道)。这种静与动兼具的水环境，构成了长江中下游特有的生物多样性。鄱阳湖和洞庭湖都是吞吐型湖泊湿地，都具有“洪水一片，枯水一线”的特点，枯季大片滩地及浅水区是国际重要的越冬候鸟栖息地，是全球生态系统重要的环节之一。通江湖泊水位的季节性涨落会影响湿地植被的类型、分布范围及演替，同时还会影响候鸟栖息地的面积和空间分布[11]。

4. 问题与研究难点

江湖关系变化将改变江湖水文情势，进而直接影响江湖防洪、水资源供给、水环境及水生态的安全，维系江湖两利的健康江湖关系是长江中游江湖关系研究的根本目的，而江湖关系健康评价指标体系的构建和指标健康阈值的确定又成为江湖关系研究的一个难题。传统湖泊水安全评价较多考虑湖泊本身的水位、流量等特征指标，较少考虑水环境和水生态指标，更没有涉及这些水安全指标与相关水情要素变化的关联。就湖泊水环境和水生态安全评价方面，长江中游两湖复杂湖泊水文水动力条件与水环境水生态的关系研究尚未开展。其他区域的研究表明，湖泊水体营养状态指数和营养盐滞留系数是受水文情势和水动力学条件影响的、反映湖泊水体富营养化的重要指标。

1.1.3 通江湖泊研究内容与意义

迄今为止，针对通江湖泊开展的水环境保护研究仍处于较初级阶段。万荣荣等[8]针对长江中游通江湖泊江湖关系当前研究现状和存在的问题，提出研究江湖关系表征指标体系是正确认识江湖关系的前提，但未涉及其水环境、水生态保护方面的研究内容。王华等[12]针对滨江水体的环境特征，对其水环境容量及生态环境需水量进行定量计算分析，虽取得了一定研究成果，但尚未提出水体生态环境保护的系统理论与措施。陈永泰等[10]对我国湖泊流域水环境保护现状进行调查并进行展望，但未提出湖泊水环境保护具体措施。

通江湖泊水体所面临的水资源、水环境、生态系统及城市景观生态等各方面的问题并不是单独存在的，其内部相互影响、相互制约，寻找科学有效的技术方法，系统并全面地解决通江湖泊水体的系列性问题是研究的难点。通江湖泊水体与外域大江、大河的水量交换在季节上存在严重的不均匀性。在水质相对较好的丰水期，外域水体的水量补给有利于改善湖泊水体水质，但由于来水含沙量较高，过多的交换水量会导致湖泊水体泥沙淤积，降低水体透明度，影响城市生态景观；而在泥沙含量相对较低的枯水期，泥沙淤积问题有所减缓，但由于交换水量较低，水环境容量不足，水体水质恶化严重，无法达到水质要求。所以，通江湖泊与外域大江、大河相通，是水环境改善的重要保障，需要解决的问题首先是通江湖泊水体与外域水体之间水量、水质与泥沙三者的平衡问题，使这一平衡点达到既满足水质要求，又能最大限度地减少泥沙淤积的目的；其次是大水位变幅条件下的生态修复问题。水质污染、泥沙淤积以及过多的人类活动干预等加剧了通江湖泊水体生态系统结构与环境功能的进一步退化。实现通江湖泊水体的生态修复，维持其健康、稳定的生态系统非常重要，而通江湖泊水体特殊的地理位置导致其水文特征尤其是水位条件复杂多变，增加了生态修复的难度。

关于通江湖泊水体水环境保护的研究尚未形成系统理论，要解决通江湖泊水体所面临的系列性问题，今后应着重开展以下几方面的研究：①水污染控制技术研究。工业的迅猛发展、人口数量的不断增多，大量的生活和工业污染源排入湖泊水体，引起了水质恶化、藻类暴发、生态系统破坏等一系列问题，所以水污染控制技术研究成为通江湖泊水体研究的主要任务之一。②生态修复技术研究。由于特殊的地理位置，通江湖泊水体是一个比较脆弱的生态系统；水质恶化、泥沙淤积以及人为干预较强等使得湖泊水体生态系统受损严重。针对通江湖泊水体的系统特征，提出有效可行的生态修复技术方案，对退化的湖泊水体生态系统进行修复，使其回到健康正常状态，也是通江湖泊水体研究的重要任务。③水量调控技术研究。该研究主要包括两个方面，首先是通江湖泊水体水量、水质、泥沙平衡关系的研究。水量、水质、泥沙之间是相互影响、相互制约的，掌握三者的相互平衡关系是形成有效的工程技术并综合解决水体各方面问题的重要理论基础。其次是满足平衡关系的水量调控工程技术研究。由于外域水体的水文情势时空变化复杂，基于平衡关系形成可操作并具有一定普遍性的水量调控工程措施非常重要。④长效管理技术研究。研究所形成的工程技术措施有利于解决水体的水质污染、泥沙淤积、生态系统破坏等一系列问题，然而在这些技术措施运用后，通江湖泊水体的水资源、水环境以及生态系统等各方面特征都会有所变化，如果没有合理科学的长效管理技术，技术措施的正面效益有可能得不到充分体现，甚至会给湖泊水体带来一些负面影响。所以，满足长效管理的工程技术研究，是维持滨江水体健康、可持续发展的重要保障[13-15]。

1.2 湖泊河-湖两相判别研究意义和方法

1.2.1 湖泊河-湖两相判别的意义

按照水文水资源学的定义，河流是由一定区域内地表水和地下水补给，经常或间歇地沿着狭长凹地流动的水流。河流最明显的特征是它自然地向下游流动，湖泊的流速通常比河流小得多。河口虽然与河流的流速大小相当，但是受潮汐的影响，河口处水的流动是双向的。河流在流域中充当汇还是源的作用取决于时间与河流的位置。支流是指流入一个更大的水体的河流或者溪流，这个水体可以是河流、湖泊或者河口。流域指的是河流的干流和支流所流过的整个区域。河流及相应的支流通常只占据总流域中较小的一部分，它们像排水系统一样向下游输运水、营养物质、泥沙和有毒物质，通常是流向河口或者湖泊。

随着时间推移，河流的特征随着人类活动、气候和水文条件的变化发生显著的改变。其中，河流在形态、水动力与生态学特性上变化巨大，如河流坡度、宽度、深度、流量、流速、水温、携带的营养物质和富营养化过程等。河流多种多样，既有深而缓的河流(如美国的密西西比河)，也有浅而急的河流(如中国台湾的淡水河)。台湾作为海岛，地势中部高、四周低，平原面积较小，以山地丘陵为主，河流流程短，落差大，多浅而急。

湖泊的水动力作用与海洋有些类似，主要表现为波浪和岸流作用，小型湖泊通常缺乏潮汐作用。风力的影响下，湖泊的表面可形成较强的波浪，称为湖浪，通常湖浪基面深度不超过 20m。湖浪作为一种侵蚀和搬运的地质营力，在滨湖地区表现得较为明显。湖浪与湖岸斜角所形成的沿岸流形成各种侵蚀地形和沉积砂体，如浪蚀湖岸、沙坝、沙嘴、堤岛等[16,17]。

湖泊与河流最主要的区别是水流的速度不同，湖泊中水流的速度要小得多。河流的快速流动性形成了在垂向和横向均匀混合的廓线和向下游的快速输运，湖泊中相对较深、流速较慢的水则会有垂向分层和横向变化。湖泊易形成季节性及年际性蓄水，上下游的双重影响形成了湖泊独特的水情特征，水体长时间的停留使得湖水及沉积床的内部化学生物过程显著，这些过程在流速较快的河流中则可以忽略。湖泊和河流的水质监测评价体系是不一样的。通江湖泊汛期高水位时，呈湖泊形态，湖面面积、库容及水体自净稀释能力显著增加，大多数监测点水质较好；枯水期低水位时，湖面缩小、在流速及形态上体现出河流特征，若仍按照湖泊水质评价标准评价该状态水质，多数监测点水质指标会出现较差的结果，而相同点位若运用河流水质标准评价，其水质评价结果可提升1～2个等级。部分通江湖泊枯水期湖相特征不显著，水文特征异于一般湖泊，应用湖泊水质标准评价枯水期水质，严重制约了湖泊水资源管理及后续的流域环境规划与污染负荷削减分配研究，其科学性、合理性有待研究。国内外针对通江湖泊“一湖两标”的水质评价体系研究尚不多见，河-湖两相判别(图1.3)研究成果可为类似通江湖泊水质评价提供参考，并为建立完善的通江湖泊水环境保护理论体系奠定重要基础。

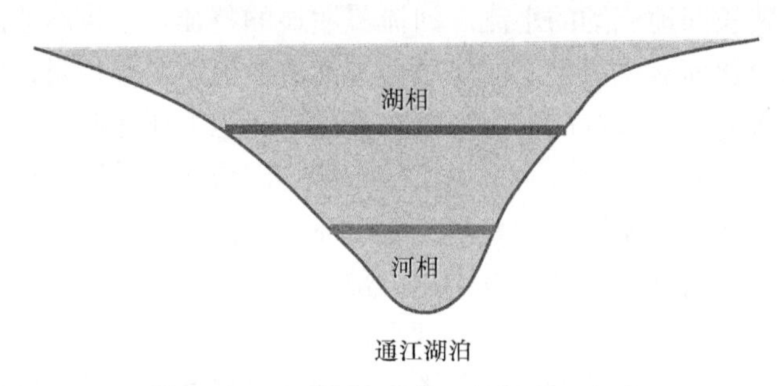

图1.3 通江湖泊河-湖两相判别示意图

1.2.2 湖泊河-湖两相判别方法

本书以鄱阳湖为研究对象,开展大型通江湖泊河-湖两相判别及水质监测评价优化方法研究；针对通江湖泊不同形态特征，提出考虑河-湖两相的水质评价方法，为科学合理地评价通江湖泊不同水期的水质状态奠定基础。书中首先综述世界范围内通江湖泊水环境保护、河-湖两相判别及水质监测评价体系研究动态；以代表性通江湖泊鄱阳湖为特定研究区，针对其水位宽幅变化的复杂环境特征，提出基于特定时空条件的河-湖两相判别及水质监测评价优化方法；基于湖体与入湖河道水文特征，揭示不同时间、空间尺度下鄱阳湖形态对水文过程响应关系研究；构建湖泊水环境耦合数学模型，并基于野外实测数据对模型进行率定验证，开展不同水平年湖泊长序列水环境数值模拟研究；综合实测数据及数值计算结果提出考虑水深、水动力、水龄等多因素的河-湖两相定量判别方法体系，实现通江湖泊特定空间点位特定时间尺度下的河-湖两相定量判别；基于判别结果，提出各监测点位水质评价优化方法并选择典型年对湖泊水质开展回顾性分析与评价。通过本书的研究，能够更为科学合理地掌握不同水期不同形态下通江湖泊的水质状况，揭示其水质变化趋势及规律，为流域水环境管理和规划提供与实际情况更为相符的数据支撑和决策依据。

1.3 鄱阳湖河-湖两相判别研究概况

1.3.1 鄱阳湖介绍

鄱阳湖位于江西省北部，长江中下游南岸，北纬 28°25′～29°45′，东经 115°50′～116°44′。鄱阳湖是中国第一大淡水湖，也是最为典型的通江湖泊，具有防洪、调节气候、涵养水源、净化水质和维持生物多样性等功能。鄱阳湖涉及南昌、新建、进贤、余干、鄱阳、都昌、湖口、九江、星子、德安和永修等市(区、县)，上游承接赣江、抚河、信江、饶河、修河五条主要河流来水，经湖区调蓄后由湖口注入长江，是一个季节性较强的吞吐型湖泊。从空间形状看，整个湖面像是一个葫芦，以松门山为界可分为南、北两部分，北面为入江水道，湖体窄而深，长 40km，最窄处约为 2.8km；南面为主湖体，湖泊宽而浅，长 133km，最宽处达 74km。鄱阳湖平均水深约为 7.4m，整个湖盆由东南向西北倾斜，湖底高程由 12m 降到湖口 1m 左右。湖中共有大小岛屿 41 座，总面积约为 103km^2[18,19]。鄱阳湖水面面积与库容随季节变幅较大。根据近 50 年观测资料，鄱阳湖多年最高最低水位差达 15.79m，最大年变幅为 14.04m，最小年变幅也达 9.59m。鄱阳湖水位高程为 9m 时(湖口水文站，吴淞基面)，湖区面积为 204.5km^2；水位高程为 14m 时，面积为 2692km^2；水位高程为 18m 时，面积为 3155km^2；历年最高水位 22.59m 时(1998 年 7 月 31 日)，湖区面积 4500km^2，容积 3.4×10^{10}m^3；历年最低水位 5.9m 时(1963 年 2 月 6 日)，面积仅为 146km^2[20]。

鄱阳湖独特的水情动态和环境条件，孕育了丰富的生物多样性。周期性的湖水快速更换、典型的湖泊洲滩湿地结构，以及与长江的密切水力联系和生态联系，形成了包括湖泊水域生态系统、湿地生态系统、江湖相互作用等彼此相关联的复杂水文环境与湿地结构。鄱阳湖是长江中下游仅存的两个大型通江湖泊之一(另一个是洞庭湖)，在维系长江水量平衡和区域水域生态平衡方面，发挥着十分重要的作用，成为我国首批列入“中国国际重要湿地名录”的 7 块湿地中的一块，是国际迁徙性候鸟在中国南方的主要驿站和越冬栖息地。

鄱阳湖水情变化特征与太湖、巢湖等湖泊具有显著不同的特点：高水湖相，低水河相，换水周期短。本书针对鄱阳湖“高水是湖，低水似河”的特殊形态，基于鄱阳湖水文水质资料的收集与湖泊特征的提炼，以鄱阳湖不同水位级的水文要素(流速、比降等)为因子，研究鄱阳湖河相、湖相不同水文特征的判别方法，以原有监测点位为基础，通过水环境数学模型等工具，对原有监测点位进行调整，优化筛选适于不同水体特征、不同水期的监测点位(断面)，建立科学准确的鄱阳湖水体监测网络，构建对应鄱阳湖不同形态下的水质评价体系。通过本书的研究，能够合理有效地掌握不同水期不同水体形态下鄱阳湖的水质状况，揭示其水质变化趋势及规律，为流域水环境管理与规划提供与实际情况更为相符的数据支撑与决策依据，为推进鄱阳湖生态经济区和鄱阳湖生态水利枢纽工程建设、永葆鄱阳湖一湖清水以及鄱阳湖生态保护提供理论和技术支撑。

1.3.2 本书主要研究内容

(1) 基于水文学指标与地理信息系统技术，开展鄱阳湖河-湖两相判别研究，确定鄱阳湖典型水位边界范围，通过各功能区及分区水质达标状况分析，确定几个鄱阳湖典型水位区间，确定湖泊边界范围图。

(2) 基于鄱阳湖典型水位边界划分成果，构建典型时期的鄱阳湖水流耦合数学模型，数值模拟鄱阳湖水动力及水龄分布规律，作为河-湖两相判别标准的依据之一。

(3) 依据鄱阳湖水动力水龄模拟结果，基于鄱阳湖水文特征，进行鄱阳湖水力分区，探讨鄱阳湖水位-水面-库容响应特征、水流结构分布特征、水龄时空分布特征。

(4) 以水位、流速为主，水龄等参数为辅，进行河-湖两相判别标准划分，分析河-湖两相判别结果。

(5) 依据鄱阳湖河-湖两相判别结果，具河相特征时采用河流评价标准，具湖相特征时采用湖库评价标准，对过往水质进行回顾性评价，对比单-双相水质评价结果。

1.3.3 本书主要研究方法

基于鄱阳湖遥感图像、历史及现状气象以及水文数据分析结果，构建包括经河道出入湖水量、环湖水资源利用量、湖面降水量、湖面蒸发量的湖体水量平衡模型，建立鄱阳湖水面面积、湖体蓄积水量(库容)、进出湖水量与鄱阳湖水位之间的关系曲线。明确各入湖河流对鄱阳湖水量贡献程度，研究各主要入湖河流丰水期、平水期、枯水期水位和流速、流量等水文要素与湖体上述水文要素的相关关系。基于湖体与入湖河道水文特征分析，探索不同时间尺度(丰水期、平水期、枯水期)、不同空间尺度(进行鄱阳湖分区)下水文过程与鄱阳湖水体形态响应关系。

分析鄱阳湖形态特征和水位年内年际变幅，以 3 或 4 个不同湖区点位为例，选择丰水、平水、枯水典型年份全年水位波动过程，根据湖区内水位随空间分布的差异性，以及水位波动导致的鄱阳湖动态边界特征，确定六个典型边界范围。

基于鄱阳湖气象水文数据和环境流体动力学模型(environmental fluid dynamics code，EFDC)构建典型边界的鄱阳湖二维水动力模型，运用水龄和拉格朗日颗粒物追踪模块，研究不同典型边界条件下，鄱阳湖水龄时空分布特征，并将水龄作为湖泊水动力的辅助因子引入多因子判别方法。

1.3.4　研究技术路线

基于鄱阳湖不同时期的淹没特征，进行水位、入湖流量等水文频率分析，确定典型水位下边界范围。在典型水位条件下，分析湖泊形态特征，水位的年内变幅。在模型构建的基础上，对湖区各个点位区域进行水深条件分析、水动力分析及水龄特征分析，建立鄱阳湖分区下多因子河-湖两相判别标准，应用新标准对过往水质进行回顾性评价，研究技术路线如图1.4所示。

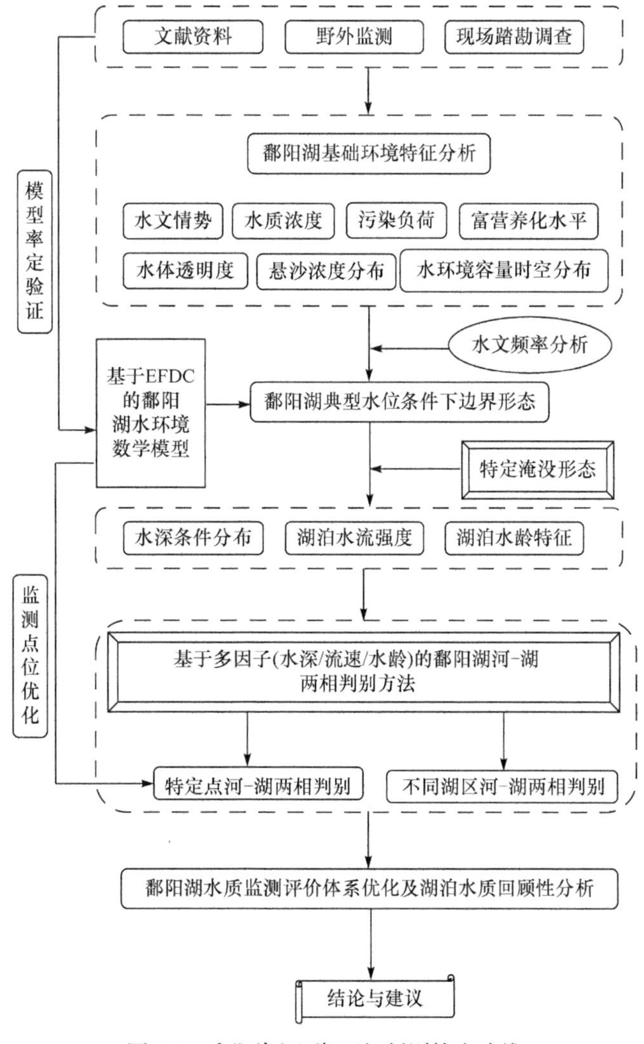

图1.4　鄱阳湖河-湖两相判别技术路线

参 考 文 献

[1] 任伯帜. 水资源利用与保护[M]. 北京：机械工业出版社, 2007.

[2] 谢良国. 水资源可持续利用与水资源管理的重要性分析[J]. 中国标准化, 2018, (24): 118-119.

[3] 秦平. 论述我国水资源合理开发利用及其保护[J]. 四川建材, 2018, 44(11): 42, 46.

[4] 梁璐. 开放条件下的资源利用与环境保护研究[J]. 资源节约与环保, 2018, (10): 118-119.

[5] Craig J, Hollis A. Stream Management Concepts and Methods in Stream Protection and Restoration[R]. Vicksburg: Environmental Laboratory US Army Waterways Experiment Station, 1999.

[6] 陈进. 长江通江湖泊的保护与利用[N]. 人民长江报, 2009-6-20(B01).

[7] 戴雪, 何征, 万荣荣, 等. 近 35a 长江中游大型通江湖泊季节性水情变化规律研究[J]. 长江流域资源与环境, 2017, 26(1): 118-125.

[8] 万荣荣, 杨桂山, 王晓龙, 等. 长江中游通江湖泊江湖关系研究进展[J]. 湖泊科学, 2014, 26(1): 1-8.

[9] 郭雪蕊. 基于水动力学的武汉市东湖水质模拟[D]. 西安: 西安理工大学, 2018.

[10] 陈永泰, 金帅. 我国湖泊流域水环境保护研究现状及展望[J]. 生态经济, 2015, 31(10): 107-110.

[11] 王茹. 地表水的常规监测项目进展与问题探讨[J]. 资源节约与环保, 2013, (9): 168.

[12] 王华, 逄勇, 张刚, 等. 滨江潮汐型水体水下光场时空分布模拟[J]. 北京理工大学学报, 2009, 29(6): 547-551.

[13] 欧阳千林, 王婧. 鄱阳湖河湖两相下湖流和水质变化特征研究[J]. 江西水利科技, 2018, 44(5): 356-362.

[14] 浩云涛, 李建宏. 椭圆小球藻对 4 种重金属的耐受性及富集[J]. 湖泊科学, 2001, 13(2): 158-162.

[15] 谭志强, 许秀丽, 李云良, 等. 长江中游大型通江湖泊湿地景观格局演变特征[J]. 长江流域资源与环境, 2017, 26(10): 1619-1629.

[16] 李琴, 郭恢财. 鄱阳湖“斩秋湖”水位调控方式对湖泊湿地的影响及启示[J]. 湿地科学与管理, 2017, 13(3): 27-31.

[17] 王芳. 地表水水质监测现状分析与对策[J]. 化工设计通讯, 2017, 43(1): 159.

[18] 张夏娟. 地表水监测技术及展望[J]. 资源节约与环保, 2013, (7): 252.

[19] 张颖. 浅谈我国地表水水质监测现状[J]. 科技信息, 2011, (26): 59, 61.

[20] 贾海燕, 朱惇, 卢路. 鄱阳湖健康综合评价研究[J]. 三峡生态环境监测, 2018, 3(3): 74-81.

第 2 章　鄱阳湖及其流域基本概况

2.1　流域社会经济

2015 年，鄱阳湖流域实现区域生态环境质量继续位居全国前列，率先构建生态产业体系，生态文明建设处于全国领先水平，实现经济的高速发展，达到富裕的现代化水平，努力打造辐射中东部的中国经济重要增长极[1-3]。预期未来实现地区构建保障有力的生态安全体系，形成先进高效的生态产业集群，建设世界级生态宜居、经济发达的新型城市群，打造中部崛起的象征，中国现代化的缩影标志性区域，2025 年前后基本实现高等现代化[4-6]。

2.1.1　流域人口

2015 年鄱阳湖流域总面积为 16.69 万 km^2，人口总数为 4565.63 万人，人口密度为 273 人/km^2，是全国人口密度的 1.91 倍。2010～2015 年，鄱阳湖流域总人口持续增长，人口密度也逐渐增加，但人口自然增长率有所降低，具体如表 2.1、图 2.1 所示。

表 2.1　鄱阳湖流域人口密度及变化(2010～2015 年)

年份	2010	2011	2012	2013	2014	2015
总人口/万人	4462.25	4488.44	4503.93	4522.15	4542.16	4565.63
人口自然增长率/‰	7.66	7.50	7.32	6.91	6.98	6.75
人口密度/(人/km^2)	267	269	270	271	272	273

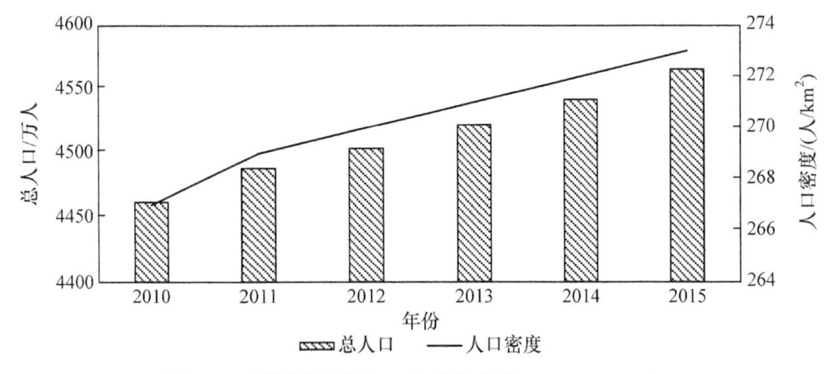

图 2.1　鄱阳湖流域人口密度及变化(2010～2015 年)

2.1.2 流域经济

从江西省产业角度看，据《江西统计年鉴 2016》：在 2001～2015 年，第二产业包括工业和建筑业的平均增长速度为三大产业中最大值，为 15.1%，总量指标由 2010 年的 5122.88 亿元显著上升到 2015 年的 8411.57 亿元。2015 年，规模以上工业企业工业增加值为 7268.86 亿元，规模以上工业企业资产总计为 18971.56 亿元，规模以上工业企业利税总额为 3543.76 亿元。其主要工业产品中，化学纤维 46.88 万 t、原煤产量 2090.22 万 t、原油加工量 555.50 万 t、发电量 843.41 亿 kWh、钢材 2577.57 万 t、水泥 9438.01 万 t、汽车 42.15 万辆等。三大产业总量指标增长如图 2.2 所示。

从财政的角度看，据《江西统计年鉴 2016》：全社会固定资产投资由 2010 年 7164.62 亿元显著增长至 2015 年 17388.13 亿元，2001～2015 年平均增长速度高达 27.5%。其地区财政总收入在 2010 年仅 1226.24 亿元，而在 2015 年已增长至 3021.83 亿元，2001～2015 平均增长速度为 21.1%。同样显著的增长趋势可以在一般公共预算收入和一般公共预算支出中看到，在 2015 年各多达 2165.74 亿元和 4412.55 亿元，2001～2015 年平均增长速度分别为 21.9%和 22.0%。

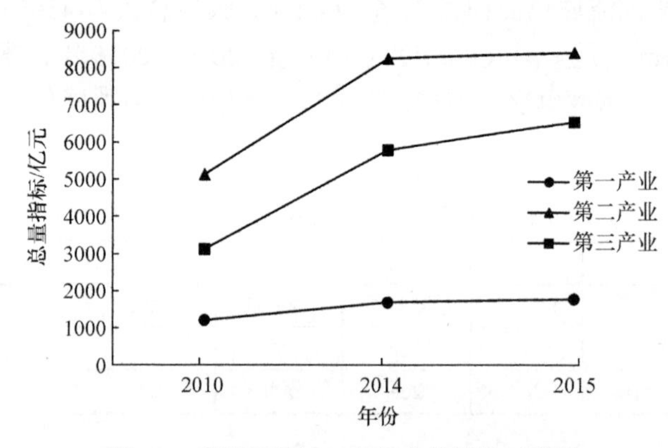

图 2.2 鄱阳湖流域三大产业总量指标增长

2.1.3 能源

2010 年鄱阳湖流域能源生产总量为 2312.8 万 t 标准煤，2012 年增加到 2601.2 万 t 标准煤，到 2015 年又减少到 2356.9 万 t 标准煤。其中原煤占能源生产总量的比例较大，2015 年所占比例为 66.9%，天然气所占比例最小，仅为 0.2%，水电风电所占比例为 26.5%。

2010 年鄱阳湖流域能源消费总量为 6280.6 万 t 标准煤，2015 年增加到 8440.3 万 t 标准煤，呈逐年增加的趋势。其中煤炭占能源消费总量的比例较大，2015 年所占比例为 66.8%，天然气所占比例最小，仅为 2.7%，石油所占比例为 17.3%，水电风电所占比例为 7.4%。

2.2　流域水系特征

鄱阳湖水系是以鄱阳湖为汇集中心的辐聚水系，由赣江、抚河、信江、饶河、修河和环湖直接入湖河流及鄱阳湖共同组成，各河来水汇聚鄱阳湖，经调蓄后由湖口注入长江，水系流域面积约占江西省总面积的 97.2%，占长江流域面积的 9%，其水系年均径流量为 1525 亿 m³，约占长江流域年均径流量的 16.3%。鄱阳湖水系共有入湖河流 13 条，各河流具体信息见表 2.2，入湖河流分布如图 2.3 所示。

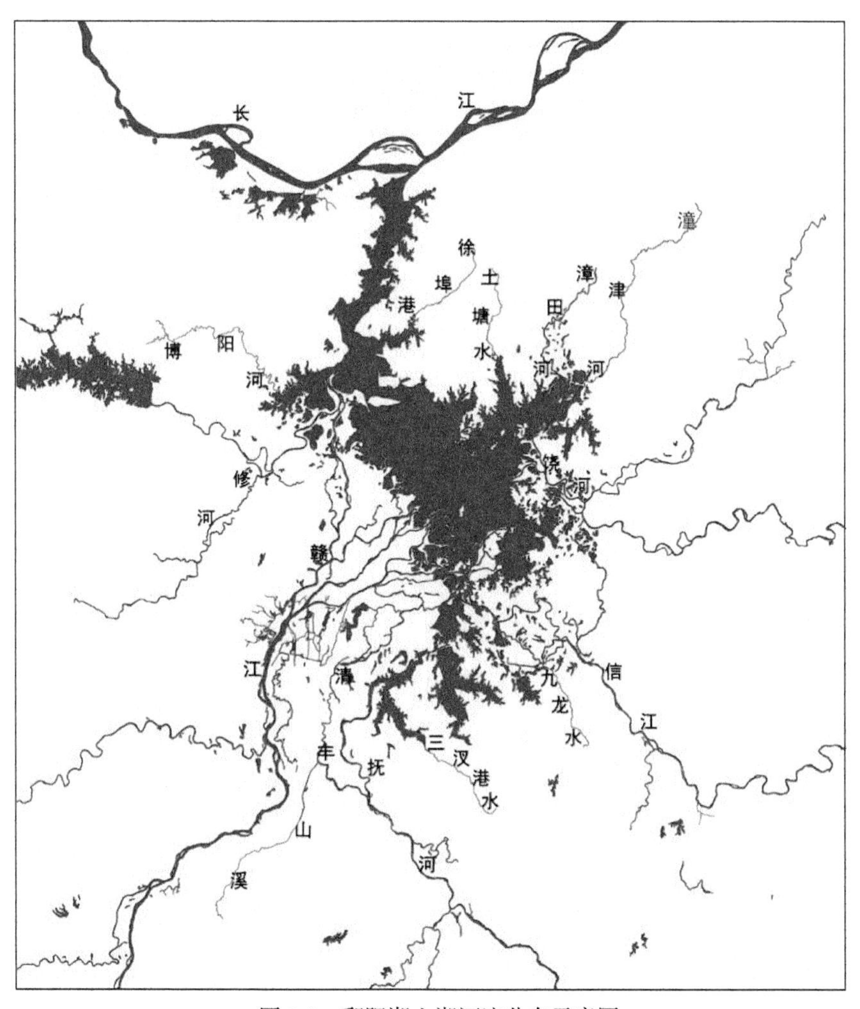

图 2.3　鄱阳湖入湖河流分布示意图

表 2.2　鄱阳湖入湖河流信息

河名	发源地	入河口	河长/km	流域面积/km^2	多年平均径流量/亿 m^3	干流流经地区
赣江	石城县石寮岽	永修县吴城镇望湖亭	823.0	82809	686(外洲)	赣州市、吉安市、宜春市、南昌市、九江市
抚河	广昌县驿前镇灵华峰东侧里木庄	进贤县三阳乡三阳村	348	16493	165.80	广昌县、南丰县、南城县、金溪县、临川区、丰城市、南昌县、进贤县等
信江	玉山县三清乡平家源	余干县瑞洪镇章家村	359	17599	209.10	玉山县、上饶县、信州区、铅山县、横峰县、弋阳县、贵溪市、月湖区、余江县、余干县
饶河	皖赣交界婺源县段莘乡五龙山	鄱阳县双港乡尧山	299.0	15300	165.60	婺源县、德兴县、乐平市、万年县、鄱阳县
修河	铜鼓县高桥乡叶家山	永修县吴城镇望湖亭	419.0	14797	135.05	铜鼓县、修水县、武宁县、永修县
徐埠港	彭泽、都昌两县交界处武山山脉西南麓上天垄	都昌县汪墩乡石咀桥	37.7	231	1.63	都昌县
土塘水	都昌县武山山脉黄土凸南麓	都昌县杭桥茅山林场	33.4	257	1.84	都昌县
漳田河	安徽省东至县大王尖	鄱阳县鸦鹊湖乡独山	103.0	2072	15.19	安徽东至县、江西鄱阳县
潼津河	鄱阳县莲花山乡白马岭峰南麓	鄱阳县游城乡朗埠	84.8	978	7.76	鄱阳县
九龙水	余干县社赓乡李梅岭东麓梅畲山坳	余干县九龙乡大门头宋家村	44.7	207		余干县
三汊港水	东乡县詹圩乡高楼山	进贤县民和镇	31.3	278		东乡县、进贤县
博阳河	瑞昌市南义镇和平山南麓之易家垅	德安县共青城大王庙村	93.5	1220	8.42	瑞昌市、德安县
清丰山溪	丰城市焦坑乡明溪村	进贤县三阳镇	111.0	2380	21.20	丰城市、南昌县

2.2.1 赣江

赣江，古称杨汉、湖汉，是鄱阳湖流域第一大河，位于流域南部，发源于武夷山，在赣州由章江和贡水汇合而成。从南向北流贯江西省，包括贡水在内全长 1200km，集水面积为 8.28 万 km^2。以万安县、新干县为界，分为上游、中游、下游三段。中上游多礁石险滩，水流湍急；下游江面宽阔，多沙洲，因此赣州以下便可以通航。旧时沿岸各地是长江下游与两广的交通纽带。赣江水系支流众多，上游主要有湘水、濂江、梅江、平江、桃江、上犹江等，分别汇入章水和贡水。中游吉泰盆地有孤江、遂川江、蜀水、禾水、泷水等支流汇入。下游有袁水和绵河汇入。赣江流域地表水资源量为 716 亿 m^3，地下水资源量为 192.4 亿 m^3。根据赣江下游控制性水文站(南昌外洲水文站)实测值计算，1956～2000 年的平均径流量为 686 亿 m^3，以此代表赣江年均入湖水资源量，河流含沙量为 0.144kg/m^3。

2.2.2 抚河

抚河是鄱阳湖流域的第三大河，位于流域的中东部，发源于武夷山脉西麓的血木岭。全长 348km，流域面积 1.65 万 km^2，占鄱阳湖流域面积不足 10%。以南城县、抚河市为界，分为上游、中游、下游三段。一般称主支盱江为上游，其间自南城县至抚州市有疏山、廖坊两处火成岩坝段，以下为逐步开展的平原或丘陵；抚州以下为下游，两岸为冲积台地。过柴埠口，抚河进入赣抚平原。至箭江口分为东西两支，东支为主流，经梁家渡下泄，由青岚湖注入鄱阳湖。抚河流域地表水资源量为 161.9 亿 m^3，地下水资源量为 40.2 亿 m^3。年均入湖径流量为 165.8 亿 m^3，河流含沙量为 0.11kg/m^3。

2.2.3 信江

信江，又名上饶江，古称余水，是鄱阳湖流域的第二大河，位于流域的东北部，发源于浙赣两省交界的怀玉山南麓，在上饶由玉山水和丰溪水汇合而成。干流自东向西流动，在余干县境内分为两支注入鄱阳湖，沿途汇入了石溪水、铅山水、陈坊水、葛溪、罗塘河、白塔河等主要支流，全长 359km，流域面积 1.76 万 km^2。信江以上饶和鹰潭为界，分为上游、中游、下游三段。上游沿岸一带以中低山为主，起伏较大。中游为信江盆地，其边缘地势由北东南三面渐次向中间降低，并向西倾斜。下游为鄱阳湖冲积平原区，地势开阔平坦。地表水资源量为 184.2 亿 m^3，地下水资源量为 40.1 亿 m^3。信江多年平均入湖径流量为 209.1 亿 m^3，河水含沙量为 0.13kg/m^3。

2.2.4 饶河

饶河，又名鄱江，位于流域的东北部，有南北两支，北支称为昌江，发源于安徽省祁门县东北部大洪岭；南支称乐安河，发源于婺源县北部大庾山、五龙山南麓。南北两支于鄱阳县姚公渡汇合，曲折西流，主河经鄱阳县西流，过双港、尧山至龙口，在鄱阳县莲湖附近注入鄱阳湖，全长 299km，集水面积 1.53 万 km^2。饶河流域地表水资源量为 152.5 亿 m^3，地下水资源量为 31.4 亿 m^3，多年平均入湖水量 165.6 亿 m^3[7]。

2.2.5 修河

修河，源出江西省铜鼓县西南的大围山麓，由定江河和金沙河汇成。先后纳入修水县、武宁县的众多小支流，至永修又纳入潦河，至吴城镇注入赣江后转汇鄱阳湖。总长 419km，流域面积 1.48 万 km^2，占鄱阳湖流域面积的 9%。修河流域地表水资源量 135.2 亿 m^3，地下水资源量 33.4 亿 m^3。修河年均入湖径流量 135.05 亿 m^3，河水含沙量 0.13kg/m^3。

2.2.6 长江

长江发源于“世界屋脊”青藏高原的唐古拉山脉各拉丹冬峰西南侧。干流流经青海、西藏、四川、云南、重庆、湖北、湖南、江西、安徽、江苏、上海 11 个省(自治区、直辖市)，于崇明岛以东注入东海，全长约 6300km，在世界大河中长度仅次于尼罗河和亚马孙河，居世界第三位。但尼罗河流域跨非洲 9 国，亚马孙河流域跨南美洲 8 国，长江则全部在中国境内。

长江干流宜昌市以上为上游，长 4504km，占长江全长的 70.4%，控制流域面积 100 万 km^2。宜宾市以上称为金沙江，长 3464km，落差约 5100m，约占全江落差的 95%，河床比降大，滩多流急，加入的主要支流有雅砻江；宜宾至宜昌长 1040km，加入的主要支流，北岸有岷江、嘉陵江，南岸有乌江[8,9]。

宜昌市至湖口县为中游，长 955km，流域面积 68 万 km^2，本段加入的主要支流，南岸有清江及洞庭湖水系的湘、资、沅、澧等四水和鄱阳湖水系的赣、抚、信、饶、修等五水，北岸有汉江，该段自枝城至城陵矶为荆江，南岸有松滋、太平、藕池、调弦(已堵塞)四口分水和洞庭湖，水道最为复杂。

湖口县至出海口为下游，长 938km，面积 12 万 km^2，加入的主要支流有南岸的青弋江、水阳江水系、太湖水系和北岸的巢湖水系。

2.3　流域气象特征

2.3.1　日照强度

鄱阳湖流域全年太阳总辐射量为 4342.16～4515.09MJ/m^2，南北各存有一强辐射中心，其太阳辐射量大于 4400MJ/m^2。全年以 7 月辐射最强，月值 598.18～614.00MJ/m^2；1～2 月最弱，月值仅 199.11～210.26MJ/m^2；但南部冬季辐射相对偏强，夏季相对偏弱。全流域大于 0℃时期的总辐射能与全年大体相等，由此可见流域生物生长期太阳辐射相当丰富。鄱阳湖流域日照较为充足，历年平均日照时数达 1722h，日照百分率为 33%～47%，大于 10℃时期的日照时数也有 1090～1600h[10,11]。日照高值区在鄱阳湖区，全年日照时数超过 1900h，日照百分率大于 45%；赣州地区东北部、赣北东部次之，全年日照时数超过 1700h。一年中 7～8 月日照时数最多，月值 220～280h，1～4 月日照最少，月值仅 60～130h。流域光合有效辐射全年年均为总辐射的一半，流域大于 0℃时期的光能生产潜力为 38.25～45.45t/hm^2；大于 10℃时期的光能生产潜力为 28.95～37.2t/hm^2，流域各地太阳辐射和日照时数存在差异，光能生产潜力相应地出现一定差别。

2.3.2　气候特征

1960～2010 年，鄱阳湖流域年平均气温的变化区间为 16.7～19.2℃，多年平均值为 17.5℃，极端最高气温 41.2～44.9℃，极端最低气温-15.2～-11.2℃，最高气温多出现在 7～8 月，最低气温多出现在 1～2 月，气温的变化总体上经历了一个先下降后上升的过程。平均气温在 1960s 中后期下降明显，并在 1970～1985 年间达到显著性水平，之后下降趋势减缓。在 1997 年气温发生转折以后呈上升趋势，并在 2001 年发生突变，2003 年气温上升趋势达到显著，且上升趋势持续至 2010 年。在 2000～2007 年间，鄱阳湖流域平均气温达到 18.1℃，为最高[12,13]。1960～2010 年鄱阳湖流域年平均气温变化如图 2.4 所示。

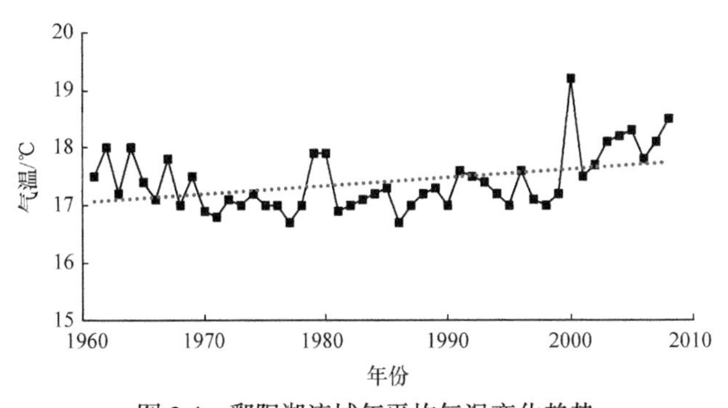

图 2.4　鄱阳湖流域年平均气温变化趋势

鄱阳湖地处低纬度，距水汽源地较近，冷暖气团的进退对鄱阳湖流域的天气变化和气候形成有很大影响。一般冬季由极地南伸的大陆冷气团所控制，寒冷少雨；春季极地大陆气团逐渐减弱北退，而海洋暖湿气团转强逐渐北移；夏季冷暖气团在此交汇形成静止锋，使鄱阳湖流域暴雨频繁。7、8月海洋暖湿气团进一步加强控制鄱阳湖流域，晴热少雨，此时有可能产生台风暴雨。9月后北方大陆冷气团又转强南移，同时暖湿气团减弱南退入海，这时降雨锐减，形成各河、湖的枯水期。鄱阳湖流域降水量的变化区间为1136.4～2195.3mm，多年平均值为1664.7mm。流域降水量在不同年代间波动较大，其中降水量在20世纪60年代和80年代相对偏少，在70年代和90年代相对偏多，2000年后降水量又明显减小。降水时空分布不均，具有明显的季节性和地域性。3～8月降水量约占全年降水量的74.4%，其中4～6月月均降水量达225mm[13,14]。

依据1955～2005年20cm蒸发皿蒸发量数据序列分析，鄱阳湖流域多年平均蒸发量为815mm，最高为1963年的999mm，最低为1973年的750mm。图2.5为鄱阳湖各子流域蒸发量年内分布图。从图中可以看出，鄱阳湖年蒸发量的年内分布不均匀，前半年蒸发量不断增加，到7月达到最高值后，后半年蒸发量又开始减少。蒸发量最多集中在7～9月，这三个月的蒸发量之和占全年蒸发量的50%。由图2.6可知，1995～2005年鄱阳湖流域年均蒸发量呈振荡减少趋势，减少速度为14.6mm/10a。

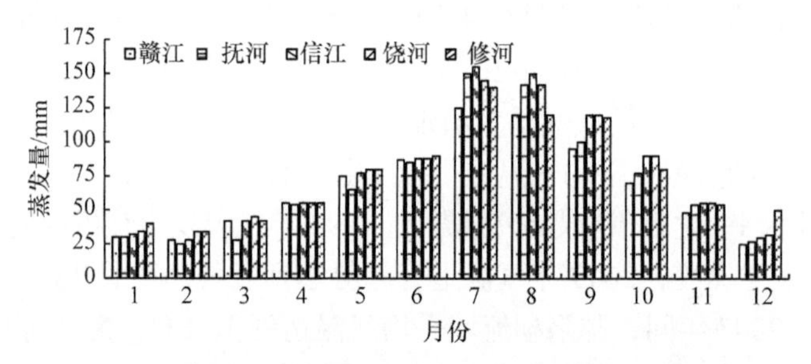

图2.5 鄱阳湖子流域蒸发量年内分布(1955～2005年)

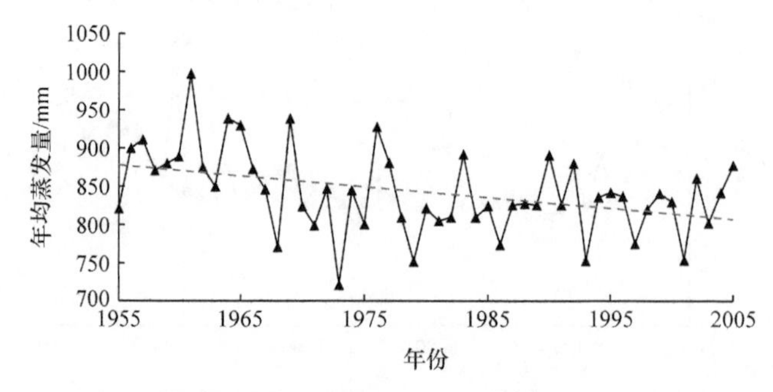

图2.6 鄱阳湖流域年均蒸发量变化趋势(1955～2005年)

2.3.3 风场特征

鄱阳湖流域和鄱阳湖区属中亚热带湿润季风气候区，气候温和，雨量丰沛，光照充足，无霜期较长。四季分明，冬季寒冷少雨，春季梅雨明显，夏秋受副热带高压控制，晴热少雨，偶有台风侵袭。鄱阳湖湖面为江西省大风集中区域，主要大风浪区在鞋山、老爷庙、瓢山三个湖域。这些湖域水较深、吹程长，成浪条件好。实测最大浪高 2m，在 45°斜坡上测到波浪的最大爬高 4.81m。大风还会引起风壅水现象。北风引起北岸水位降低，南岸水位升高；南风则相反。1981 年 5 月 2 日，鄱阳湖南部余干县康山水文气象站实测到 9 级偏北风，风壅增高水位 0.35m[15,16]。鄱阳湖流域冬季地面盛行偏北风，夏季盛行偏南风。全区大部分地区最多风向为偏北风，但由于受地貌影响，部分地区一年中最多风向为偏南风或偏东风。流域以鄱阳湖风速最大，赣西北、赣东北等丘陵山地的年平均风速较小。

通过对鄱阳湖北部庐山、中部南昌以及南部南城三个站点 2005～2015 年连续 11 年风场数据统计分析可知：北部庐山 2005～2015 年年平均风速为 3.55m/s，风速为三个典型点位中最大的。其中风速最大的月出现在 2006 年 7 月，月平均风速达到 5.06m/s；风速最小的月出现在 2014 年 1 月，月平均风速只有 1.94m/s，风速变化较大。北部庐山夏、秋两季盛行南风与偏南风，春冬两季主要以北风和西北风偏多。中部南昌 2005～2015 年年平均风速为 1.89m/s，风力等级为轻风，年平均风速为三个典型点位中最小的。其中风速最大月出现在 2005 年 2 月，月平均风速达 2.52m/s；风速最小月出现在 2014 年 7 月，月平均风速只有 1.34m/s。中部南昌风向规律明显：夏、秋两季盛行西风，南风出现的频次较少。春、冬两季以西北风为主。南部南城 2005～2015 年年平均风速为 2.61m/s，风力等级为轻风。风速最大月出现在 2013 年 7 月，月平均风速达到 3.6m/s；风速最小月出现在 2006 年 9 月，月平均风速为 2.18m/s，风速变化较小[16]。南部南城风向规律呈现明显的变化趋势：夏秋主要以南风为主，冬季主要以西风和西北风为主，如图 2.7 所示。

鄱阳湖中小岛、湖区及滨湖地带处于风口的部分地区，风能资源处于全流域之首，年有效风力时长超过 3500h；南昌及沿湖各县一部分滨湖地区为风能资源较丰富区，常年可以利用，年有效风力时长为 3000～3500h；九江、永修、安义、新建、进贤、鄱阳、都昌、湖口、彭泽等地属风能资源季节利用区，有一定利用价值，年有效风力时长为 2000～3000h；其他地区均属风能资源贫乏区，年有效风力时数小于 2000h。风能资源不仅存在明显的地区差异，而且存在较为明显的季节差异。由于冬、夏季地面气压系统不同，春、秋季冷空气活动频繁，气压梯度存在明显的季节差异，因而地面风速也存在较明显的季节变化特征。风速的季节变化，导致风能在各个季节分配不均，一般为冬季最大，夏季最小；各年季风强度和进度早晚的不同，也导致风能存在明显的年际变化。

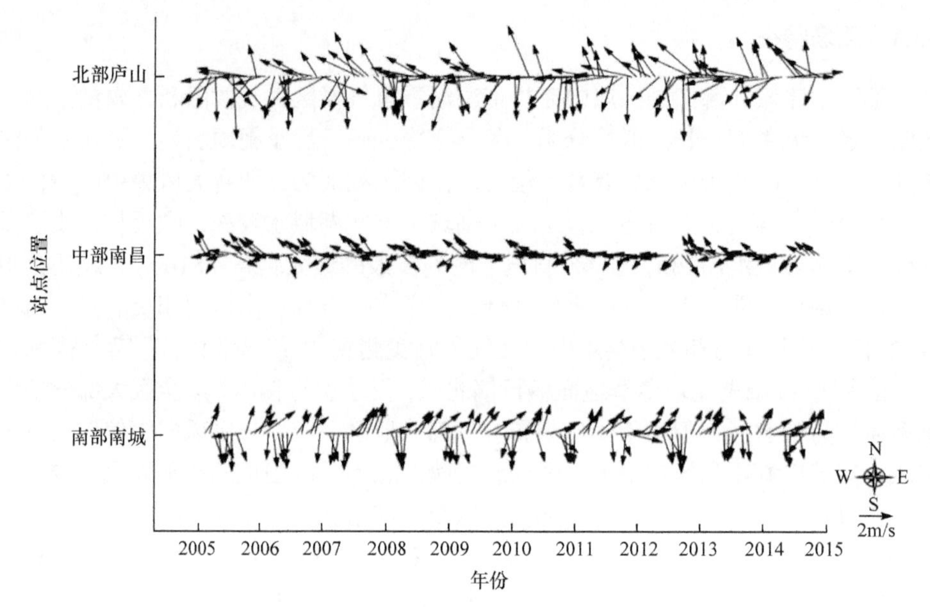

图 2.7　鄱阳湖南部、中部、北部风场变化过程(2005～2015 年)

2.3.4　降水特征

鄱阳湖流域地处中亚热带湿润季风气候区，气候温和，雨量丰沛，光照充足，无霜期较长。流域降水具有雨量丰沛、时段集中、强度大、时空分布不均等特点。鄱阳湖流域降水量丰沛，降水主要受季风影响，其水汽主要来自南海，其次是来自东海和孟加拉湾。一般每年 4 月前后，暖湿的夏季风开始盛行，降水量逐渐增加。由于 5～6 月冷暖气流交汇于江南地带，且经常出现于流域内，降水量猛增。7～9 月由于受到副热带高压的控制，除有地方性雷阵雨及偶有台风雨外，全流域雨水稀少，而在冬春季节，受来自西伯利亚及蒙古高原的干冷气团影响，降水较少。

1. 分区降水量

鄱阳湖流域 1956～2000 年多年平均降水量为 1647.6mm，折合降水总量为 2670.1 亿 m^3，占长江流域降水量的 13.8%。水资源三级区中，降水量以信江 1851.3mm 为最大，饶河 1845.7mm 次之，鄱阳湖环湖区最小，为 1543.1mm，降水量的地区分布不均匀，总的分布趋势是省境四周山区多于中部盆地，赣东大于赣西，山丘区大于平原区，迎风面大于背风面。实测最大年降水量 3299.7mm(上饶市西坑站，1998 年)，实测最小年降水量 699.1mm(九江市都昌站，1978 年)，两者比值为 4.7，多年平均降水量的高值中心与低值中心的比值为 2[17]。信江、饶河鄱阳湖流域降水集中区域，其面积占流域比均小于降水量占流域比。水资源三级区降水量及分布见表 2.3。

表 2.3　1956～2000 年鄱阳湖流域水资源三级区降水量及分布

三级区	面积/km²	降水总量/亿 m³	降水量/mm	面积占流域比/%	降水量占流域比/%
修河	14797	241.8	1663.2	9.12	9.05
赣江栋背以上	40231	633.6	1575	24.8	23.71
赣江栋背至峡江	24354	351.9	1564.5	15.01	13.17
赣江峡江以下	18224	294.8	1617.8	11.23	11.03
抚河	16493	273.9	1732.5	10.17	10.25
信江	17509	287.6	1851.3	10.85	10.76
饶河	15300	262.4	1845.7	9.43	9.82
鄱阳湖环湖区	15227	326.7	1543.1	9.39	12.22

鄱阳湖环湖区多年平均降水量 1543.1mm。降水时空分布不均，具有明显的季节性和地域性。汛期 4～9 月降水量占全年降水量的 69.4%。降水地域变化明显，除北部庐山由于地势影响多年平均降水量多达 1960mm 外，自东南向西北逐渐减小，以湖区东部余干县梅港站 1850mm 为最大，西北部德安县梓坊站 1410mm 为最小。

2. 降水年际变化与季节分配

根据各雨量站历年来的年降水资料，最大年降水量出现年份主要集中在 1961 年、1970 年、1973 年、1975 年、1997 年和 1998 年，其中在 1998 年出现最大降水量的雨量站最多。信江、饶河、修河最大年降水量主要出现在 1998 年，赣江上游区雨量站的最大降水量多出现在 1961 年及 1975 年，赣江中游则多出现在 1997 年，抚河的大部分地区最大年降水量主要出现于 1997 年及 1998 年。各雨量站最小年降水量出现年份主要集中在 1963 年、1971 年、1978 年、1986 年和 1991 年，其中在 1963 年出现最小年降水量的雨量站最多。抚河、信江、赣江的雨量站最小年降水量主要出现在 1963 年及 1971 年，饶河、修河雨量站最小年降水量主要出现在 1978 年。

鄱阳湖流域 1956～2000 年多年平均降水量为 1647.6mm，折合降水总量为 2670.1 亿 m^3；鄱阳湖流域 2001～2010 年多年平均降水量为 1601.8mm，折合降水总量为 2598.5 亿 m^3。流域年降水量最大值为 2139.6mm(1975 年)，最小值为 1145.6mm(1963 年)，极值比为 1.87，年降水量变差系数 C_v 为 0.16。年降水量变

差系数 C_v 反映了鄱阳湖流域年降水量年际之间的变化比较稳定，1956～2000 年与 2001～2010 年 C_v 值比较接近，鄱阳湖流域降水量统计值见表 2.4。

表 2.4　鄱阳湖流域降水量特征值统计

时段	多年平均降水量/mm	降水总量/亿 m^3	C_v	年降水量最大值/mm	年降水量最小值/mm	极值比
1956～2000 年	1647.6	2670.1	0.16	2139.6 (1975 年)	1145.6 (1963 年)	1.87
2001～2010 年	1601.8	2598.5	0.17	2086.2 (2010 年)	1298 (2007 年)	1.61
1956～2010 年	1636.9	2655.5	0.16	2139.6 (1975 年)	1145.6 (1963 年)	1.87

鄱阳湖流域降水量年内分配的特点是季节分配不均，汛期暴雨多，强度大。年降水量在一年中的季节变化，各三级区均比较接近。其多年平均各月降水量占全年降水量的百分比，都从 1 月的 4%左右开始逐月上升至 5 月和 6 月的 17%～19%，达全年最高，自 7 月开始逐月下降，至 11 月、12 月的全年最小值，约占全年的 3%。最大月降水量出现的月份全流域比较有规律，各地都出现在 5 月和 6 月，最小月降水量出现的月份，全流域普遍出现在 11 月和 12 月。降水分配不均主要集中在汛期(4～9 月)，其降水量占全年降水量的 60%～90%，1～3 月、10～12 月合计只占 10%～40%。

3. 降水空间分布

鄱阳湖流域降水量有 5 个高值区：一是怀玉山山区高值区。该区位于乐安河的古坦、清华一带，其多年平均降水量普遍大于 2000mm，1980～2000 年平均年降水量则更大，中心区大于 2100mm。二是武夷山山区高值区。该区位于信江南部，资溪以东的武夷山脉地带，与福建省北部边境形成一个高值区，其多年平均年降水量达 2000mm。该高值区与地形的高程有明显关系，其年降水量的分布随高程的增高而递增。三是九岭山山区高值区。该区位于铜鼓以东、宜丰以北、靖安以西的九岭山南麓为主的狭长地区，其多年平均降水量高，普遍大于 1800mm，最高值出现在宜丰县潭山镇找桥村附近，其值略大于 2000mm。四是罗霄山山区高值区。该区位于井冈山市和遂川西部地区，与湖南省界形成一狭长的高值区，多年平均降水量大于 1600mm，而在其中心区的小夏、七岭、上洞一带，多年平均降水量普遍大于 1800mm。五是庐山山区高值区。由于地形抬升的关系，在星子镇庐山山区形成了一个降水量高值区，中心区庐山多年平均降水量 1800mm 以上。低值区在赣中南盆地：该区位于峡江以南，信丰以北，东至吉水、白沙、兴国，西达林坑、横岭、坪市乡的广大地区。其多年平均降水量小于 1500mm，中心区小于 1400mm，出现在吉安以南，赣州以北的吉泰盆地。

4. 降水变化趋势

采用曼–肯德尔(Mann-Kendall)秩次相关检验来分析降水变化趋势。自 Mann 和 Kendall[18,19]提出这种非参数检验法后，这一方法已经广泛地用于水文气象资料趋势成分检验，它不仅可以检验时间序列趋势的上升与下降，还可以说明趋势变化的程度，能够很好地描述时间序列的趋势特征。

对于水文序列 x_i，先确定所有对偶值

$$\left(x_i, x_j; j > i, i = 1, 2, \cdots, n-1; j = i+1, i+2, \cdots, n\right)$$

中 $x_i < x_j$ 的出现个数 p。

此检验的统计量为

$$U = \frac{\tau}{\left[V_{\alpha\gamma}(\tau)\right]^{1/2}}$$

式中，$\tau = \dfrac{4p}{n(n-1)} - 1$；$V_{\alpha\gamma}(\tau) = \dfrac{2(2n+5)}{9n(n-1)}$；$n$ 为序列样本数。

当 n 增加时，U 很快收敛于标准化正态分布。

假定序列无变化趋势，当给定显著水平 α 后，可在正态分布表中查得临界值 $U_{\alpha/2}$，当 $|U| > U_{\alpha/2}$ 时，拒绝假设，即序列的趋势性显著。

图 2.8 为鄱阳湖流域 1956～2009 年降水量情况。从图中可以看出，鄱阳湖流域年降水量呈缓慢上升态势。采用曼–肯德尔秩次检验法进行显著性检验，t 检验

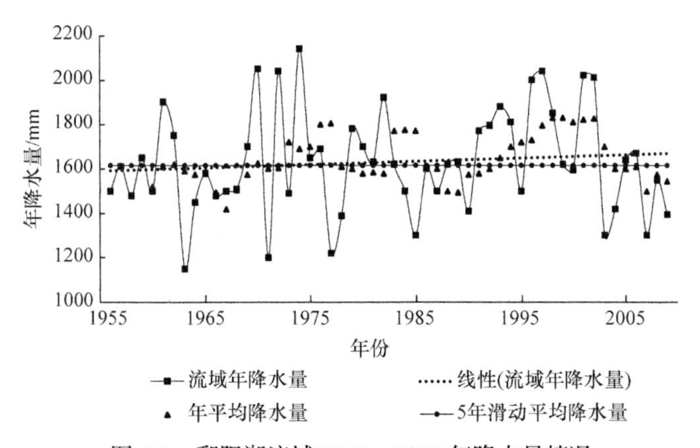

图 2.8　鄱阳湖流域 1956～2009 年降水量情况

统计量为 0.52，小于相应检验值 $t_{\alpha/2}=1.645(\alpha/2=0.1)$。鄱阳湖流域年降水量增长趋势不显著。

鄱阳湖流域年降水量 1950～2011 年的总体趋势是在波动中微弱增加，年均增加约 1.4mm，但 2000～2011 年呈下降趋势，年均减少约 7.3mm。鄱阳湖流域 2000～2011 年平均降水量为 1474.1mm，较 1950～1999 年少 123.1mm，较 1950～2011 年少 99.3mm。从季节、月降水变化趋势分析，鄱阳湖流域 2000～2011 年降水量除在冬季较多年均值略偏多以外，春、夏、秋季均较多年均值少，其中夏季减少趋势尤其明显；2000～2011 年月降水量以 1 月、8 月、11 月多于 1950～1959 年多年均值，其余月份均偏少，其中以 5 月份偏少幅度最大。详细情况如图 2.9、表 2.5 所示。

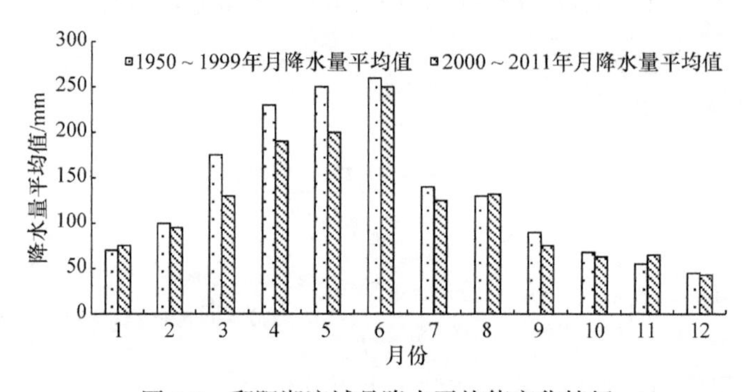

图 2.9　鄱阳湖流域月降水平均值变化特征

表 2.5　鄱阳湖流域各时段降水量及其与 1950～2011 年均值比较的距平值 (单位：mm)

时段	春季		夏季		秋季		冬季	
	降水量	距平值	降水量	距平值	降水量	距平值	降水量	距平值
1950～1999 年	338.3	6.3	736.8	13.3	353.6	5.3	168.5	-1.1
2000～2011 年	306.0	-26.0	667.9	-55.6	326.1	-22.2	174.1	4.5
1950～2011 年	332.0	—	723.5	—	348.3	—	169.6	—

2.4　流域自然资源

鄱阳湖是我国最大的淡水湖泊，蕴藏着丰富的水资源、土地资源、湿地资源、生物资源、旅游资源等自然资源和人文资源。

2.4.1　水资源

鄱阳湖水资源富足，由降水、地表水资源和地下水资源三部分构成。鄱阳湖区陆地地表水资源量为 171.25 亿 m^3，湖区水面水资源量为 12.80 亿 m^3，浅层地下水资源量为 32.27 亿 m^3[20]。

1. 地表水资源

地表水资源量是指河流、湖泊、冰川等地表水体中，由当地降水形成的、可以逐年更新的动态水量，用天然河川径流量表示。根据《江西省水资源调查评价报告》及《长江流域水资源调查评价报告》，鄱阳湖流域多年平均地表水资源量为 1512.9 亿 m^3，占长江流域水资源量的 15.3%，相应径流深为 933.6mm。水资源三级区中，地表径流深以信江 1189.4mm 为最大，饶河 1075.8mm 次之，鄱阳湖环湖区最小，为 772.0mm，水资源三级区地表水资源量及其分布见表 2.6。

表 2.6　鄱阳湖流域水资源三级区地表水资源量

三级区	面积/ km^2	地表水资源量/亿 m^3	地表径流深/ mm	面积占流域比/%	地表水资源量占流域比/%
赣江栋背以上	40231	344.7	857.5	24.80	22.78
赣江栋背至峡江	24354	203.0	902.7	15.01	13.42
赣江峡江以下	18224.0	168.3	923.4	11.23	11.12
抚河	16493	161.9	1024.2	10.17	10.70
信江	17509	184.2	1189.4	10.85	12.18
饶河	15300	152.5	1075.8	9.43	10.08
修河	14797	135.2	929.6	9.12	8.94
鄱阳湖环湖区	15227	163.1	772.0	9.39	10.78

2. 地下水资源

鄱阳湖流域地下水资源量 372.4 亿 m^3，占水资源总量的 24.3%。水资源三级区中，地下水资源量以赣江栋背以上 95.9 亿 m^3 为最大，赣江峡江以下 49.3 亿 m^3 次之，饶河最小，为 31.4 亿 m^3。除鄱阳湖环湖区有 19.5 亿 m^3 的不重复量外，其他三级区的地下水资源量均为重复量。水资源三级区地下水资源量及其分布见表 2.7。

表 2.7　鄱阳湖流域水资源三级区地下水资源量

三级区	面积/km^2	地下水资源量/亿 m^3	地下水资源量规模/(万 m^3/km^2)
赣江栋背以上	40231	95.9	23.87
赣江栋背至峡江	24354	47.2	20.99

续表

三级区	面积/km²	地下水资源量/亿 m³	地下水资源量规模/(万 m³/km²)
赣江峡江以下	18224.0	49.3	27.03
抚河	16493	40.2	25.45
信江	17509	40.1	25.91
饶河	15300	31.4	22.15
修河	14797	33.4	23.00
鄱阳湖环湖区	15227	34.9	16.53

2.4.2 湿地资源

鄱阳湖湿地包括鄱阳湖水域、洲滩、岛屿和沿湖围垦的农田，其中洲滩(即高低水位消落区及其邻近浅水区)面积达 3130km^2，占鄱阳湖总面积的 80%，已超过洞庭湖和太湖的全湖面积。湖区有岛屿 41 个，面积约 103km^2，沿湖围垦面积 1005km^2。鄱阳湖典型湿地位于湖区西南部、赣江与修河交汇处，是赣江干支和修河共同形成的复合三角洲，经江西省人民政府的批准，建立了以永修县吴城镇为中心的 9 个子湖为鄱阳湖候鸟保护区，总面积为 224km^2，1988 年被批准为国家级自然保护区，1992 年列入世界重要湿地名录。鄱阳湖国家级自然保护区是一块保护生物多样性的国际重要湿地，它是鹤类、天鹅、鹳类等部分珍禽的主要越冬栖息地，鹭类、部分鸭类和雀形目鸟类的繁殖地，还是迁徙鸟类的重要驿站和中途食物补给地。

湿地植被分布在湖泊、水库、池塘、沟渠等水域，由湿生植物、挺水植物、浮叶植物、沉水植物和漂浮植物组成[15]。根据资料[16,17]，鄱阳湖湿地植被面积为 2262km^2，占全湖总面积(按照多年平均最高水位，吴淞高程 17.153m 计算的湖泊面积)的 80.18%，植被从岸边向湖心随环境梯度和水深的变化呈不规则带状分布，按照建群种的生活型可分为湿生植物带、挺水植物带、浮叶植物带和沉水植物带。

(1) 鄱阳湖湿地是一个多类型湿地的复合。因为湿地范围大，湖面季节变化大、水位落差大，加上人工湿地的影响，在空间分布上表现出跨地带性、间断性和随机性，鄱阳湖生态系统便被分成若干个子系统，为植物、动物提供了良好的生息空间，形成了鄱阳湖复杂的生物多样性系统。

(2) 鄱阳湖湿地是一个动态变化的统一体。鄱阳湖天然湿地的变化受制于水，水量的变化引起水位和水域面积的变化，不仅一年内随季节的变化而变化，不同年份水位和水域面积也有较大差异。水位和水域面积的变化造成鄱阳湖湿地各类型之间的变化，水位高时以湖泊为主体，水位低时以沼泽为主体，水陆交替出现，呈现出“洪水一片水连天，枯水一线滩无边”的生态景观。同时，由于泥沙的淤积，平均每年泥沙淤积 2.6mm，入湖泥沙大量淤积形成三角洲，呈扇形扩散，直接导致鄱阳湖湿地水陆相比例变化和湖区容积变化，使鄱阳湖湿地环境“一年一小变”。

(3) 鄱阳湖湿地是一个开放的系统。由于鄱阳湖汇集江西境内赣江、抚河、信江、饶河、修河五大河流及博阳河、漳田河、潼津河、西河的来水，经调蓄后由湖口汇入长江，流域面积为 16.22 万 km^2，是一个完整的水系。同时，由于长江水时有倒灌现象(主要出现在每年的 6～10 月，平均每年倒灌 2.5 次，每次平均 6d)，鄱阳湖水位受制于长江，导致鄱阳湖湿地处在一个更大的开放的系统内。

2.4.3　重点保护区

1. 鄱阳湖国家级自然保护区

鄱阳湖国家级自然保护区地处长江中下游南岸，江西省北部，中国最大的淡水湖——鄱阳湖西北角，总面积为 22400hm^2。每年 10 月至翌年 3 月，水落滩出，各种形状的湖泊星罗棋布。

鄱阳湖国家级自然保护区不仅是当今世界上重要的候鸟越冬栖息地，全球最主要的白鹤与东方白鹳越冬地，而且是国际重要湿地、全球重要生态区。区内生物多样性十分丰富，有鸟类 310 种，高等植物 476 种，浮游植物 50 种，浮游动物 47 种，昆虫类 227 种，贝类 40 种，鱼类 122 种，两栖类 40 种，爬行类 48 种，兽类 47 种。保护区建立于 1983 年，1988 年晋升为国家级；1992 年 2 月被《中国生物多样性保护现状评估》确认为具有全球意义的 A 级保护区，并被国务院指定列入《关于特别是作为水禽栖息地的国际重要湿地公约》国际重要湿地名录；1994 年在《中国生物多样性保护行动计划》中被确定为最优先的生物多样性地区；1995 年 6 月，成为全球环境基金(Global Environment Facility，GEF)资助的“中国自然保护区管理项目”五个示范保护区之一；1997 年被林业部指名加入东北亚鹤类保护网络；2000 年被世界自然基金会(World Wildlife Fund，WWF)定为全球重要生态区；2002 年加入中国生物圈保护区网络；2006 年加入了东亚-澳大利亚鸻形目鸟类保护网络，在第十一届世界生命湖泊大会上被全球自然基金(Global Nature Fund，GNF)授予“世界生命湖泊最佳保护实践奖”，被国家林业局确定为“全国自然保护区示范单位”，被评为“2006 年百姓喜爱的江西十大特色美景”。鄱阳湖国家级自然保护区独特的湿地景观、壮观的栖息鸟群，被世人誉为“珍禽王国”、“候鸟乐园”、野生动物的“安全绿洲”，闻名遐迩，称著于世。

2. 鄱阳湖南矶湿地国家级自然保护区

鄱阳湖南矶湿地国家级自然保护区位于鄱阳湖南部，地处赣江北支、中支和南支汇入鄱阳湖开放水域冲积形成的赣江三角洲前缘，是赣江三大支流的河口与鄱阳湖大水体之间的水陆过渡地带。江西省人民政府于 1997 年批准建立“江西南矶山省级自然保护区”，2008 年 1 月 14 日，国务院正式批准江西南矶湿地国家级自然保护区，保护区总面积为 33300hm^2，其中核心区面积为 17500hm^2，缓冲区面积为 5500hm^2，实验区面积为 10300hm^2。保护区行政上隶属南昌市新建区南矶乡，距南昌市城区约为 60km[18]。

保护区东至太子河入东湖口、西至赣江中支下游，北至三山脚，南至南矶山以南凤尾湖，东西宽 21.6km，南北长 27.7km，范围基本与南矶乡行政边界一致，是江西省面积最大的、唯一的河口类型国家级保护区，紧邻省会南昌。

鄱阳湖南矶湿地国家级自然保护区内野生动植物资源十分丰富。据调查，区内共有植物 115 科 304 属 443 种，有各类动物 660 种。其中，浮游动物 62 属 111 种；底栖动物 8 科 62 种；水生昆虫 11 目 40 科 168 种；鱼类 6 目 14 科 43 属 58 种(其中江湖洄游型鱼类占 40%)；两栖动物 1 目 5 科 11 种；爬行动物 3 目 10 科 23 种；哺乳动物 7 目 12 科 22 种；2003～2004 年共记录到鸟类 205 种，其中水鸟 89 种，国家Ⅰ级保护鸟类有白鹤、白头鹤等 4 种，国家Ⅱ级保护鸟类 24 种，高峰时期候鸟栖息量高达 20 余万羽。

鄱阳湖南矶湿地国家级自然保护区处于东亚—澳大利亚水鸟迁飞线路中，是重要的水鸟越冬地和中继站，在候鸟保护上具有国际意义。据统计，有 16 种水鸟种群数量超过国际重要湿地标准。该区所处的赣江口与鄱阳湖交汇的河口三角洲湿地是典型的内陆河口湿地，在全球具有代表性，亦是世界同纬度地区保存完好的湿地生态系统之一。保护好南矶湿地，对于维护区域生物多样性和保障鄱阳湖乃至长江中下游地区生态安全均具有重大意义。

3. 鄱阳湖鳜鱼翘嘴红鲌国家级水产种质资源保护区

鄱阳湖鳜鱼翘嘴红鲌国家级水产种质资源保护区总面积 59520hm^2，其中核心区面积 21218hm^2，实验区面积 38302hm^2，核心区特别保护期为 3 月 20 日～6 月 20 日。保护区位于鄱阳湖中部，以西湖渡湖的东口为起点，顺时针绕西湖渡湖、汉池湖、焦潭湖、大莲子湖、三江口、三湖、东湖、金溪湖等主要湖泊的 24 个主要拐点连线为界，保护区的核心区以三湖、东湖、焦潭湖为主，其他区域为实验区。主要保护对象为鳜鱼、翘嘴红鲌、鲤鱼、鲫鱼、青、草、鲢、鳙、短颌鲚、长颌鲚，栖息的其他物种包括鲥鱼、胭脂鱼、银鱼、江豚等。

4. 鄱阳湖长江江豚自然保护区

鄱阳湖长江江豚自然保护区包括老爷庙小区、龙口小区，涉及鄱阳、星子、都昌等县水域，总面积 6800hm^2，其中核心区 2700hm^2，实验区 4100hm^2。

参 考 文 献

[1] 曹艺文. 鄱阳湖生态经济区环境与社会经济协调发展的评价研究[D]. 南昌: 江西财经大学, 2014.

[2] 田嘎. 经济与环境的协调可持续发展[J]. 企业研究, 2011, (2): 13-14.

[3] 刘琪. 技术创新生态化与社会可持续发展[D]. 武汉: 武汉科技大学, 2004.

[4] 杨永革, 刘前进, 付检根, 等. 鄱阳湖生态经济区环境地质状况及保护开发[J]. 国土与自然资源研究, 2016, (4): 33-37.

[5] 叶晓芬. 《鄱阳湖生态经济区规划》的英译研究[D]. 宁波: 宁波大学, 2015.

[6] 熊智伟. 环鄱阳湖经济圈发展问题及对策研究[J]. 宜春学院学报, 2007, (3): 71-74.

[7] 徐德龙, 熊明, 张晶. 鄱阳湖水文特征分析[J]. 人民长江, 2001, 32(2): 21-27.

[8] 郭熙, 赵小敏, 曾建玲, 等. 鄱阳湖区土地资源评价[J]. 江西农业大学学报, 2000, 22(4): 543-550.

[9] 蔡海生, 赵小敏, 蔡华锦. 鄱阳湖湿地资源现状分析及其保护对策[J]. 江西农业大学学报, 2003, 25(6): 943-947.

[10] 江西省国土资源厅. 江西省土地利用总体规划(2006—2020 年)[EB/OL]. http://www.jxgtt.gov.cn/News. shtml?p5=88914162[2018-4-17].

[11] 江西省土地利用管理局, 江西省土壤普查办公室. 江西土壤[M]. 北京: 中国农业科技出版社, 1991.

[12] 冉盈盈, 王卷乐, 张永杰, 等. 鄱阳湖地区土地覆盖空间分布格局与景观特征分析[J]. 地球信息科学学报, 2012, 14(3): 327-337.

[13] 王晓鸿. 鄱阳湖湿地生态系统评估[M]. 北京: 科学出版社, 2004.

[14] 黄秋萍, 黄国勤, 刘隆旺. 鄱阳湖生态环境现状、问题及可持续发展对策[J]. 江西科学, 2006, 24(6): 517-521.

[15] 甘筱青, 黄新建, 戴淑燕. 为了鄱阳湖的明天: 鄱阳湖生态保护与综合开发[M]. 北京: 中国经济出版社, 2004.

[16] 《鄱阳湖研究》编委会. 鄱阳湖研究[M]. 上海: 上海科学技术出版社, 1988.

[17] 王苏民. 中国湖泊志[M]. 北京: 科学出版社, 1998.

[18] Mann H B. Nonparametric tests against trend[J]. Econometrical, 1945, 13: 245-259.

[19] Kendall M G, Stuart A. The advanced theory of statistics[J]. Distribution Theory, 1947, 159: 148.

[20] 刘信中. 江西湿地[M]. 北京: 中国林业出版社, 2000.

第 3 章　鄱阳湖水文泥沙特征研究

3.1　鄱阳湖水文基本特征

3.1.1　鄱阳湖水位特征

鄱阳湖五河流域多年进入鄱阳湖的平均水量以赣江最大，平均入湖水量占五河流域入湖总水量的 55%以上；以修河最小，平均入湖水量占五河流域入湖总水量的 9.82%，略低于饶河的 9.96%；信江、抚河平均入湖水量分别占 14.59%、10.35%。这些入湖河流径流量全年分布很不均衡，季节性变化比较大，例如，赣江多年平均流量以 6 月最大，达到 138 亿 m^3，而多年平均流量最小月份(2 月)的流量只有 16 亿 m^3，且入湖河流空间分布具有差异性，鄱阳湖水位随时间、空间波动显著，湖泊年内水位变幅为 9.79～15.36m，洪枯水位变幅大，水位涨落频繁。此外，上游五河与下游长江汛期有所不同，下游长江水位变化产生的顶托、倒灌作用进一步增加了鄱阳湖水位变化的复杂性。根据江西省水文局及《长江流域水文年鉴》统计资料可知：1950～2010 年，有 47 年发生了江水倒灌，没有发生江水倒灌的只有 14 年，分别为 1950 年、1954 年、1972 年、1977 年、1992 年、1993 年、1995 年、1997～1999 年、2001 年、2002 年、2006 年、2010 年。1950～2010 年共发生江水倒灌 124 次、720 天，倒灌水量共 1408.5 亿 m^3，平均每年倒灌 15.3 天、倒灌 30.0 亿 m^3 水量，平均倒灌流量为 2041m^3/s。倒灌天数最多为 47 天(1958 年)，倒灌水量最大的是 113.9 亿 m^3(1991 年)。为了估算鄱阳湖淹没面积和蓄水容积以及分析水位-面积、水位-容积关系，首先需要定义鄱阳湖水域范围。根据 2003 年 5 月水利部水利水电规划设计总院关于全国水资源综合规划水资源分区，鄱阳湖范围为：修河永修水文站以下，赣江外洲水文站以下，抚河李家渡水文站以下，信江梅港水文站以下，乐安河石镇街水文站以下，昌江古县渡水文站以下，至湖口县的湖口水文站，去除人工围起来的湖水面积，即受外湖水位影响较小的新妙湖、珠湖、青岚湖、军山湖等之外的水域，为需要计算的区域[1]。为了系统分析鄱阳湖水位变化特征，以 2002 年(丰水年)、2005 年(平水年)、2004 年(枯水年)湖区星子、都昌、棠荫、康山四个典型站点水位数据为样本，建立全年水位变化过程线，如图 3.1～图 3.4 所示。

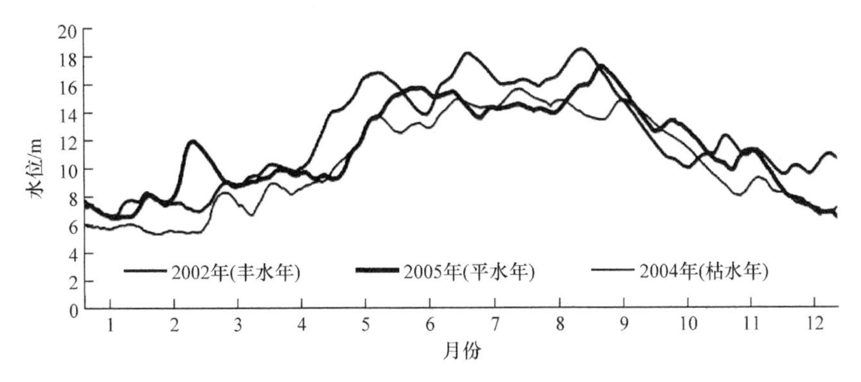

图 3.1　鄱阳湖星子站水位全年变化过程

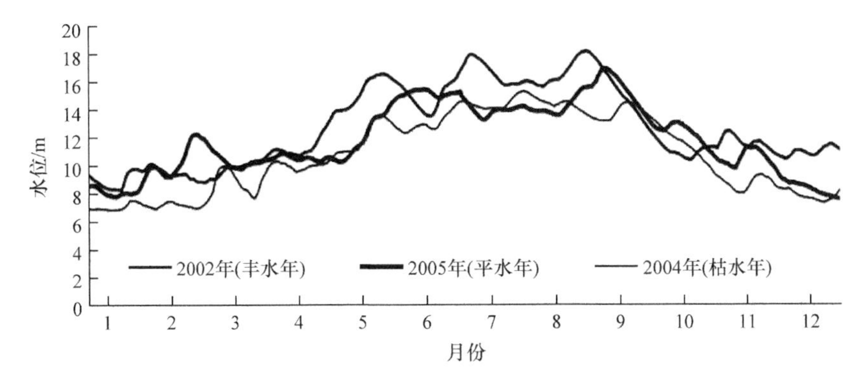

图 3.2　鄱阳湖都昌站水位全年变化过程

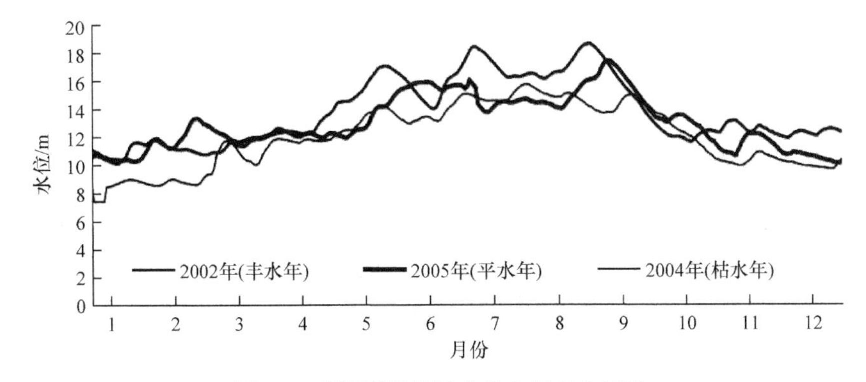

图 3.3　鄱阳湖棠荫站水位全年变化过程

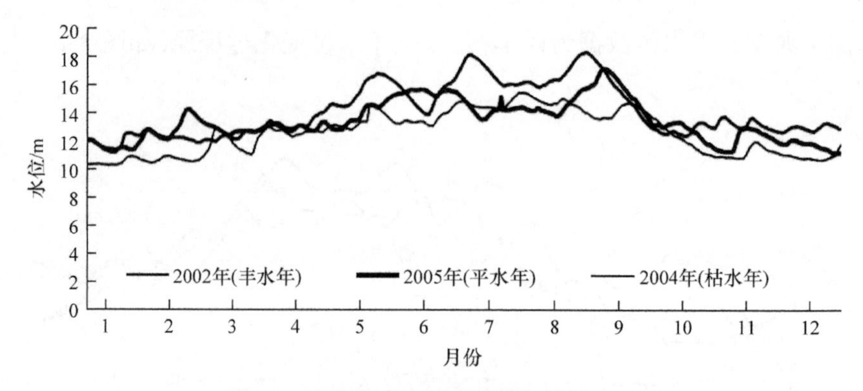

图 3.4　鄱阳湖康山站水位全年变化过程

根据四个站点水位波动过程可知，鄱阳湖各区水位存在一定差异，但其年内波动特征基本一致：不同水平年 1 月至 6 月，鄱阳湖水位呈现逐步上升趋势，7～9 月湖泊维持在相对稳定高水位，9 月底水位开始下降，其中 9～10 月水位下降较快，平均变幅 5m 以上。丰水年湖泊水位峰值出现在 7 月初和 9 月初，而平水年、枯水年分别出现在 9 月初与 7 月末。总体而言，星子站水位丰水年水位最高，平水年居中，枯水年最低。但在少数月份，上述规律有所变化，例如，2 月平水年水位最高，7 月长江主汛期时，枯水年星子站水位也高于平水年。

都昌站三个水平年水位过程与星子站水位相似，差异不显著，表明两个点位地理位置对水位影响不大。相对于星子和都昌两个站点，棠荫站水位的年内变幅减小，到南部康山站时，变幅缩小更显著。康山站年内最低水位均高于其余三个站点，说明鄱阳湖南部湖区水位变幅低于北部，区域水位更为稳定。这也印证了鄱阳湖边界范围变化最明显的为东西方向边界。

基于四个水位站点数据，建立水位相关曲线如图 3.5～图 3.7 所示。结果表明，三个水平年之中，丰水年不同点位间水位相关性最优，其次是平水年，最后是枯水年。枯水年由于交换水量较低，湖区水位差异大，水位相关性较弱；而丰水年由于江湖水量交换充分，湖区水位差异较低，水位相关性较强。不同站点水位相关性与其地理位置、空间距离也密切相关，站点距离越近，相关系数越高。例如，星子站和都昌站、都昌站和棠荫站的水位相关性较强，而星子站和康山站的水位相关性较低。在不同水平年内，水位相关性随时间变化也较显著。5～6 月水位相关性最弱，因为此时各个湖区涨水速率不均，水位差异显著。9 月之后，随着湖区整体水位下降，各站点水位差距减小，相关性增强。

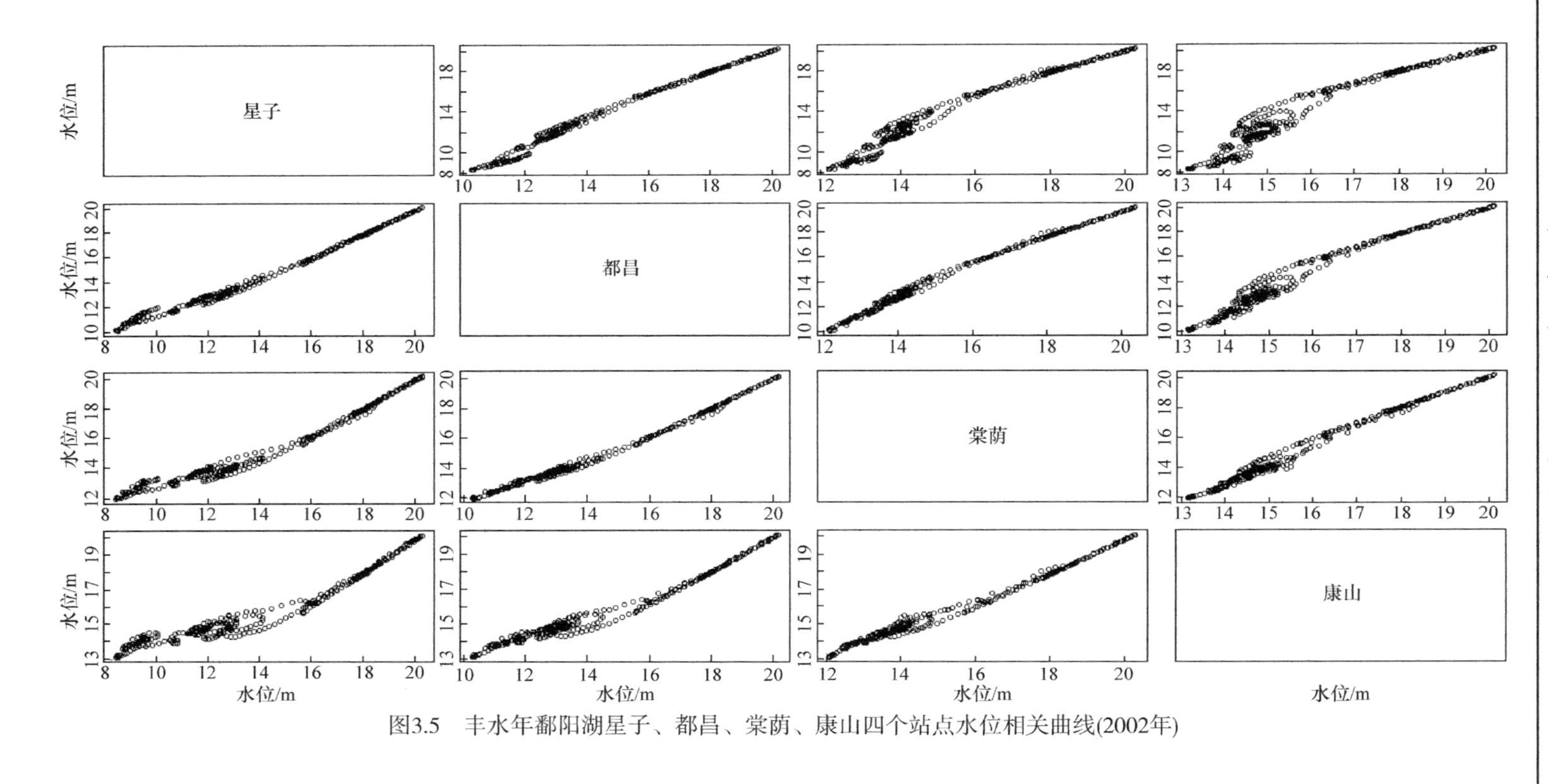

图3.5　丰水年鄱阳湖星子、都昌、棠荫、康山四个站点水位相关曲线(2002年)

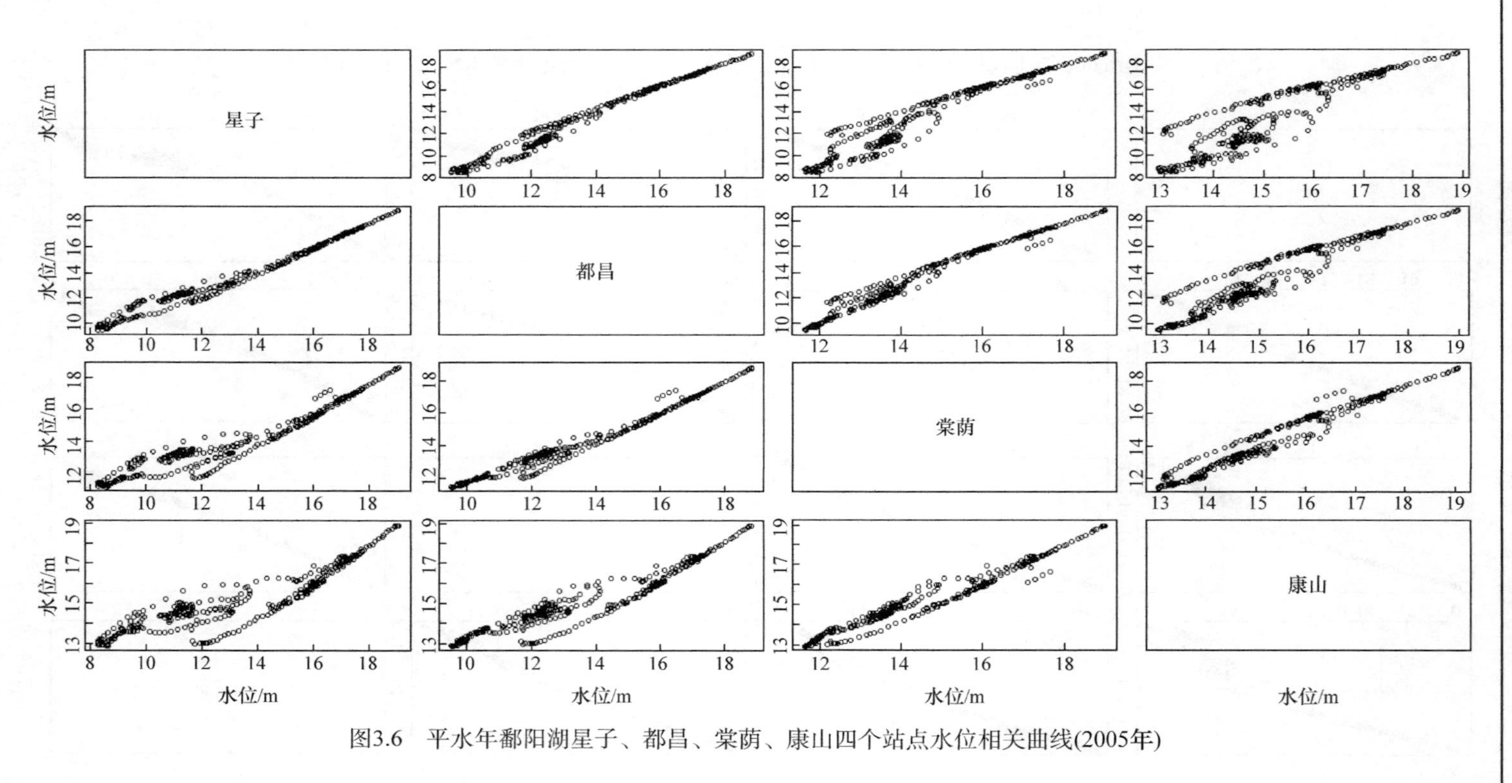

图3.6　平水年鄱阳湖星子、都昌、棠荫、康山四个站点水位相关曲线(2005年)

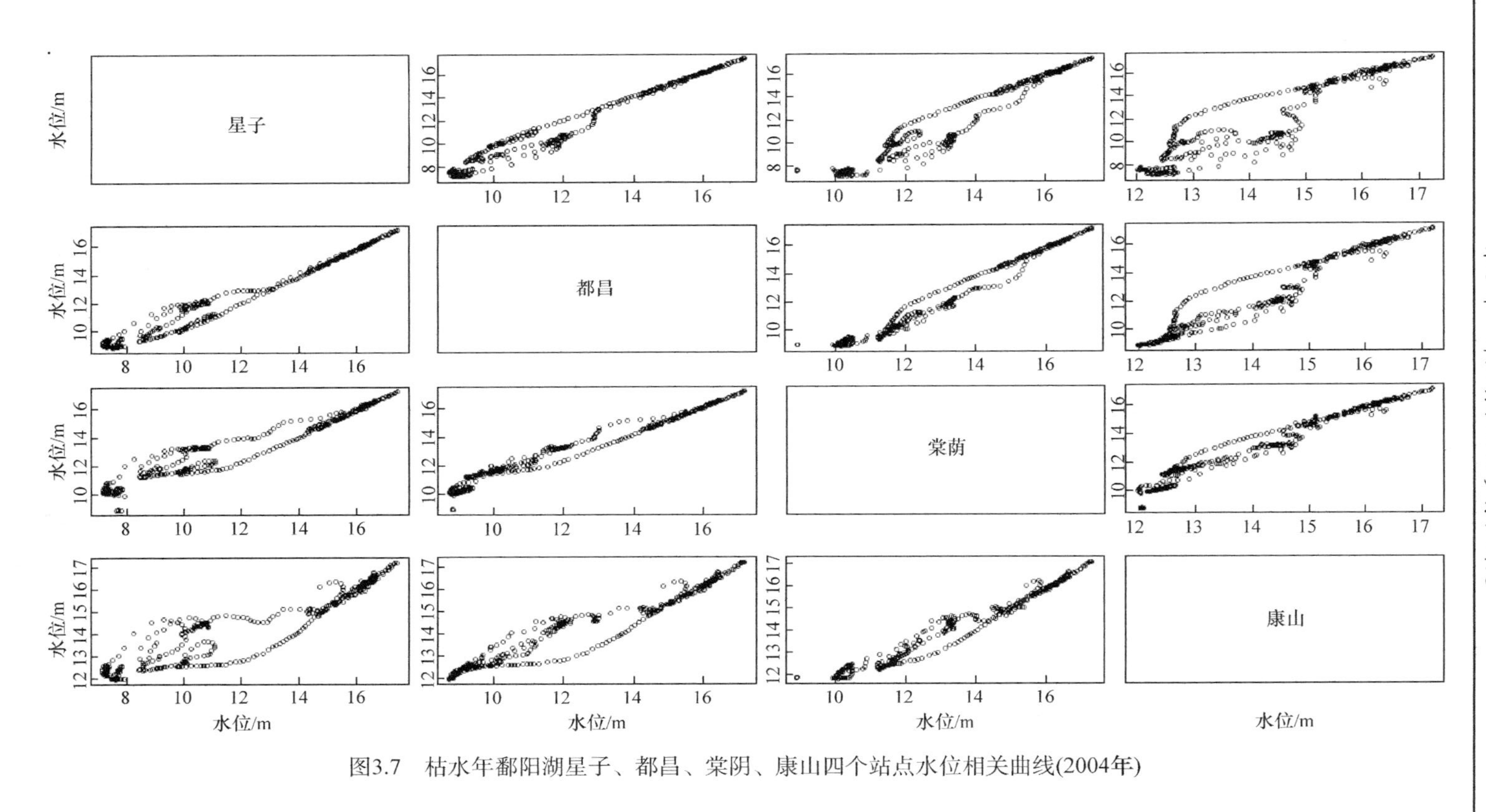

图3.7　枯水年鄱阳湖星子、都昌、棠阴、康山四个站点水位相关曲线(2004年)

鄱阳湖是开敞湖泊，湖区水情既受五河来水影响，还受长江水位影响，江湖、河湖水文关系复杂多变。具体地说，鄱阳湖水位涨落由五河入湖水量控制，也受长江顶托强弱影响，入湖五河来水变化和长江干流水位变化的不同组合，造成鄱阳湖水位年内、年际变化极大，以位于鄱阳湖北部的星子站为例，1950～2010年月平均水位为7.17～15.94m，水位变幅最高达12.02m(表3.1)。根据2017年鄱阳湖不同站点逐月平均水位数据可以看出，越往上游即鄱阳湖南部，水位多年变幅越大(图3.8)。

表3.1　鄱阳湖星子站特征水位统计值

月份	1	2	3	4	5	6	7	8	9	10	11	12
最高水位/m	12.71	12.08	15.74	15.91	18.02	20.00	20.65	20.66	19.72	17.53	15.66	12.08
年份	1998	1959	1992	1992	1975	1998	1998	1998	1998	1954	1954	1982
最低水位/m	5.33	5.25	5.34	5.65	8.57	9.61	10.93	8.76	7.70	6.76	6.28	5.46
年份	1957	2004	1963	1963	1963	2000	1966	1963	2006	2006	2006	1956
变幅/m	7.38	6.83	10.40	10.26	9.45	10.39	9.72	11.90	12.02	10.77	9.38	6.62
月平均水位/m	7.17	7.81	9.27	11.10	12.93	14.27	15.94	14.92	14.17	12.64	10.23	7.95

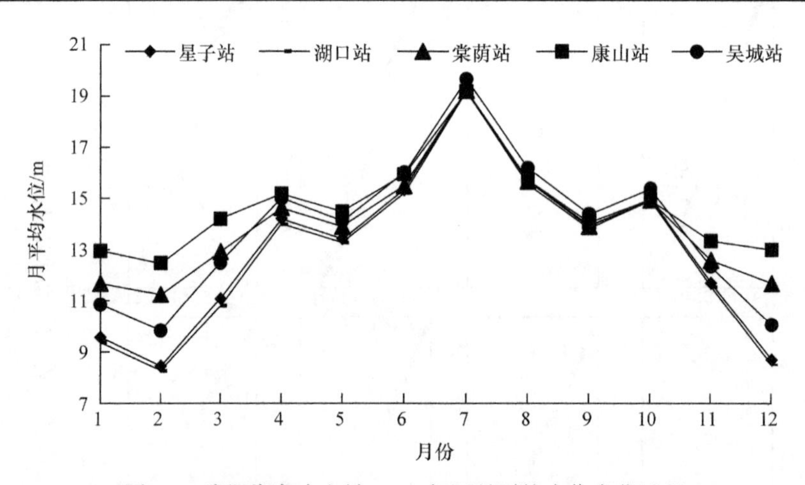

图3.8　鄱阳湖各水文站2017年逐月平均水位变化过程

以湖口、星子、都昌、棠荫、康山、龙口、鄱阳、三阳、吴城9站水位的算术平均值作为鄱阳湖湖面平均水位，分别对湖面平均水位与湖口、星子、都昌、棠荫、康山、龙口、鄱阳、三阳、吴城9站水位进行相关性分析，以位于湖体的湖口、星子、都昌、棠荫、康山、吴城6站的关系较密切，其中都昌站的相关关系最密切，棠荫、吴城两站的相关关系也较为显著，见表 3.2。

表 3.2　鄱阳湖湖面平均水位与不同水文站水位相关系数

站名	湖口	星子	都昌	棠荫	康山	吴城
R^2	0.9706	0.9897	0.9959	0.9926	0.9703	0.9922

通过相关关系分析，建立星子站分月水位与湖区其他 8 站(湖口、都昌、棠荫、康山、龙口、鄱阳、三阳、吴城)水位的经验关系，并建立鄱阳湖湖面平均水位与湖区 9 站(湖口、星子、都昌、棠荫、康山、龙口、鄱阳、三阳、吴城)的经验关系。星子站所有月份水位与湖区其他 8 站水位在中高水位以上时相关关系良好。

3.1.2　鄱阳湖面积-库容特征

鄱阳湖是典型通江湖泊，水位变化受五河及长江来水的双重影响，高水位维持时间长。每年 4～6 月，湖水位随鄱阳湖水系洪水入湖而上涨，7～9 月因长江洪水顶托或倒灌而维持高水位，10 月才稳定退水。水位年变幅大，高者 9.59～14.85m，低者 3.54～9.59m，水位变幅自北向南递减。由于湖面落差越大，湖面形状越复杂，建立准确的动态水位-面积、水位-容积关系难度越大。基于 2011 年由江西省水文局负责的《鄱阳湖动态水位-面积、水位-容积计算技术报告》成果，以星子站水位为基准水位，建立水位与湖面面积、湖体库容的关系曲线如图 3.9 所示。根据曲线可知，当星子站水位为 8m 时，面积、库容分别仅为 600km²、14 亿 m³；当星子站水位增高至 10m 时，面积与库容分别增加到 1350km²、26 亿 m³；当星子站水位继续增加至 12m 时，面积与库容可达 2035km²、49.5 亿 m³，分别较 10m 时增加了

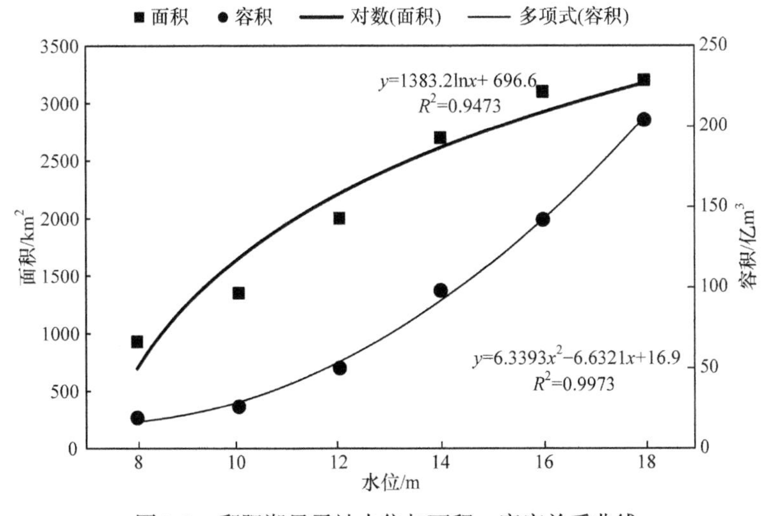

图 3.9　鄱阳湖星子站水位与面积、库容关系曲线

50.7%、90.4%，库容增幅显著高于面积增幅。当星子站水位达到 15m 时，面积、库容分别增至 2960km^2、113.5 亿 m^3。鄱阳湖面积、库容与星子站水位基本呈对数函数、二次多项式函数关系，相关系数分别可达 0.9473、0.9973。

根据鄱阳湖水位-面积、水位-容积分区计算成果，基于泰森多边形原理将鄱阳湖(湖盆区)分为 9 个区域，分别为：①A1 入江水道北部区域；②A2 入江水道南部区域；③A3 北部湖面开阔区域；④A4 西部入湖河口区域；⑤A5 中部湖面开阔区域；⑥A6 东南部湖湾区域；⑦A7 南部湖湾区域；⑧A8 东部入湖河口区域；⑨A9 南部入湖河口区域。鄱阳湖九大分区(湖盆Ⅰ～Ⅸ区)高程与面积、库容关系曲线如图 3.10 和图 3.11 所示。根据曲线可知，湖盆Ⅴ区面积、库容随高程的变化最大，高程为 4m 时，面积为 0.38km^2，库容为 0.0038 亿 m^3，当高程增加到 21m 时，面积增加到 1168.41km^2，库容增加到 101.53 亿 m^3；湖盆Ⅲ、Ⅳ、Ⅶ区面积、库容随高程的变化相对较小，高程从 4m 增加到 21m 时，面积从 27.26km^2、4.68km^2、0.73km^2 增加到 407.05km^2、489.74km^2、446.62km^2，库容从 0.668 亿 m^3、0.095 亿 m^3、0.014 亿 m^3 增加到 45.23 亿 m^3、39.77 亿 m^3、35.77 亿 m^3；湖盆Ⅰ、Ⅱ、Ⅵ、Ⅷ、Ⅸ区面积、库容随高程的变化程度在九大分区中较小，高程从 4m 增加到 21m 时，面积从 24.92km^2、29.77km^2、0.10km^2、0.38km^2、0.10km^2 增加到 166.43km^2、182.72km^2、112.12km^2、166.11km^2、148.53km^2，库容从 1.400 亿 m^3、1.176 亿 m^3、0.001 亿 m^3、0.001 亿 m^3、0.014 亿 m^3 增加到 21.43 亿 m^3、22.59 亿 m^3、9.89 亿 m^3、12.70 亿 m^3、11.02 亿 m^3。

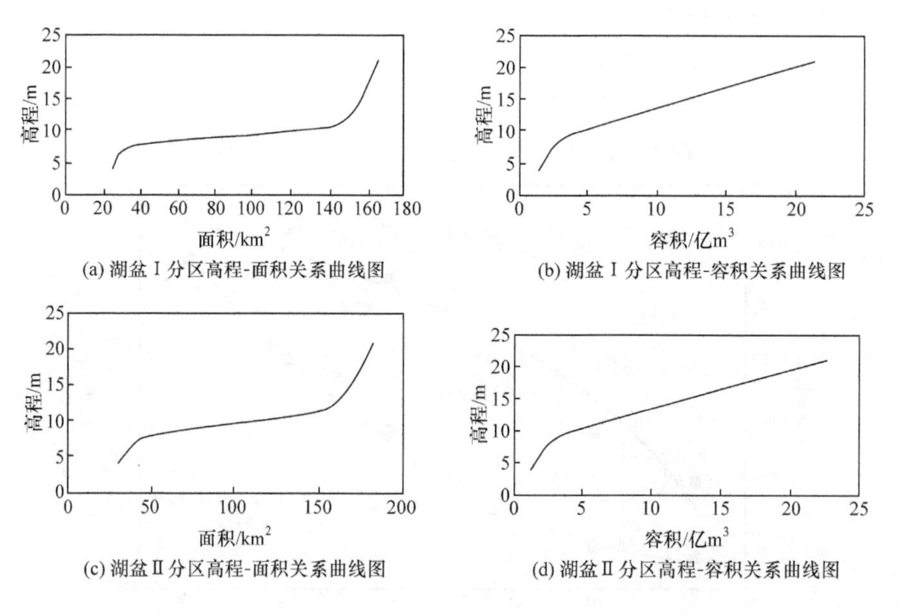

(a) 湖盆Ⅰ分区高程-面积关系曲线图　(b) 湖盆Ⅰ分区高程-容积关系曲线图

(c) 湖盆Ⅱ分区高程-面积关系曲线图　(d) 湖盆Ⅱ分区高程-容积关系曲线图

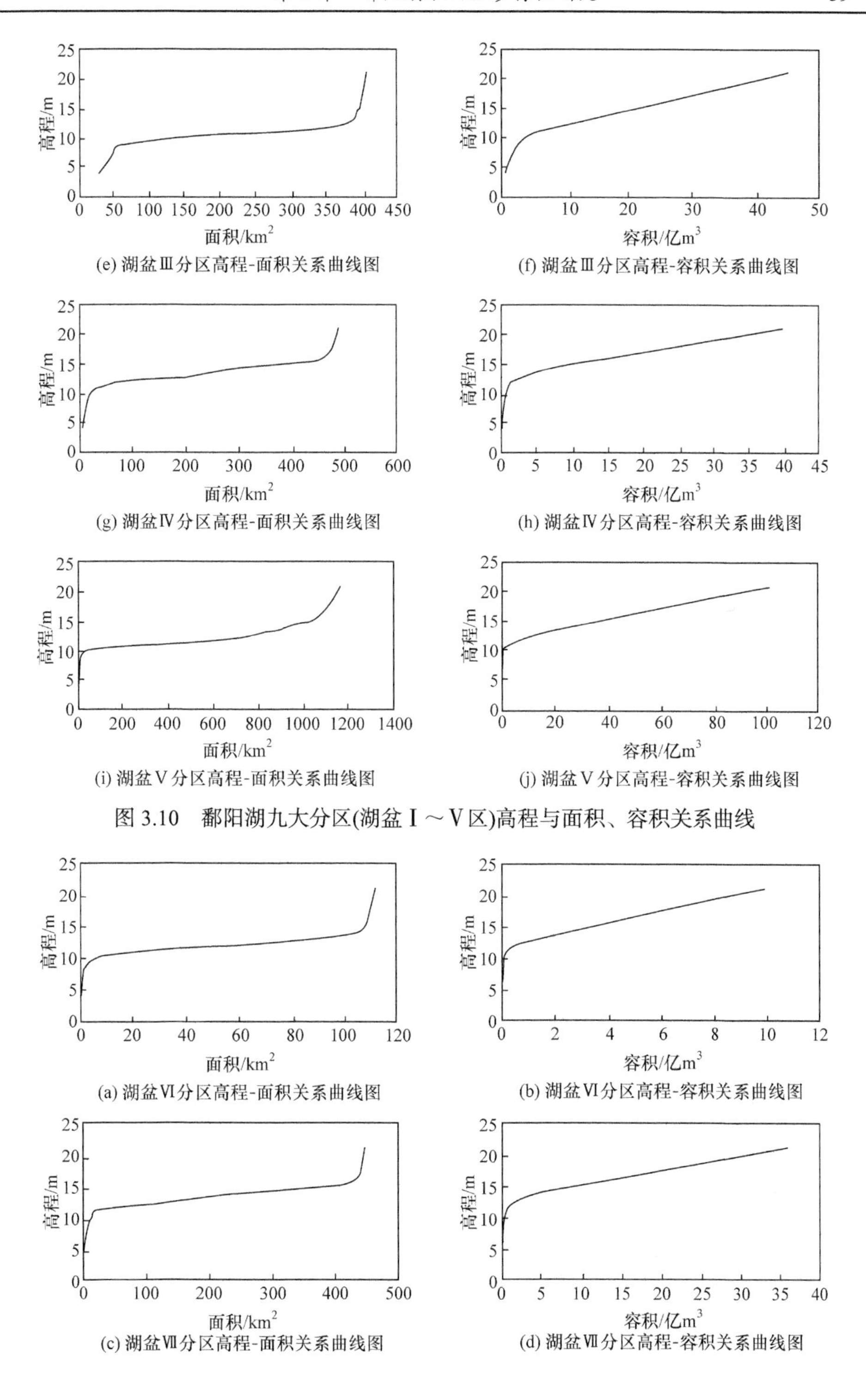

(e) 湖盆Ⅲ分区高程-面积关系曲线图

(f) 湖盆Ⅲ分区高程-容积关系曲线图

(g) 湖盆Ⅳ分区高程-面积关系曲线图

(h) 湖盆Ⅳ分区高程-容积关系曲线图

(i) 湖盆Ⅴ分区高程-面积关系曲线图

(j) 湖盆Ⅴ分区高程-容积关系曲线图

图3.10　鄱阳湖九大分区(湖盆Ⅰ～Ⅴ区)高程与面积、容积关系曲线

(a) 湖盆Ⅵ分区高程-面积关系曲线图

(b) 湖盆Ⅵ分区高程-容积关系曲线图

(c) 湖盆Ⅶ分区高程-面积关系曲线图

(d) 湖盆Ⅶ分区高程-容积关系曲线图

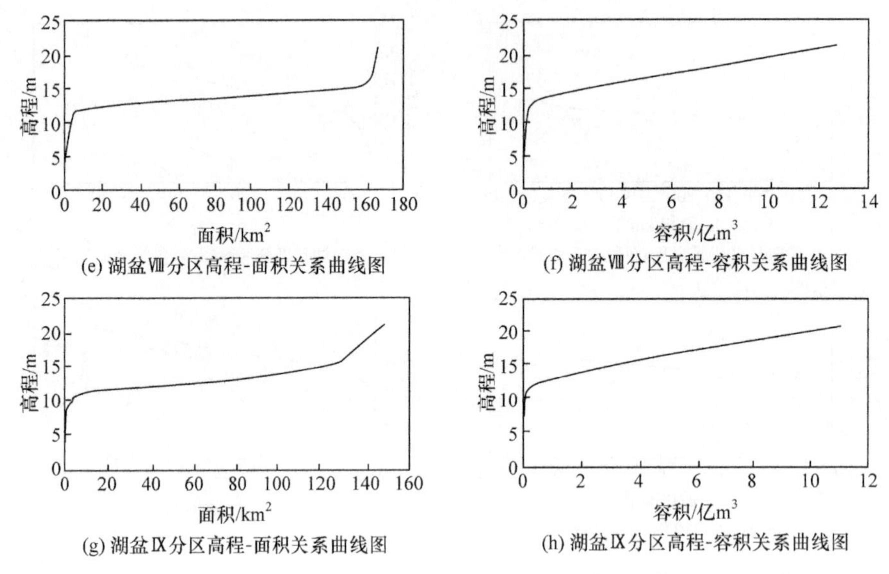

图 3.11 鄱阳湖九大分区(湖盆Ⅵ～Ⅸ区)高程与面积、容积关系曲线

3.1.3 鄱阳湖水动力特征

鄱阳湖水文监测研究工作始于 1950 年。自 1950 年 1 月起先后在星子、都昌、棠荫、康山四个站开展湖区水位、水温、降水量等常规气象项目监测。与此同时，在入湖五河七口的外洲、李家渡、梅港、虎山、渡峰坑、虬津、万家埠七个站开展入湖水量、泥沙、河势变化等监测任务；湖口站承担出湖水量、泥沙监测任务。1973 年起开展湖区水质监测，2007 年起开展湖区水量水质动态监测，2009 年开展湖区藻类试点监测。

1959 年鄱阳湖实验站建造了第一个波浪观测站——都昌波浪实验站，1960 年设立湖面风浪观测场，1961 年设立拍岸浪观测断面，至 1975 年，设立 6 处站点，拍岸浪观测断面共 22 处，观测项目有波高、周期、波长、波速、风向风速、波状、波向、水位、水深和天气状况等；1963 年 3 月，选择星子镇沙湖山为观测点，收集与洲滩淹没、显露和野生植物生长相关的水文气象指标，并进行水文生态综合考察和调查；1963 年 10 月，在全湖布设 89 处固定垂线进行鄱阳湖地表形态、水文气象流动调查和定位观测，观测项目包括固定垂线湖流、悬移质含沙量、湖底质、泥沙颗粒分析、水质等；1966～1978 年，设立叶楼、大口湖、蒋埠等 12 处专用水文站进行水位、流量和悬移质输沙率测验。

2010 年底，鄱阳湖区共有各类水文监测站点 69 处，其中水文站 13 处(含湖口)，水位站 15 处，地下水监测站 3 处，墒情站 4 处，水质监测站点 33 处(含藻类试点监测站 4 处)，蒸发实验站 1 处[2]。鄱阳湖水文生态监测站点分布见表 3.3。

表 3.3　鄱阳湖水文生态监测站点分布

序号	站名	站别	已有监测项目	监测方式	备注
1	外洲	水文	流量、水位、雨量	驻测	赣江控制站
2	李家渡	水文	流量、水位、雨量	驻测	抚河控制站
3	梅港	水文	流量、水位、雨量	驻测	信江控制站
4	虎山	水文	流量、水位、雨量	驻测	乐安河控制站
5	渡峰坑	水文	流量、水位、雨量	驻测	昌江控制站
6	虬津	水文	流量、水位、雨量	驻测	修河控制站
7	万家埠	水文	流量、水位、雨量	驻测	潦河控制站
8	永修	水文	流量、水位、雨量	驻测	修河尾间
9	梓坊	水文	流量、水位、雨量	驻测	博阳河
10	石门街	水文	流量、水位、雨量	驻测	西河
11	彭冲涧	水文	流量、水位、雨量	驻测	彭冲涧水
12	石镇街	水文	流量、水位、雨量	驻测	乐安河尾间
13	湖口	水文	流量、水位、雨量	驻测	湖区出口
14	古县渡	水位	水位、雨量	驻测	昌江尾间
15	大溪渡	水位	水位、雨量	驻测	信江尾间
16	三阳	水位	水位、雨量	驻测	抚河尾间
17	滁槎	水位	水位、雨量	驻测	赣江尾间
18	楼前	水位	水位、雨量	驻测	赣江尾间
19	蒋埠	水位	水位、雨量	驻测	赣江尾间
20	昌邑	水位	水位、雨量	驻测	赣江尾间
21	星子	水位	水位、雨量	驻测	湖区
22	都昌	水位	水位、雨量	驻测	湖区
23	棠荫	水位	水位、雨量、气象	驻测	湖区
24	南峰	水位	水位、雨量	驻测	湖区
25	龙口	水位	水位、雨量	驻测	湖区
26	屏峰	水位	水位、雨量	驻测	湖区
27	康山	水位	水位、雨量、气象	驻测	湖区
28	吴城	水位	水位、雨量	驻测	湖区
29	虬津	墒情	墒情	驻测	修河

续表

序号	站名	站别	已有监测项目	监测方式	备注
30	都昌	墒情	墒情	驻测	湖区
31	高家岭	墒情	墒情	驻测	湖区
32	余干	墒情	墒情	驻测	信江
33	昌邑	地下水	地下水	驻测	赣江
34	余干	地下水	地下水	驻测	信江
35	星子	地下水	地下水	驻测	湖区
36	都昌	蒸发实验站	蒸发实验	驻测	湖区
37	昌江口	水质	水质	巡测	昌江
38	乐安河口	水质	水质	巡测	乐安河
39	信江东支	水质	水质	巡测	信江
40	鄱阳	水质	水质	巡测	饶河
41	龙口	水质	水质	巡测	湖区
42	瓢山	水质	水质	巡测	湖区
43	康山	水质	水质	巡测	湖区
44	赣江南支	水质	水质	巡测	赣江
45	抚河口	水质	水质	巡测	抚河
46	信江西支	水质	水质	巡测	信江
47	棠荫	水质	水质	巡测	湖区
48	都昌	水质	水质	巡测	湖区
49	渚溪口	水质	水质	巡测	湖区
50	蚌湖	水质	水质	巡测	湖区
51	赣江主支	水质	水质	巡测	赣江
52	修河口	水质	水质	巡测	修河
53	星子	水质	水质	巡测	湖区
54	蛤蟆石	水质	水质	巡测	湖区
55	湖口	水质	水质	巡测	长江
56	军山湖	水质	水质	巡测	湖区
57	陈家湖	水质	水质	巡测	湖区
58	青岚湖	水质	水质	巡测	湖区

续表

序号	站名	站别	已有监测项目	监测方式	备注
59	赣江中支	水质	水质	巡测	赣江
60	赣江北支	水质	水质	巡测	赣江
61	清丰山溪	水质	水质	巡测	清丰山溪
62	潼津水	水质	水质	巡测	潼津水
63	西河	水质	水质	巡测	西河
64	土塘水	水质	水质	巡测	土塘水
65	矶山湖	水质	水质	巡测	湖区
66	新妙湖	水质	水质	巡测	湖区
67	杨柳津河	水质	水质	巡测	杨柳津河
68	博阳河	水质	水质	巡测	博阳河
69	南北港	水质	水质	巡测	南北港

鄱阳湖湖区水文过程外受长江及流域来水控制，内受湖盆地形作用，呈现以年为周期的变化[3]。鄱阳湖水动力特征受长江与五河双重影响显著，影响时期基本可分为以下三个阶段：1～4 月为入湖五河来水逐渐增加、长江干流来水最少时期；5～6 月为入湖五河来水最多、长江干流来水逐渐增多时期；7～12 月为入湖五河来水逐渐减少、长江干流来水最多或者逐渐减少时期。受外部江河作用，鄱阳湖低水流速大，高水流速小，主要可分为重力型、倒灌型、顶托型三种基本形态。

(1) 重力型。最主要湖流类型，流向自南向北，与主槽走向一致，湖流快慢取决于水面比降的大小与过水断面形态。一般来说，主槽流速大于滩地，流速大小与距主槽的距离成反比，即离主槽越远，流速越小。因此，湖区北部，东部流域大于中部、南部。有时在主槽两侧产生旋流，甚至出现环流。

(2) 顶托型。鄱阳湖第二大湖流形态，由长江、五河同时涨水产生，或者五大河流大汛基本结束、长江涨水所形成，是介于重力型和倒灌型之间的过渡流态。出现顶托型湖流时，全湖流速变小，入江水道流速较其他湖区稍大，分布情况与重力型相似。此时，风生流的影响相对增大，湖流在面上和垂线上的分布都不均匀。

(3) 倒灌型。该类型湖流主要受长江洪水影响所形成。倒灌型湖流多出现于五河来水基本结束，长江水位高于同时期湖水位，主要在 7～10 月，个别年 6 月、11 月也发生过。倒灌主要由长江流量和湖水位高低决定，倒灌型湖流多在 0.1m/s 以内，个别可超过 0.3m/s。面上分布是北部流速大于南部，中部最小。主槽流域大于滩地。倒灌型湖流的持续时间最长的为22d(1958年7月8～29日)，平均每年2.5次，每次5.6d。一般出现在湖口水位18m以下、13m以上。根据2005年平水年星子站全年水位过程线，给出了全年三种湖流形态的时间分布(图3.12)，三种流态下鄱阳湖流场空间分布如图3.13所示。

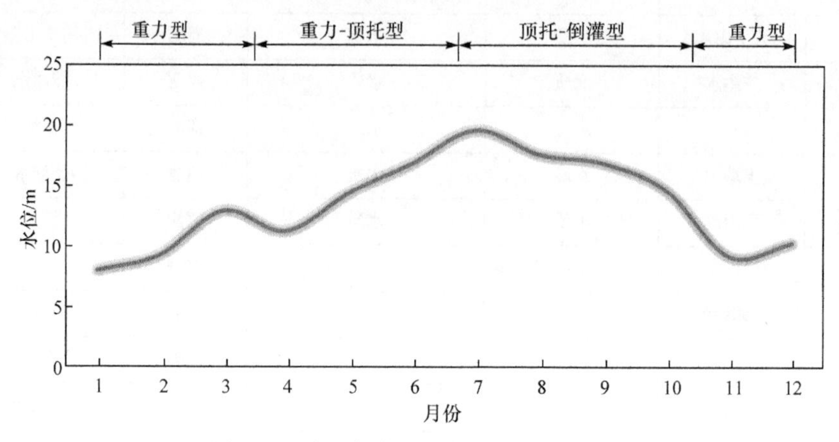

图3.12　鄱阳湖典型流态时间分布示意图

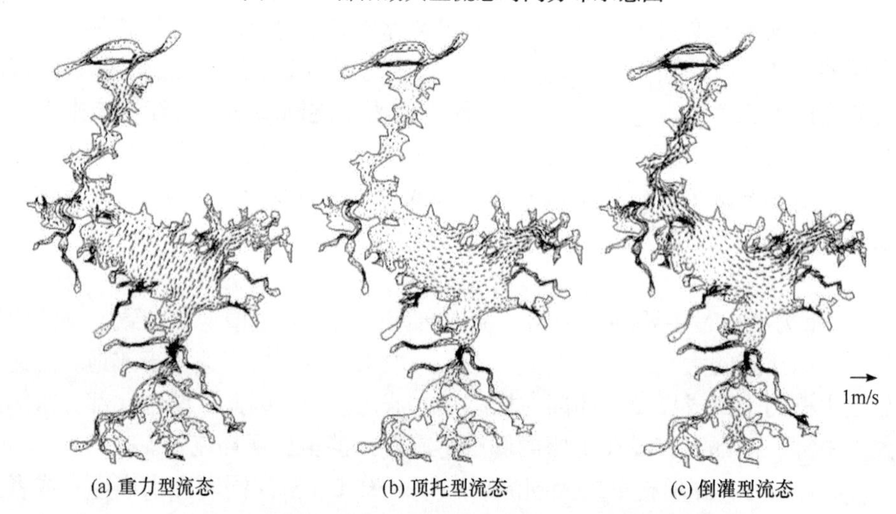

图3.13　鄱阳湖三种典型流态下流场空间分布示意图

3.2　鄱阳湖泥沙基本特性

3.2.1　上游五河来沙特征

鄱阳湖泥沙主要来源于赣江、抚河、信江、饶河、修河五大河流以及环鄱阳湖周围直接入湖诸河。1956～1999 年平均入湖沙量为 1897 万 t，其中五河占 85.5%。泥沙入湖主要集中在 4～7 月，占年总量的 79.2%。1956～1999 年多年平均出湖沙量为 989 万 t，泥沙淤积量 908 万 t，泥沙淤积量占入湖总沙量的 47.9%。泥沙出湖集中于长江大汛前的 2～6 月，占年总量的 90.4%。7～9 月长江大汛期间，长江泥沙常倒灌入湖，平均每年倒灌入湖沙量 157 万 t。2000～2011 年，由于水土保持、中上游水利工程建设的拦沙作用及采砂活动的影响，年平均入湖沙量 702 万 t，较多年均值减少 51.7%，入湖泥沙呈现逐年减少态势，年平均出湖沙量 1171 万 t，较多年均值增加 14.2%，出湖泥沙呈现逐年增加态势，年均出湖沙量比年均入湖沙量多 469 万 t。

由于五大河流上游兴建水利水电工程和水土流失的改善，五大河流入湖泥沙发生巨大的变化，如 1972 年修河柘林水库建成蓄水、1990 年赣江上游流域的治理、1993 年赣江万安水库的正式运行等对入湖水沙关系产生了显著的影响。根据水沙关系特点分析，1985 年之前五大河流入湖沙量呈增加趋势，20 世纪 80 年代末开始呈减少趋势，特别是 90 年代末以来变化最为显著，比多年平均值减少 43.3%。鄱阳湖出入湖主要控制站多年平均输沙量如表 3.4 所示。

表 3.4　鄱阳湖出入湖主要控制站多年平均输沙量　(单位：万 t)

河名	站名	1 月	2 月	3 月	4 月	5 月	6 月	7 月	8 月	9 月	10 月	11 月	12 月	总计
赣江	外洲	8.98	22.37	79.65	166.67	204.76	232.01	81.80	46.05	38.55	18.77	10.90	6.35	916.86
抚河	李家渡	1.54	4.71	12.28	25.39	30.82	42.61	16.44	3.74	3.11	1.74	1.56	1.07	145.01
信江	梅港	1.93	6.97	18.58	36.36	42.56	66.84	24.13	5.99	3.64	1.48	2.03	1.40	211.91
昌江	渡峰坑	0.12	0.61	1.81	4.97	6.56	14.59	9.80	2.38	0.37	0.25	0.15	0.08	41.69
乐安河	虎山	0.37	1.38	3.96	8.53	9.64	20.10	10.74	1.20	0.36	0.37	0.30	0.25	57.20
潦河	万家埠	0.32	0.99	2.42	5.29	7.04	10.36	5.73	2.97	1.38	0.49	0.54	0.21	37.74
修河	柘林	0.16	0.50	1.92	5.74	8.32	14.99	8.26	1.27	0.73	0.17	0.22	0.06	42.34
区间	区间	2.25	6.28	20.13	41.93	51.11	65.55	25.21	10.57	8.04	3.92	2.63	1.59	239.21
总入湖		15.67	43.81	140.75	294.88	360.81	467.05	182.11	74.17	56.18	27.19	18.33	11.01	1691.96
湖口水道	湖口	73.44	138.40	257.73	225.85	111.78	75.38	−30.87	−16.18	−29.14	33.86	67.96	68.43	976.64

鄱阳湖入湖河流不同时段平均年径流量、输沙量和年平均含沙量如表 3.5 和图 3.14 所示。

表 3.5　鄱阳湖入湖河流不同时段平均年径流量、输沙量

时段	赣江外洲站		抚河李家渡站		信江梅港站		昌江渡峰坑站		乐安河虎山站		潦河万家埠站		入湖总量	
	径流量	输沙量	径流量	输沙量	径流量	输沙量	径流量	输沙量	径流量	输沙量	径流量	输沙量	径流量	输沙量
1956～1965 年	607.8	1149	119.9	115.1	146.5	182.3	35.8	23.2	57.0	25.7	26.6	22.1	994	1517

续表

时段	赣江外洲站		抚河李家渡站		信江梅港站		昌江渡峰坑站		乐安河虎山站		潦河万家埠站		入湖总量	
	径流量	输沙量	径流量	输沙量	径流量	输沙量	径流量	输沙量	径流量	输沙量	径流量	输沙量	径流量	输沙量
1966～1975年	705.4	1137	131.6	148.0	188.8	302.2	48.9	48.4	76.7	72.4	37.5	50.0	1189	1758
1976～1985年	680.9	1152	128.3	189.8	163.1	221.2	43.8	38.6	64.1	50.2	32.8	45.7	1113	1697
1986～1995年	666.5	728.0	116.6	127.0	193.3	223.7	50.7	47.2	78.8	83.7	39.1	38.3	1145	1248
1996～2005年	728.8	414.8	128.3	136.2	189.9	130.0	48.6	50.9	75.7	54.3	38.8	32.2	1504	957

注：径流量、输沙量单位分别为亿 m^3、万 t。

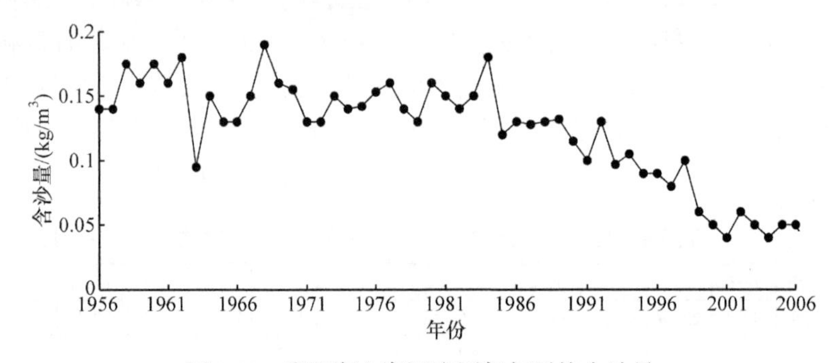

图 3.14 鄱阳湖入湖河流历年年平均含沙量

赣江是鄱阳湖水系中最大的一条河流，外洲站多年平均输沙量 917 万 t，占入湖沙量 54.2%，为入湖沙量最大，其中 3～7 月占年输沙量 83.4%，其中最大年输沙量 1860 万 t，出现在 1961 年，最小年输沙量 183 万 t，出现在 2004 年。20 世纪 90 年代后赣江入湖沙量呈逐年减少趋势，从赣江沿程情况分析，赣江上游从 1985 年开始递减，到 90 年代后期输沙量仅为 447.1 万 t，减少了 30.8%；赣江中游、下游从 90 年代初开始递减，见表 3.6。

表 3.6 赣江沿程不同时段年均输沙量统计

时段	赣江上游			赣江中游			赣江下游		
	输沙量	径流量	含沙量	输沙量	径流量	含沙量	输沙量	径流量	含沙量
1956～1965 年	673.5	268.8	0.251	1022.5	467.0	0.219	1148.8	607.8	0.189
1966～1975 年	668.6	279.0	0.240	971.6	494.0	0.197	1137.4	705.4	0.161
1976～1985 年	794.3	304.0	0.261	1085.7	535.4	0.203	1151.6	680.9	0.169
1986～1995 年	635.2	280.3	0.227	661.5	510.5	0.130	726.9	666.5	0.109

续表

时段	赣江上游			赣江中游			赣江下游		
	输沙量	径流量	含沙量	输沙量	径流量	含沙量	输沙量	径流量	含沙量
1996～2005 年	461.0	286.1	0.161	346.6	560.8	0.062	414.7	728.8	0.057
1956～2005 年	646.5	283.6	0.228	817.6	513.5	0.159	915.9	677.9	0.135
1956～1968 年	650.6	256.6	0.254	993.8	452.7	0.220	1125.1	600.4	0.187
1969～1989 年	716.6	291.3	0.246	986.7	512.3	0.193	1089.8	682.5	0.160
1990～1995 年	680.1	305.8	0.222	587.9	558.1	0.105	656.0	729.5	0.090
1996～2007 年	447.1	288.6	0.155	340.9	561.9	0.061	396.5	722.9	0.055

注：输沙量和含沙量单位是万 t，径流量单位是亿 m^3。

抚河李家渡站多年平均输沙量 145 万 t，占入湖沙量 8.6%，其中 3～7 月占年输沙量的 88%，其中最大年输沙量 352 万 t，出现在 1998 年，最小年输沙量 26.1 万 t，出现在 1963 年。总体分析可知，抚河各时段入湖泥沙量变化不大。

信江梅港站多年平均输沙量 212 万 t，占入湖沙量 12.5%，其中 3～7 月占年输沙量的 88.9%，其中最大年输沙量 501 万 t，出现在 1973 年，最小年输沙量 26.3 万 t，出现在 2007 年。根据信江水沙关系特点分析，1975 年之前信江入湖沙量呈增加趋势，1976～1995 年入湖沙量基本与多年平均值持平，1996～2005 年入湖沙量呈减少趋势，比多年平均值减少 38.7%。

饶河多年平均输沙量 99 万 t，占入湖沙量 5.9%。昌江渡峰坑站多年平均输沙量 41.7 万 t，占入湖沙量 2.5%，4～7 月占年输沙量的 86.1%，其中最大年输沙量 115 万 t，出现在 1998 年，最小年输沙量 3.73 万 t，出现在 2005 年。总体分析可知，饶河各时段入湖泥沙量变化不大。

乐安河虎山站多年平均输沙量 57 万 t，占入湖沙量的 3.4%，4～7 月占年输沙量的 85.7%，其中最大年输沙量 184 万 t，出现在 1995 年，最小年输沙量 4.32 万 t，出现在 2007 年。

修河柘林水库建库前(1956～1971 年)平均年输沙量 132 万 t，由于柘林水库为多年调节水库，河水进入库区后，流速缓慢，河流泥沙基本上淤积于库区，水库下泄水流清澈，出库沙量很小，与入库沙量相比比例很小。因此，柘林水库建成后，修河入湖泥沙主要来源于潦河，万家埠站多年平均输沙量 38 万 t，占入湖沙量 2.2%，4～7 月占年输沙量的 75.3%，其中最大年输沙量 112 万 t，出现在 1973 年，最小年输沙量 6.7 万 t，出现在 2007 年。根据潦河水沙关系特点分析，1956～1971 年修河(包括修河柘林站和潦河万家埠站)多年平均入湖沙量 155 万 t，1972 年之后(柘林水库建成运行后)修河入湖沙量呈减少趋势，1996～2005 年入湖沙量比原多年平均值减少 79.2%[4]。

3.2.2 下游长江泥沙特征

长江倒灌鄱阳湖是江湖关系相互作用的一种最直观表现。鄱阳湖流域和长江中上游汛期不一致，导致流域入湖水量和长江中游下泄水量存在巨大差异，为特定时间内江水顶托作用的增强以及江水倒灌的发生提供了条件。江水倒灌主要发生在长江主汛期的 7～9 月，其中 7 月中下旬、8 月底至 9 月中下旬是江水倒灌最频繁的时期。

1956～2005 年，江水倒灌频率总体呈减小趋势，不同年代间呈现一多一少的相间分布格局，反映出江湖作用强度在年代际尺度上存在一个此消彼长的波动过程。江水倒灌及其所反映的江湖关系相互作用的演变过程，与不同时期长江流域气候波动背景下长江中上游来水和鄱阳湖流域来水量的差异密切相关。长江中游来水和流域来水比值年际变化的长期下降趋势，表明流域来水的影响在增强。另外，人类活动影响下江湖水沙过程与河床、湖盆演变在某种程度上也对江水倒灌的发生产生了影响。特别是在 2000 年以前鄱阳湖区的淤积和围垦，对抬高湖泊水位、增大湖水出流的下泄压力起到重要的促进作用。2000 年以后，退田还湖、湖区航道整治以及湖底采砂等人类活动导致鄱阳湖容积增大和湖底高程下降，在一定程度上有利于降低湖泊水位，从而间接增强了长江作用，促进了江水倒灌的发生[5]。

长江干流屏山、宜昌、汉口、大通四站多年平均中值粒径见表 3.7，从上游向下游逐渐减小，泥沙变细，中上游的粗粒径泥沙淤积在中下游和两湖地区。根据全国第二次水土流失遥感调查估算成果，长江上游(宜昌以上)年平均土壤侵蚀 15.6 亿 t，长江流域 24 亿 t，长江的泥沙输移比为 0.2～0.5，大多数侵蚀量被拦截在支流中上游水库或淤积在干支流河道中[6]。

表 3.7 长江干流控制站中值粒径

指标	屏山站	宜昌站	汉口站	大通站
多年平均中值粒径/mm	0.031	0.022	0.018	0.017
统计时段	1975～2000 年	1959～2000 年	1987～2000 年	1976～2000 年

基于长江河口 1959～2011 年悬沙浓度实测数据，对其悬沙浓度分布特征及变化趋势研究分析得出：长江流域进入河口区域的水量多年无明显的增减趋势，年内分配表现为洪季减小，枯季增大，入海的沙量和含沙量均为减小趋势。由于传递效应，长江口徐六泾、南支进口、南港和北港以及口外海滨区域的悬沙浓度为不同程度的减小，越向下游这一减幅越小，北支在相同潮差和潮径比下也为减

小趋势，南槽进口悬沙浓度在分流比增加的情况下变化不大。北槽进口 2005～2011 年较 2000～2002 年悬沙浓度为减小趋势，受分流比、上游悬沙浓度减小和整治工程引起的河床粗化等影响，其上段和下段悬沙浓度为减小趋势，减幅约为 33.25%，但北槽中段受越堤沙量影响表现为一定增加趋势。长江口外海滨泥沙的再悬浮作用，有效减缓该区域悬沙浓度减小幅度，但仍不能改变其伴随流域入海泥沙锐减的减小趋势，2003～2011 年悬沙浓度较 1981～2002 年减小约 21.42%，其峰值向口内上溯约 1/6 经度，且峰值移动主要由径流和潮流水动力对比决定[7]。

长江在青藏高原上从发源地向东，随着流域面积的增大和河道切割加深，以及降水量和径流量的逐渐增大，相应河流中的含沙量和输沙量也逐渐增大。当河流从 4000m 以上的高原降至 1000m 左右的高度时，河流经历很大的落差，由于降水等侵蚀，河流的含沙量和输沙量不断增大，金沙江流域的流量较大，输沙量的增加比含沙量的增加更为突出。

长江进入四川盆地后，坡度减缓，含沙量随之有所减小，年均输沙量因径流量的增大而继续增大，从屏山的 2.55 亿 t 增至宜昌站的 5.04 亿 t，所增输沙量约一半来自嘉陵江流域。因此，长江流域的泥沙主要来源于上游，尤以金沙江和嘉陵江为重点产沙区。

长江出三峡后，骤然进入长江中下游平原，河道明显展宽，比降变缓，流速减小，因而泥沙发生沉积，至汉口站时多年平均输沙量减少至 4.08 亿 t，到达长江干流的最后控制站大通，由于水量增加，年均输沙量增至 4.33 亿 t，但也小于中游的宜昌站。这是由于区间汇入汉江、洞庭湖水系、鄱阳湖水系的泥沙，经过丹江口水库、洞庭湖、鄱阳湖拦截沉积，故到大通站时，输沙量小于上游的宜昌站。

统计长江流域 1956～1979 年与 1980～2000 年两个时段的多年平均输沙量，进行对比分析，见表 3.8。金沙江、岷江、抚河和饶河 1980～2000 年的多年平均输沙量增加，嘉陵江、乌江、沅江、澧水、湘江、资水、赣江、信江减少，修河的两个统计时段大体相同，变化较少。以屏山、宜昌、汉口、大通站分别作为金沙江和长江的上游、中游、下游的代表站，除金沙江增大外，上游、中游、下游 1980～2000 年的输沙量均有一定程度的减少。干支流的输沙量变化趋势和含沙量的变化基本一致，但由于径流量不同，输沙量的变化幅度大于含沙量的变化[4]。

表 3.8　长江流域干支流主要控制站多年平均输沙量

河流	站名	面积/km^2	多年平均输沙量/万 t	
			1956～1979 年	1980～2000 年
金沙江	屏山	458590	23618	27449
长江	宜昌	1005501	51400	48600

续表

河流	站名	面积/km²	多年平均输沙量/万 t	
			1956～1979 年	1980～2000 年
长江	汉口	1488036	42600	37500
长江	大通	1705383	47017	43042
岷江	五通桥	126478	3240	4370
嘉陵江	北碚	156142	14500	9050
乌江	武隆	83035	3255	2283
洞庭湖四河	湘潭、桃江、石门、桃源	208872	3241	2073
鄱阳湖五河	外洲、李家渡、梅港、渡峰坑、万家埠	120855	1567	1285
鄱阳湖	湖口	162065	1077	781

在长江水文网和江西水文监测中心的数据支持下，对 2010 年鄱阳湖入江流量进行统计分析，将湖口站按全年分为枯季和洪季，在该典型年主要径流量通过鄱阳湖进入长江，而在长江汛期，有部分长江水通过湖口站倒灌进入鄱阳湖，根据湖口站 2010 年数据分析，长江在 2010 年全年入湖径流量基本符合五河来水流量趋势，全年径流量为 2181.14 亿 m^3，5 月为全年最大，径流量为 349.97 亿 m^3，占全年径流量的 16%；长江倒灌主要发生在 7～9 月，径流量为 84.89 亿 m^3。全年径流量为 119.5 亿 m^3，在 10～12 月发生少量江水倒灌现象。

1956～2005 年，长江倒灌进鄱阳湖的泥沙呈逐渐减少的趋势，长江不同年段平均倒灌泥沙变化见表 3.9，除与年均倒灌次数和倒灌水量逐渐减少有关外，还受长江水体泥沙含量逐步下降显著影响，这是两者共同作用的结果[8]。

表 3.9　长江不同年段平均倒灌泥沙变化

指标	1956～1965 年	1966～1975 年	1976～1985 年	1986～1995 年	1996～2005 年	1956～2005 年
倒灌年数	10	9	9	7	6	41
倒灌次数	2.6	2.7	3.1	1.5	1.6	2.3
倒灌水量/亿 m³	43.0	27.6	25.9	24.8	19.8	28.2
倒灌沙量/万 t	267.2	118.3	185.8	144.6	40.1	151.2

3.2.3　鄱阳湖泥沙时空分布

鄱阳湖来沙分别由五河流入，由湖口站流入长江，在大汛期间，长江水沙倒灌，是鄱阳湖特有的水沙运动。根据江西水文监测中心和长江水文网提供资料分析，1956～2005 年五大支流多年平均入湖输沙量为 1453 万 t，赣江全年总输沙量为五河中最大，入湖输沙量为 917 万 t，占入湖总沙量的 63.1%；信江次之，全年总输沙量为 212 万 t，占入湖总沙量的 14.6%；抚河总输沙量为 145 万 t，占全年入湖总沙量的 9.98%；饶河全年总输沙量为 99 万 t，占入湖总沙量的 6.8%；修河总输沙量为 80 万 t，占入湖总沙量的 5.5%。五大支流入湖沙量主要集中在 4～7 月，占输沙量的 77.3%，从 10 月到 12 月及 1 月到 2 月期间，输沙量非常小，占输沙量的 6.9%。五大支流 6 月的输沙量最大，能达到全年的 27.7%，输沙量达 401.5 万 t；12 月是五大支流输沙量最小月份，仅平均占全年的 0.6%，输沙量为 9.42 万 t，最大输沙量 6 月是最小输沙量 1 月的 42.6 倍。而从湖口站 2010 年的监测数据可知，全年鄱阳湖流入长江的总输沙量为 1099.54 万 t，其中 3 月达到最大值 305.4 万 t。7～9 月为长江主汛期，长江水位高，常出现江水倒灌现象，长江泥沙随江水倒灌入湖，倒灌沙量与倒灌水量、江水含沙量有关，泥沙倒灌入湖主要发生在 7～9 月，总输沙量为 152.8 万 t，在 10～12 月有少量泥沙输运，泥沙倒灌全年总输沙量为 215.1 万 t。

3.2.4　鄱阳湖泥沙颗粒级配特征

从悬浮体粒径组成上看，鄱阳湖悬浮体主要以粉砂(<63μm)为主，其中又以细粉砂(3.79～16.8μm)所占比例最大；砂(>63μm)与黏土(≤3.79μm)所占比例在不同湖区有所不同。除湖湾区外，砂所占比例表现为南部大湖>中部湖区>北部入江水道区。而黏土及细粉砂所占比例则表现为北部入江水道区>中部湖区>南部大湖区。总体上看，鄱阳湖从南到北，从西向东北，呈现粗砂减少、粉砂及黏土增加的趋势，符合水体流动输运过程中，自上游到下游，河床中大颗粒的泥沙逐渐沉积、泥沙粒径逐渐趋于细化的现象[4]。

鄱阳湖水体悬浮颗粒物粒径具有季节性变化特点，即枯水期颗粒物粒径区域性差异明显，而丰水期区域性差异不大[5]。全湖悬浮体粒径主要分布在 8～90μm，丰水期、枯水期分布规律较为一致，枯水期的平均悬浮体中值粒径较丰水期更细。悬浮体中值粒径表现为南粗北细的空间分布特征。由表 3.10 可知(北部入江水道区在枯水期由于悬浮泥沙浓度达到 150mg/L 左右，导致现场激光粒度分析仪(LISST)数据饱和，未测到相应数据)，除湖湾区外，鄱阳湖湖区平均中值粒径主要在 13～35μm。其中南部大湖区与中部湖区中悬浮体中值粒径差异最大，其中值粒径变化范围在 8～75μm；而北部入江水道区中值粒径最小，粒径范围分布也较小，在 8.9～28μm，主要以中值粒径在 15μm 以下的细粉砂为主。在湖湾区，悬浮体粒径最大，平均中值粒径都在 75μm 以上[9]。浑浊区的悬沙粒径普遍大于清水区，且悬沙粒径在浑浊水区与悬沙浓度存在一定的负相关，而清水区两者之间没有特定的规律[10]。

表 3.10 鄱阳湖丰、枯水期悬浮体粒度分布特征 (单位：μm)

指标	南部大湖区		中部湖区		北部入江水道区		湖湾区	
	丰水期	枯水期	丰水期	枯水期	丰水期	枯水期	丰水期	枯水期
中值粒径	34.7	29.0	31.84	19.7	13.4	未测出	79.17	97.17

从悬浮体粒径频率谱形态分布上看，枯水期粒径谱分布形态上在全湖范围分布较为一致，主要为双峰(A、B型)形态及少量位于采砂区的三峰形态(D型)。而丰水期的南部大湖区及中部湖区由于受到生物絮凝、采砂及风浪的影响，粒径频率谱形态分布更加多样化[8]。

影响鄱阳湖悬浮体浓度、粒度组成及分布因素是复杂的，它与河口区的物质来源、冲淤状态、表层沉积物的结构及水动力条件、风浪、生物絮凝及人为活动都有密切的关系，其中，采砂活动又对悬浮体分布影响最大[11]。部分湖区受采砂影响，造成悬沙浓度升高，使主湖区水体悬沙浓度高于支流悬沙浓度[10]。

3.3 鄱阳湖湖底地形特征

3.3.1 鄱阳湖基础地理测量

为有效保护鄱阳湖自然生态环境，“永远保持鄱阳湖一湖清水”，引领经济社会又好又快发展，江西省委、省政府于 2008 年提出了建立“鄱阳湖生态经济区”战略部署，2009 年 12 月 12 日国务院正式批复《鄱阳湖生态经济区规划》，标志着鄱阳湖生态经济区建设上升为国家战略。由于鄱阳湖区现有的基础资料缺乏，不能准确定量反映鄱阳湖现状，制约了鄱阳湖生态经济区建设的各项决策工作。江西省委要求有关部门尽快解决这一重大问题。

为贯彻落实这一指示，研究鄱阳湖、利用鄱阳湖、保护鄱阳湖、建设鄱阳湖生态经济区和鄱阳湖水利枢纽工程提供科学的基础性资料，省政府决定调动资源、利用一切技术，开展一次全面的鄱阳湖实地测绘，即鄱阳湖基础地理测量。

鄱阳湖基础地理测量于 2010 年 7 月 22 日正式启动，工作内容包括鄱阳湖区水文(水位)站水准点Ⅲ、Ⅳ等水准测量、湖区 1：10000 地形图、鄱阳湖国家级自然保护区 1：5000 地形图、鄱阳湖水利枢纽闸坝工程区 1：2000 地形图、鄱阳湖湿地植被分布地图、鄱阳湖湖区大断面测量、鄱阳湖湖流与水质监测、鄱阳湖不同水文条件水位面积与容积关系分析、鄱阳湖基础地理信息管理系统建设等。测量中统一使用 2000 国家大地坐标、1985 国家高程基准(简称 85 基准)。

地形测量和数字成图工作任务由江西省水利规划设计院、江西省测绘局和江西省水文局 3 个单位共同承担，鄱阳湖区水文(水位)站水准点Ⅲ、Ⅳ等水准测量由所在测区相应测量单位承担。这次鄱阳湖基础地理测量集中了水利、测绘部门和有关高等学校、科研院所技术骨干，采用全球定位系统、全站仪、全自动测深仪、电子水准仪、南方成图软件等先进仪器设备和成图技术，实现了湖区各水文(水位)站水准点联测，各站水位全部统一为 85 基准，取得较高精度、较全面的最新鄱阳湖 1∶10000 电子地形图(局部 1∶5000、1∶2000 电子地形图)，为推求具有较好实用性和较高精度的鄱阳湖水位-面积、水位-容积关系提供了良好条件。

鄱阳湖基础地理测量根据实测 1∶10000 数字地形图，建立鄱阳湖 1∶10000 数字高程模型(digital elevation model，DEM)数据覆盖鄱阳湖测区范围，共计 439 幅。利用 DEM 计算面积、容积的图解模型如图 3.15 所示。

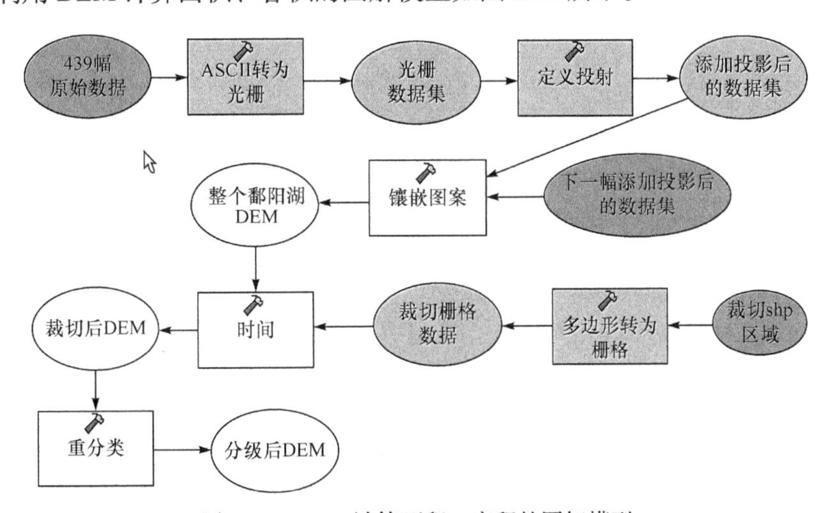

图 3.15　DEM 计算面积、容积的图解模型

鄱阳湖高程-面积、高程-容积计算成果如下。

(1) 鄱阳湖 21m 高程以下范围高程-面积、高程-容积计算成果。

根据 DEM 计算结果，实测鄱阳湖区 21m 高程以下范围总面积为 5205.536km^2，相应容积为 422.0162 亿 m^3，见表 3.11。

(2) 鄱阳湖湖盆高程-面积、高程-容积计算成果。

鄱阳湖湖盆 21m 高程以下，面积为 3286.856km^2，容积 299.9953 亿 m^3，见表 3.12。

表 3.11　实测鄱阳湖 21m 高程下面积容积统计

序号	名称	面积/km^2	容积/亿 m^3
1(2, 3, 8, 9～11 小计)	实测范围湖区	5205.536	422.0162
2	湖盆	3286.856	299.9953
3	五河尾间	291.817	21.6038
4	康山圩	290.851	22.6664
5	珠湖圩	151.809	10.5952
6	黄湖圩	49.206	2.8703
7	方舟斜塘	34.021	2.0701
8(4～7 小计)	蓄滞洪区	525.887	38.2020
9	青岚湖	97.396	7.1263
10	军山湖	255.988	17.5344
11	单双退圩堤	747.592	37.5544
12(2,3,9 小计)	通江水体	3676.069	328.7254

表 3.12　鄱阳湖湖盆高程、面积、容积统计

高程/m	面积/km^2	容积/亿 m^3
0.0	34.847	1.0288
0.5	39.263	1.2140
1.0	46.330	1.4277
1.5	51.397	1.6719
2.0	59.994	1.9501
2.5	65.257	2.2631
3.0	73.594	2.6101
3.5	79.262	2.9921
4.0	88.376	3.4110
4.5	95.096	3.8696
5.0	104.081	4.3673
5.5	110.872	4.9046
6.0	119.574	5.4806
6.5	127.303	6.0977
7.0	138.733	6.7626
7.5	149.869	7.4839

续表

高程/m	面积/km²	容积/亿 m³
8.0	172.501	8.2892
8.5	208.167	9.2395
9.0	280.465	10.4566
9.5	365.127	12.0659
10.0	504.406	14.2304
10.5	742.116	17.3276
11.0	1018.007	21.7098
11.5	1377.303	27.6755
12.0	1704.546	35.3656
12.5	2012.072	44.6465
13.0	2287.840	55.3889
13.5	2535.191	67.4412
14.0	2727.449	80.5949
14.5	2884.473	94.6228
15.0	3000.828	109.3351
15.5	3053.743	124.4714
16.0	3102.041	139.8607
16.5	3125.816	155.4303
17.0	3152.695	171.1265
17.5	3170.202	186.9337
18.0	3189.851	202.8338
18.5	3204.719	218.8202
19.0	3223.512	234.8908
19.5	3237.812	251.0441
20.0	3256.376	267.2795
20.5	3271.542	283.5993
21.0	3286.856	299.9953

3.3.2　鄱阳湖地形总体特征

鄱阳湖流域三面环山，中部多为谷地、丘陵及盆地，地势由南向北逐渐降低；北部为长江沿岸和赣江、抚河、信江、饶河、修河等水系冲积淤积而成的鄱阳湖平原，整个地势南高北低，周高中低，由南向北，由边及里徐徐倾斜，宛如朝北敞口的盆地[12]。鄱阳湖虽然面积大，但是属于浅水湖，湖底平坦但湖泊中部存在相对较深的航道区，平均水深 8.4m，最深处 25.1m 左右[13]。湖区地貌由水道、洲滩、岛屿、内湖组成。湖滩有沙滩、泥滩、草滩三种类型，滩地高程多在 12～17m 之间，其中以草滩数量最多，高程多在 14～17m[14]。滩地相对坡度平缓，由于湖底地形及周边滩地的高程特性，导致鄱阳湖出现了"高水是湖，低水似河"，"洪水一片，枯水一线"的独特自然景观[15]。

在抚河、信江、赣江、饶河和修河这五个子流域中，抚河和信江这两个流域出口的鄱阳湖湖底高程为 14～16m，赣江、修河和饶河这三个流域出口的鄱阳湖湖底高程为 12～14m。在湖口、星子、都昌、棠荫和康山五个水文站点中，康山水文站的湖底高程为 8～10m，附近湖底高程 12～14m；棠荫、都昌和星子三个水文站的湖底高程为 4～6m，其中棠荫水文站南部附近湖底高程为 10～12m，北部附近湖底高程为 8～10m，都昌站南部附近湖底高程为 8～10m，东部附近湖底高程为 10～12m，星子站附近湖底高程为 8～10m；湖口水文站的湖底高程为-4～-2m，周围湖底高程为 8～10m。湖盆高程总体呈南高北低的趋势[16]。就整个湖盆而言，湖底高程主要集中在 12.5～16.0m，占全湖面积的 2/3，其中面积最大的区间是 13.5～15.0m，是沼泽植被和苔藓群落分布的主要区间，占全湖总面积的 17%左右[17]。

3.3.3　鄱阳湖典型断面地形变化特征

为了准确掌握鄱阳湖横纵两向上湖底地形变化特征，选取了 *A-G*、*H-I*、*J-K* 三个纵向典型断面及 *L-M*、*N-O*、*P-Q* 三个横向典型断面分析其地形变化，如图 3.16 所示。

各典型断面地形波动特征如图 3.17 和图 3.18 所示。*A-G* 段为跨越鄱阳湖南北向最长的一个断面，其中 *A-C* 段属于南部湖区，*C-E* 段属于中部湖区，*E-G* 段属于北部湖区。*A-G* 全段湖底高程基本体现了中泓地形特征，变幅较大。全段湖底高程变化范围为 1～20m，呈现从南到北逐渐降低的趋势，符合鄱阳湖南高北低的地形规律，但受碟形湖及航道区影响，在部分湖段湖底高程有较显著的骤增与骤减。南部湖区 *A-C* 段湖底高程变化范围为 6～20m，北部湖区 *E-G* 段湖底高程较低，但其变幅较南部湖区更为显著，变化幅度为 1～15m。地形波动曲线表明，南部湖区地形变换较北部湖区更为平缓。*H-I* 段属于中湖区西断面，截面湖底高程范围在 10～16m。与 *A-G* 段中部区间变化趋势相似，*H-I* 段也呈现高程从南至北逐步降低的规律；但与 *A-G* 段不同的是，*H-I* 段地形波动较为平缓，只在部分碟形湖区有所起伏。*J-K* 段属于中部湖区东断面，湖底高程在 9～17m 波动。与 *A-G* 段中区及 *H-I* 两段横截面不同，*J-K* 呈现两边高中间低的变化趋势，这一现象主要与 *H-I* 段头尾两端湖滩地形有关。三个典型纵向断面湖底高程变化如图 3.17 所示。*L-M* 段为三条横断面中最长段，位于中部湖区以北，湖底高程变化区间为 7～19m；*N-O* 段基本位于中部湖区，湖底高程变化区间为 8～

17m，*P-Q* 段接近南部湖区，湖底高程变化区间为 10～17m。横向断面的高程变化幅度显著大于纵向断面，这可能与所选断面横跨多处碟形湖以及航道区有关。三个典型横向断面湖底高程变化如图 3.18 所示。

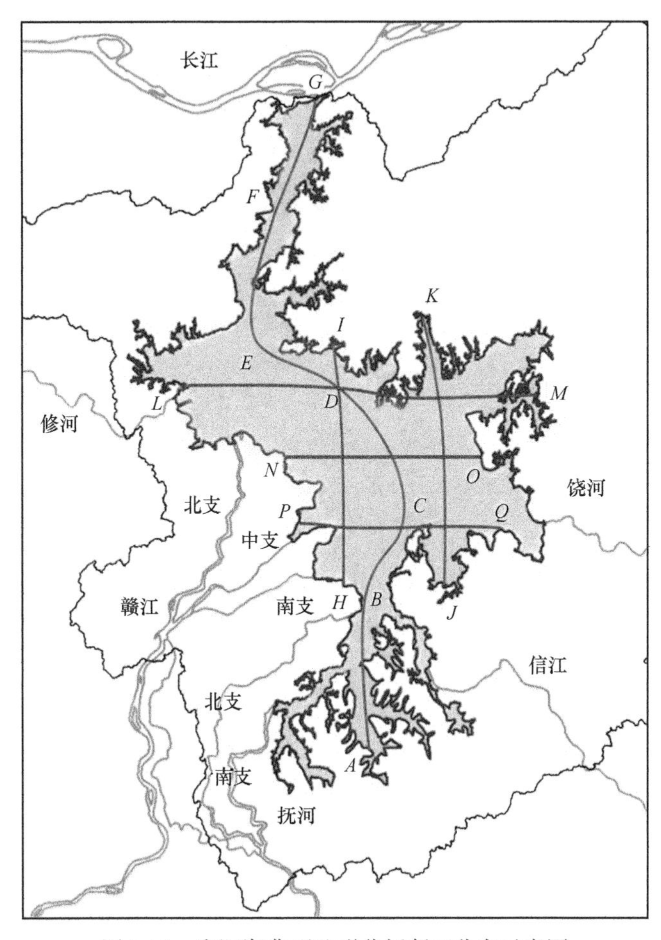

图 3.16　鄱阳湖典型地形分析断面分布示意图

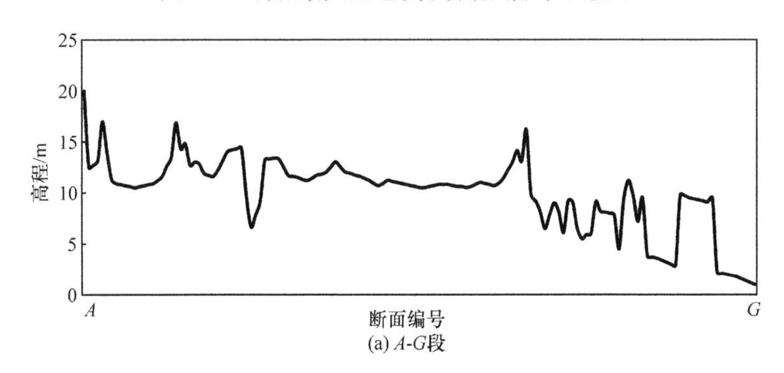

(a) *A-G*段

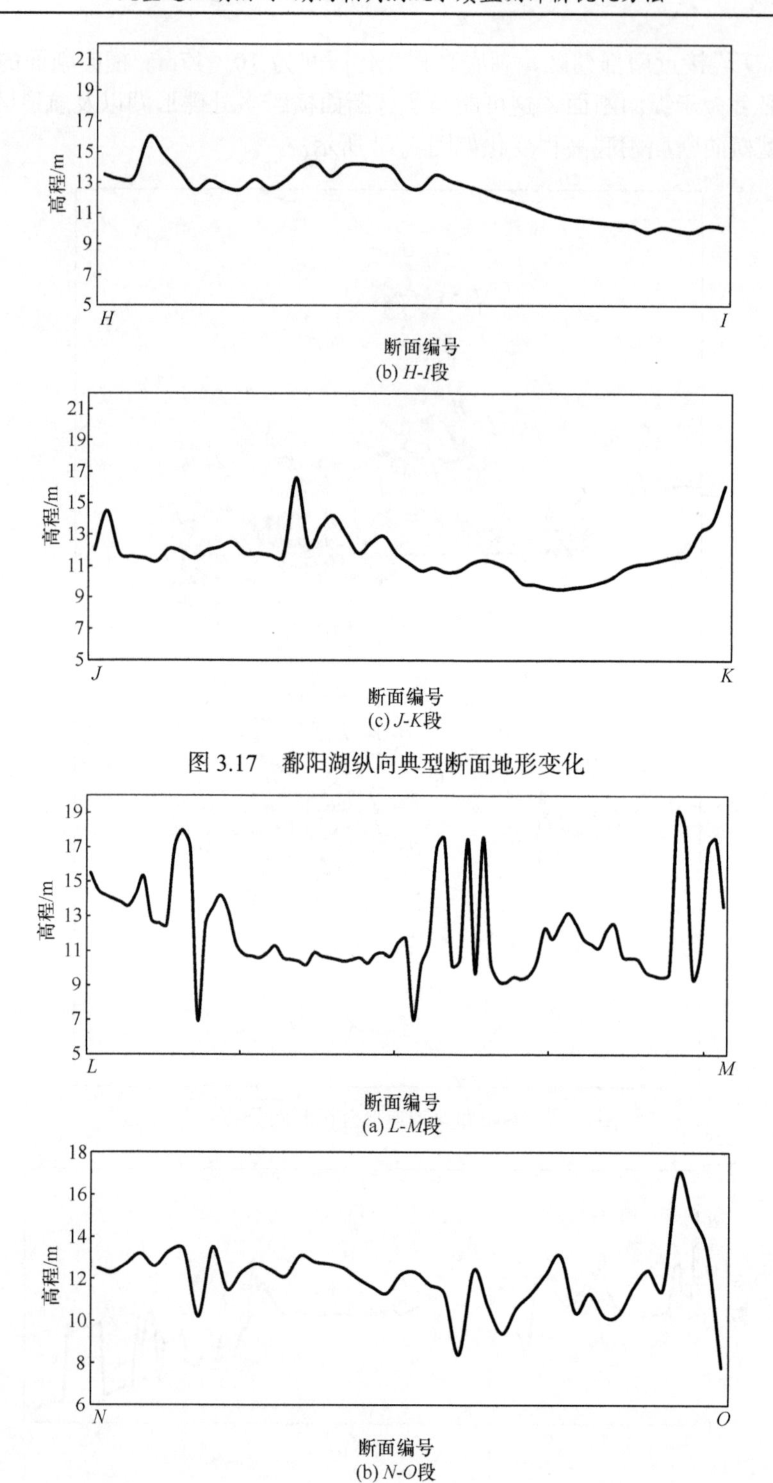

(b) *H-I*段

(c) *J-K*段

图 3.17　鄱阳湖纵向典型断面地形变化

(a) *L-M*段

(b) *N-O*段

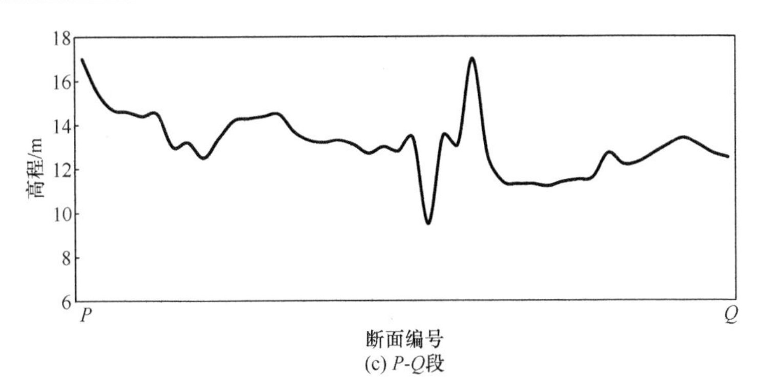

(c) P-Q段

图 3.18　鄱阳湖横向典型断面地形变化

3.3.4　鄱阳湖例行监测点位地形特征

鄱阳湖布置的 19 个例行水质监测站点是河-湖两相判别研究的主要空间点位，掌握各点高程特征是实现合理判别的重要基础。根据江西省水利规划设计院、江西省测绘局和江西省水文局三个单位共同承担的鄱阳湖地形测量工作成果(2010 年 7 月 22 日正式启动)，鄱阳湖例行监测 19 个点位高程变化范围为 1～9.3m，平均高程为 5.64m，19 个点位高程具体情况如图 3.19 所示。10 号监测点位信江西支高程最大，高程最低点位为 19 号湖口。1～4 号监测点位同属于东部入湖河口区域，高程较为接近，为 6.1～6.2m；5 号监测点位龙口位于 1～4 号监测点位的下游，其高程略低于上游的四个点位；6 号瓢山与 11 号棠荫位于中部湖面开阔区域且距离较近，高程 5.5～5.6m；7 号康山与 8 号赣江南支同属于

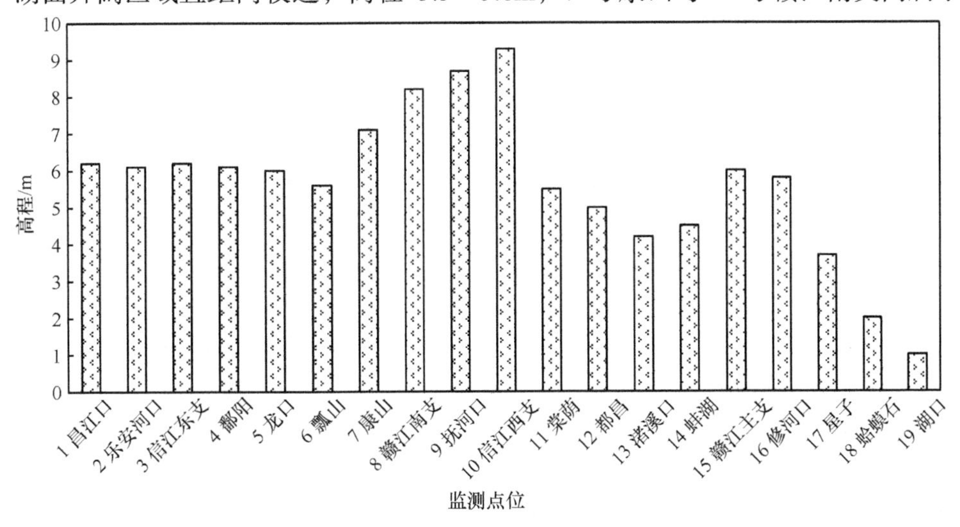

图 3.19　鄱阳湖湖区水质监测点位高程分布

南部湖湾区，但由于 8 号赣江南支更靠南部入湖口，其高程略大于 7 号康山，这两个点位的高程分别为 7.1m 和 8.2m；9 号与 10 号监测点位位于南部入湖口区域，该区域位于鄱阳湖最南端，地势最高，两个点位高程分别为 8.7m 及 9.3m；12 号与 13 号监测点位位于北部开阔区域，高程分别为 5m 及 4.2m；北部开阔区域地势低于西部入湖河口区，14～16 号监测点位高程 4.5～6m；17～19 号监测点位位于北部入江水道区域，该区域位于鄱阳湖最北段，地势逐步降低，至湖口降为最小，高程分别为 3.7m、2m 及 1m。

3.4 鄱阳湖碟形湖分布特征

3.4.1 鄱阳湖碟形湖分布区域

碟形湖是指鄱阳湖湖盆区内枯水季节显露于洲滩之中的季节性子湖泊，也称湖中湖或季节性内湖。碟形湖的出现主要是由于鄱阳湖水位的季节性变化，丰水期鄱阳湖一片汪洋，碟形湖融入主湖体，鄱阳湖完全显现出大湖特征。当鄱阳湖水位下降到 14.50m 后，碟形湖依次显露；当水位降到 12.00m 左右时成为孤立的水域，与鄱阳湖主湖区没有直接的水流联系，形成湖中湖的独特景观。鄱阳湖碟形湖共 35 个，主要分布在吴城、南矶山国家自然保护区周围，其他湖湾也有零星分布。

3.4.2 鄱阳湖碟形湖形态特征

鄱阳湖内碟形湖面积、形态差异较显著，临界控制高程(85 基准)范围一般为 13～15m，平均临界控制高程 14.0m，上北甲湖、大湖池、饭湖、三泥湾 4 个碟形湖临界控制高程最高，约 15m，撮箕湖临界控制高程最低，仅 10.6m。多数碟形湖临界控制高程下湖泊面积均在 10km^2 以下，大汊湖、大湖池、神塘湖、撮箕湖、蚌湖、蚕豆湖 6 个碟形湖面积相对较大，分别约 16.63km^2、29.45km^2、26.71km^2、83.69km^2、43.66km^2、25.04km^2，其中撮箕湖临界控制高程下面积最大。所有碟形湖中，珠池湖临界控制高程下面积最小，仅 1.138km^2，临界控制高程下碟形湖面积均值为 10.873km^2。鄱阳湖 35 个碟形湖总面积 380.546km^2，约占鄱阳湖平水期总面积的 12.1%。鄱阳湖碟形湖临界控制高程下平均湖泊容积 0.1156 亿 m^3，大部分湖泊容积都在 0.12 亿 m^3 以下，大湖池临界控制高程下容积最大，为 0.6791 亿 m^3，珠池湖临界控制高程下容积最小，仅 0.005 亿 m^3。碟形湖总库容为 4.04 亿 m^3，约占鄱阳湖平水期总库容的 1.5%。鄱阳湖碟形湖临界控制高程、湖泊面积、湖泊容积分别如图 3.20～图 3.22 所示。

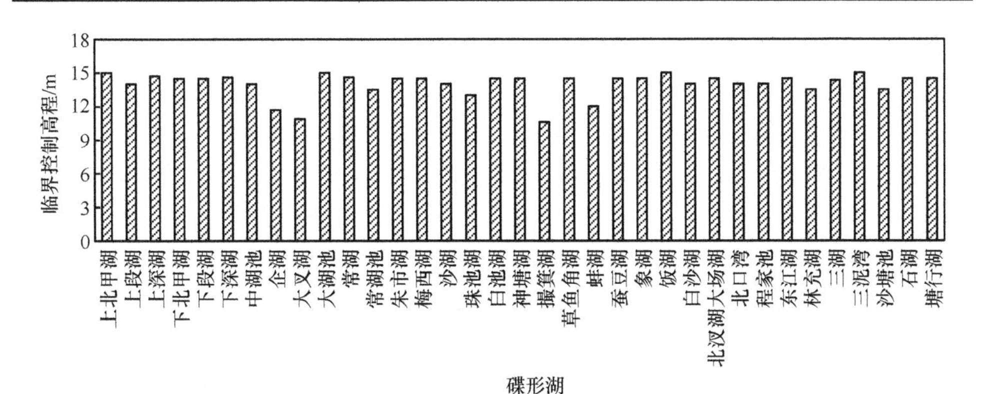

图 3.20 鄱阳湖碟形湖临界控制高程分布

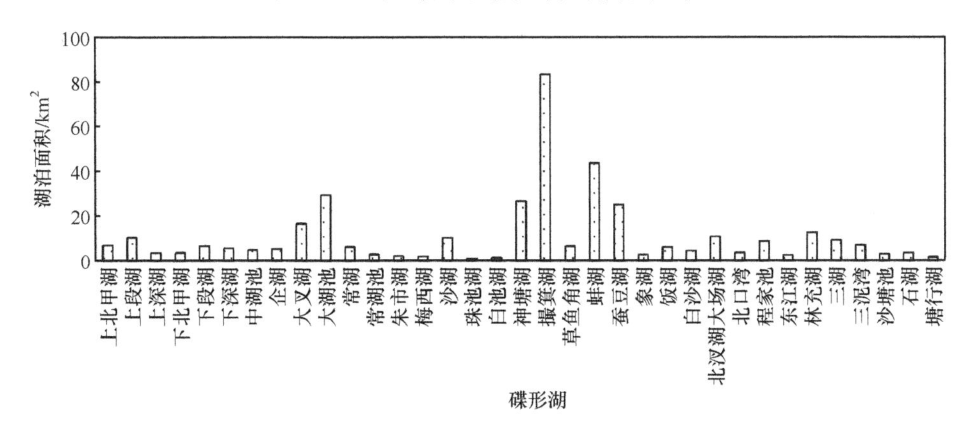

图 3.21 鄱阳湖碟形湖临界控制高程下湖泊面积分布

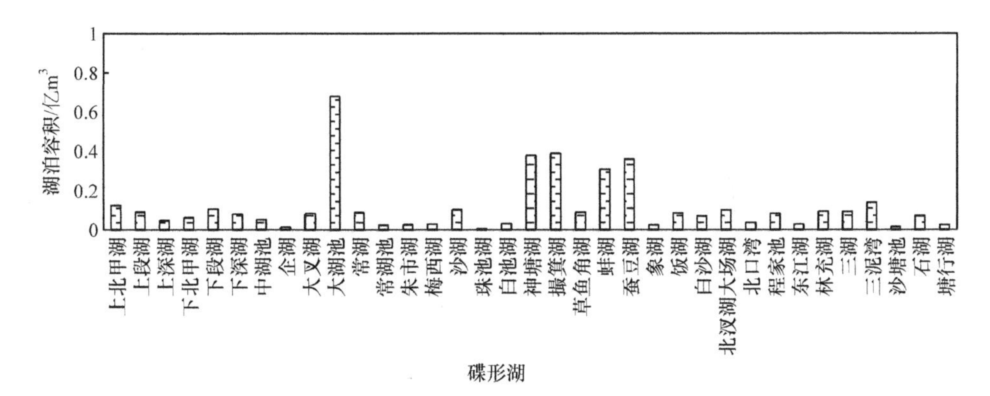

图 3.22 鄱阳湖碟形湖临界控制高程下湖泊容积分布

当碟形湖水位下降到碟形湖的控制高程时，碟形湖依次显露；随着高程的下降，各个碟形湖成为孤立的水域。同时，碟形湖的形态也会发生巨大变化。控制高程下撮箕湖面积最大，为 83.69km^2，当高程降到 10m 时，面积为 35.86km^2，当高程降到 9.5m 时，面积仅为 3.19km²；蚌湖是控制高程下第二大碟形湖，面积为 43.66km²，当高程下降到 11m 时，面积为 8.61km²，高程降到 10m 时，面积仅为 0.078km²。控制高程下珠池湖面积最小，为 1.138m，当高程降到 12.5m 时，面积仅为 1.008km²。因此，面积较大的碟形湖高程-面积变化较大，面积较小的碟形湖高程-面积变化较小。大叉湖由于地势低洼，控制高程较低，仅为 10.9m，高程-面积相关数据较少，仅有一组数据。

3.5　鄱阳湖通江水体面积波动特征

通江水体是指无人类活动影响的与长江连通的水体。鄱阳湖通江水体为湖盆区与青岚湖及入湖河流尾闾区的合称。鄱阳湖通江水体面积随着星子站水位高程的增加逐渐扩大，当星子站水位高程为 0m 时，鄱阳湖通江水体面积最小，仅 35.99km²，星子站水位高程为 21m 时，鄱阳湖通江水体面积高达 3676.07km²。星子站水位高程在 0～9m 时，鄱阳湖通江水体面积波动较小，波动范围为 35.99～326.00km²；星子站水位高程在 9～15m 时，通江水体面积波动范围较大，为 326.00～3239.98 km²；当水位高程在 15～21m 时，水体面积波动逐渐减缓，波动范围为 3239.98～3676.07km²。鄱阳湖通江水体高程-面积变化曲线如图 3.23 所示。

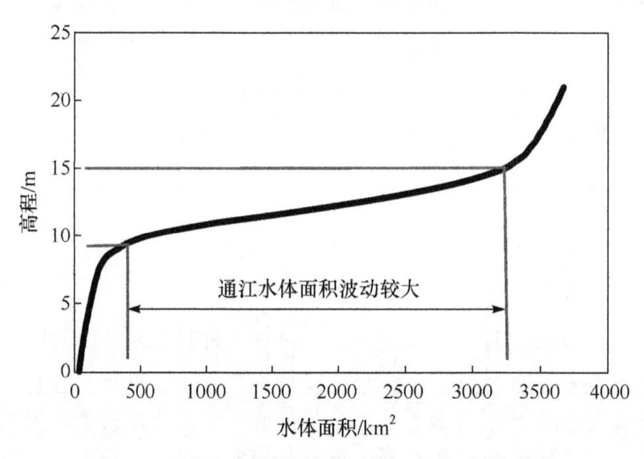

图 3.23　鄱阳湖通江水体高程-面积变化曲线

3.6　鄱阳湖与外部江河交换机制

3.6.1　鄱阳湖与外部江河水量交换分析

上游五条河流全年入鄱阳湖水量达 1560 亿 m³。五条河流中，赣江入鄱阳湖水量最大，全年总量 930 亿 m^3，约占 60%；信江入湖水量次之，全年总量 313 亿 m^3，约占 20%；抚河、饶河、修河三条河流年入鄱阳湖水量相当，其中修河河流入湖水量最低，仅为 67 亿 m^3，占五河入湖总量的 4%。五河入湖水量具有显著的时间分布不均性，4～9 月入湖水量约占全年总量的 74.2%。赣江与信江入湖水量时间分布特征相似，也主要集中在 4～9 月，其间两条河流入湖水量分别约占各河流全年总量的 78.3%、72.2%。抚河、饶河、修河三条河流入湖水量时间分布差异性不大，2～7 月入湖水量较高，平均约占全年入湖量的 77.1%。

鄱阳湖与长江之间水量交换以鄱阳湖出流为主；在长江水位顶托作用很强时，偶尔会出现长江倒灌入湖。平水年水文条件下，鄱阳湖全年入长江水量 2170 亿 m^3，逐月入江水量变化较大，其中 6 月总量最大，达 337 亿 m^3，占全年入江水量的 15.5%；1 月入江水量最小，约 47.7 亿 m^3，仅占 6 月径流量的 13.3%。鄱阳湖全年入江水量主要集中在 3～9 月，总量约 1760 亿 m^3，占全年 81.1%；10～2 月，鄱阳湖入江水量较低，总量约 410 亿 m^3，仅占全年 18.9%。平水年水文情势下，长江全年倒灌入鄱阳湖水量约 106 亿 m^3，主要集中在 7～9 月；其中 9 月倒灌量最大为 30.8 亿 m^3，约占全年倒灌水量的 29.1%；枯水季 11～12 月，由于鄱阳湖水位较低，长江水量也会倒灌入湖，但总量相对较低，约 20.6 亿 m^3，占倒灌入湖水量的 19.4%。对上游五河入湖水量及下游入江水量对比分析，鄱阳湖下游湖口区入长江水量总体高于上游五河入湖总量，尤其 7～10 月两者相差最为显著。以 10 月为例，上游五河入湖水量约 34.8 亿 m^3，而入江水量达 120 亿 m^3，较入湖量增加了近 2.45 倍。就全年水量交换过程而言，鄱阳湖入长江总水量较上游五河入湖总水量增加了 39.1%，这部分增加水量主要来自鄱阳湖其他入湖支流来水以及湖面与环湖地区降雨。鄱阳湖入长江水量较大说明湖区对上游五河流域洪水具有较好的调蓄作用，对保障区域水安全非常重要。

3.6.2　鄱阳湖与外部江河水动力条件分析

由于鄱阳湖与上游五河及下游长江水量交换时间分布不均，湖区水动力条件也随时间差异性较大。为了便于分析，将鄱阳湖区从北至南划分为四个区域：入江湖口区、北部湖区、中部湖区及南部湖区。根据数值模拟结果(图 3.24)，选择洪季(7 月)、枯季(12 月)两个典型阶段进行研究。

洪季，由于上游五河来水量较大，湖区主要呈现为重力型湖流，湖水在重力作用下较规则地沿主槽方向流动。受外部来水及地形条件影响，水流结构呈现一定空间分布不均性。五河入口附近湖区水流最强，以赣江、饶河为例，其入湖口区域水流分别可达 0.42m/s、0.37m/s；中部湖区，由于水面开阔，水流强度最弱，平均流速约 0.22m/s；南部湖区因为承接了多条入湖河流，且湖区断面相对缩小显著，水流较强，平均流速达 0.41m/s，较中部湖区增加了 1.9 倍。入江湖口区与北部湖区水流强度相当，平均流速分别为 0.38m/s、0.35m/s。枯季，由于上游五河来水量减少及下游长江水位顶托作用(长江水位高于同期湖区水位)，鄱阳湖湖区会出现倒灌型湖流。湖口区及北部湖区水动力条件显著优于湖泊其他水域，平均流速分别可达 0.48m/s、0.54m/s；南部湖区由于上游入湖径流降低显著，水流强度显著减弱，平均流速约 0.20m/s，较洪季削减了 49%；受倒灌影响及风场作用，中部湖区水流条件有所增强，平均流速 0.31m/s，较南部湖区增加了 1.6 倍；五河入口湖区虽然水量降低，但过水断面较窄，水流强度仍高于中部及南部湖区。以抚河北支及信江为例，其平均水体流速约 0.49m/s、0.22m/s，较南部湖区平均增加约 78%。

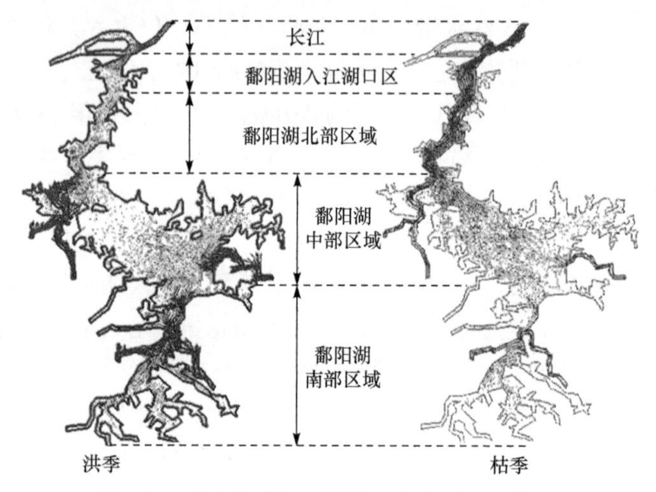

图 3.24 鄱阳湖典型季节水流强度分布示意图

3.6.3 鄱阳湖与外部江河泥沙交换与分布特征分析

1. 泥沙总量输运特征

根据水量、泥沙数值计算结果，1956～2005 年上游五条河流全年向鄱阳湖输送沙量达 1453 万 t。五条河流中，赣江输沙量最大，全年总量 917 万 t，约占 63.1%；信江入湖沙量次之，全年总量 212 万 t，约占 14.6%；抚河输沙量较上述两条河流显著降低，年总量 145 万 t，约占赣江输沙量的 15.8%；饶河与修河两条河流全年入湖输沙总量最低，平均约 179 万 t，仅占五河输沙总量的 12.3%。受水量过程影响，五河入湖沙量也体现出显著的时间分布不均性。3～8 月由于径流量较大，水流挟沙力较强，五河入湖沙量达 1305 万 t，约占全年的 90%。9 月至次年 2 月由于水量减少、泥沙浓度降低，五河入湖沙量仅为 148 万 t。赣江与信江两条河流输沙量随时间分布显著不均，两河 3～8 月输沙量分别约占各河流全年输沙量的 89%、92%，洪枯两季输沙比分别达 6.2、6.7；抚河、饶河、修河三条河流输沙量随时间分布相对均衡，洪枯两季输沙比较低，分别约 3.1、2.8。鄱阳湖与长江之间泥沙交换以鄱阳湖输出为主；在长江水位顶托作用很强时，受水量倒灌影响，也会有一部分泥沙输入鄱阳湖。给定平水年计算水文条件下，鄱阳湖全年输入长江沙量约 1530 万 t，逐月入江沙量变化较大，其中 3 月总量最大，达 458 万 t，占全年入江沙量的 30%；入江沙量峰值与入江水量峰值出现时间不同，主要受水流挟沙力及泥沙浓度分布影响。全年长江倒灌入湖沙量约 189 万 t，占出湖沙量的 15%；长江倒灌入湖沙量主要集中在 7～9 月，约 107 万 t，占全年倒灌量的 57%。上游五河含沙水流进入鄱阳湖区后，由于断面扩大，流速减缓，水流挟沙力降低，到湖口处出水泥沙浓度有所降低。该泥沙浓度变化过程导致了鄱阳湖与外部江河沙量交换特征与水量交换特征有所不同。根据水量交换分析结果，下游鄱阳湖入江水量基本都大于上游五河入湖水量。而在 4～9 月，上游五河入湖沙量则高于下游出沙量，泥沙在湖区会产生一定淤积，淤积量约 494 万 t；10 月至次年 3 月，下游出湖沙量较高，约 991 万 t，是上游五河入湖沙量的 4.6 倍，湖区泥沙以冲刷为主。

2. 泥沙浓度空间特征

选择了洪季(7 月)、枯季(12 月)两个典型阶段进行鄱阳湖泥沙浓度空间分布特征，将鄱阳湖区从北至南划分为四个区域。鄱阳湖区泥沙浓度与外部入湖沙量及水动力条件密切相关。入湖沙量高、水流扰动强会导致较高的泥沙浓度，相反，入湖沙量低、水流扰动弱时泥沙浓度较低。

洪季，受外部来水含沙浓度及湖区地形条件影响，鄱阳湖泥沙浓度呈现一定的空间分布不均性。五河入口附近湖区泥沙浓度最高，以赣江、饶河为例，其入湖口区域泥沙浓度分别可达 0.12kg/m^3、0.11kg/m^3；湖口区与北部湖区，因过水断面缩窄，水流挟沙力强，泥沙浓度相对较高，平均约 0.10kg/m^3；中部湖区由于水流相对较缓，悬沙沉降作用显著，泥沙浓度相对较低，平均约 0.09kg/m^3，较北部湖区低 10%；南部湖区同样因受纳了多条高含沙来水入湖河流，且湖区断面相对显著缩小，泥沙浓度较高，平均达 0.14kg/m^3，较中部湖区增加了约 1.5 倍。洪季，整个湖区悬沙浓度分布基本呈现外高内低特征。枯季，鄱阳湖整体泥沙浓度较洪季有所降低，平均约削减了 30%；同时，受长江水量倒灌影响，泥沙浓度空间分布特征较洪季有所变化。湖口区、北部湖区以及中部湖区的北部区域泥沙浓度显著高于其他中部湖区，平均浓度约 0.08kg/m^3；中部湖区泥沙浓度显著降低，平均约 0.06kg/m^3，较北部湖区削减了 25%；南部湖区受地形影响，泥沙浓度依然高于中部湖区，平均约 0.08kg/m^3，增加了约 33%。五河入口湖区虽然来水含沙量较洪季降低，但就湖区而言，仍处于较高浓度水平。以抚河北支及信江为例，其平均泥沙浓度约 0.10kg/m^3、0.11kg/m^3，较南部湖区平均增加约 31%。

参 考 文 献

[1] 李国文, 喻中文, 陈家霖. 鄱阳湖动态水位～面积、水位～容积关系研究[J]. 江西水利科技, 2015, 41(1): 21-26.

[2] 刘滨, 陈美球, 罗志军, 等. 鄱阳湖生态经济区主体功能分区研究[J]. 中国土地科学, 2009, 23(7): 55-60.

[3] 杜彦良, 周怀东, 彭文启, 等. 近 10 年流域江湖关系变化作用下鄱阳湖水动力及水质特征模拟[J]. 环境科学学报, 2015, 35(5): 1274-1284.

[4] 谭国良, 龙兴, 邢久生. 江西省五大水系对鄱阳湖生态影响研究[C]//2008 年水生态监测与分析学术论坛, 沈阳, 2008.

[5] 叶许春, 李相虎, 张奇. 长江倒灌鄱阳湖的时序变化特征及其影响因素[J]. 西南大学学报(自然科学版), 2012, 34(11): 69-75.

[6] 范可旭. 长江流域泥沙输移特性[C]//中国水力发电工程学会水文泥沙专业委员会学术讨论会, 杭州, 2007.

[7] 杨云平, 李义天, 胡欣宇, 等. 长江口悬沙浓度变化趋势及成因[J]. 泥沙研究, 2014, (6): 51-57.

[8] 闵骞, 时建国, 闵聃. 1956～2005 年鄱阳湖入出湖悬移质泥沙特征及其变化初析[J]. 水文, 2011, 31(1): 54-58.

[9] 张琍, 陈晓玲, 黄珏, 等. 鄱阳湖丰、枯水期悬浮体浓度及其粒径分布特征[J]. 华中师范大学学报(自然科学版), 2014, 48(5): 743-750.

[10] 张萌. 鄱阳湖表层悬沙粒度遥感反演研究[D]. 赣州: 江西理工大学, 2015.

[11] 黄珏, 陈晓玲, 陈莉琼, 等. 鄱阳湖高浑浊水体悬浮颗粒物粒径分布及其对遥感反演的影响[J]. 光谱学与光谱分析, 2014, 34(11): 3085-3089.

[12] 胡春华. 鄱阳湖水环境特征及演化趋势研究[D]. 南昌: 南昌大学, 2010.

[13] 付敏宁. 鄱阳湖对典型天气过程的影响及近地面边界层特征研究[D]. 南京: 南京信息工程大学, 2013.

[14] 姜哲. 鄱阳湖湖泊水环境承载力分析与研究[D]. 南昌: 南昌大学, 2007.

[15] 蔡晓斌. 主被动遥感辅助下的鄱阳湖水位时空动态及洲滩变化研究[D]. 武汉: 武汉大学, 2010.

[16] 李云良, 张奇, 姚静, 等. 鄱阳湖湖泊流域系统水文水动力联合模拟[J]. 湖泊科学, 2013, 25(2): 227-235.

[17] 胡振鹏, 葛刚, 刘成林, 等. 鄱阳湖湿地植物生态系统结构及湖水位对其影响研究[J]. 长江流域资源与环境, 2010, 19(6): 597-605.

第 4 章　鄱阳湖水环境特征研究

4.1　鄱阳湖污染负荷特征

4.1.1　流域污染源综合分析

鄱阳湖流域位于长江中游末段南岸，鄱阳湖、五河水系(赣江、抚河、信江、饶河、修河)、独流入湖的小河(青峰山溪、博阳河、樟田河、潼津河等)以及其他季节性的小河溪流和丘陵山地等构成独立完整的流域自然地理单元。鄱阳湖流域范围涉及江西、湖南、安徽、福建、浙江和广东 6 省 18 个设区市的 108 个县(市、区)，总面积 16.2 万 km^2，其中在江西省的流域面积为 15.7 万 km^2，占整个流域面积的 96.9%。

随着江西省经济社会的快速发展，鄱阳湖流域污染负荷呈逐年增加趋势，尤以滨湖地区增加最为明显。据调查统计，入湖污染负荷的来源主要分为工业污染点源、城镇生活污染源、农业面源(主要为种植业化肥农药流失、畜禽养殖、水产养殖和农村生活污染源等)，以及其他污染(包括大气沉降、候鸟携带、底泥释放等)，湖区污染主要来自前三种。

2011 年，鄱阳湖流域化学需氧量(COD)、氨氮、二氧化硫(SO_2)和氮氧化物排放量分别为 76.8 万 t、9.34 万 t、58.4 万 t 和 61.2 万 t，除氨氮排放量有所上升外，其余污染物排放量较上年均有所下降。2012 年，鄱阳湖流域化学需氧量、氨氮、二氧化硫和氮氧化物排放量分别为 74.8 万 t、9.10 万 t、56.8 万 t 和 57.7 万 t，比 2011 年分别下降 2.60%、2.57%、2.74%和 5.72%。2013 年，鄱阳湖流域化学需氧量、氨氮、二氧化硫和氮氧化物排放量分别为 73.5 万 t、8.88 万 t、55.8 万 t 和 57.0 万 t，比上年分别下降 1.74%、2.42%、1.76%和 1.21%。2014 年，鄱阳湖流域化学需氧量、氨氮、二氧化硫和氮氧化物排放量分别为 72.0 万 t、8.60 万 t、53.4 万 t 和 54.0 万 t，比上年分别下降 2.04%、3.15%、4.30%和 5.26%。2015 年，鄱阳湖流域化学需氧量、氨氮、二氧化硫和氮氧化物排放量分别为 71.6 万 t、8.46 万 t、52.8 万 t 和 49.3 万 t，比上年分别下降 0.56%、1.62%、1.12%和 8.70%。2016 年，鄱阳湖流域化学需氧量、氨氮、二氧化硫和氮氧化物排放量分别为 70.9 万 t、8.39

万 t、50.9 万 t 和 47.4 万 t，比上年分别下降 0.98%、0.83%、3.85%和 3.78%。2011～2016 年流域污染物排放总量如图 4.1 所示，从图中可以看出鄱阳湖流域污染物排放呈现下降的趋势。

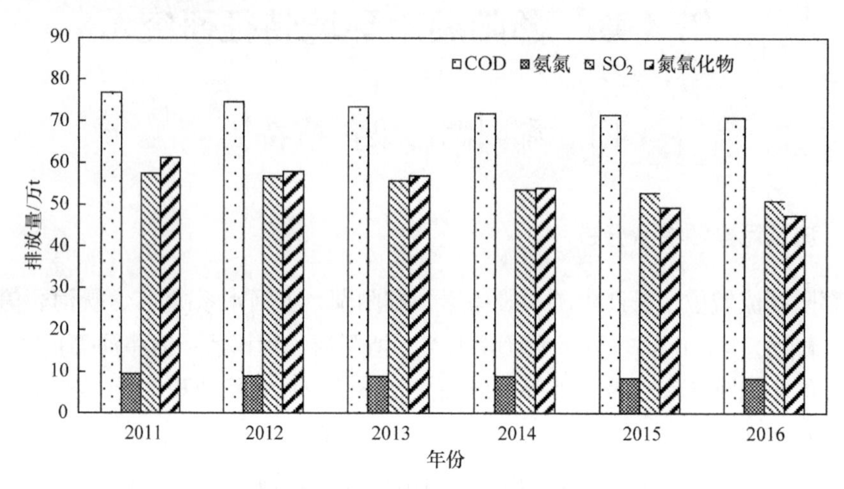

图 4.1　鄱阳湖流域主要污染物排放总量(2011～2016 年)

根据江西省入河排污口普查资料，鄱阳湖流域入河排污口共有 1155 个，分布在江西省 11 个地级市中。其中，赣州市的入河排污口最多，为 365 个，占排污口总数的 31.6%，鹰潭市的入河排污口最少，仅有 13 个，占排污口总数的 1.1%。另外，九江市、上饶市、吉安市、宜春市和抚州市入河排污口个数较多，分别为 146、144、107、103 和 96 个，而南昌市、萍乡市、景德镇市和新余市的个数较少，分别为 55、50、48 和 28 个，排污口在各地级市中分布情况如图 4.2 所示。鄱阳湖流域 1155 个排污口中共有 193 个为重点入河排污口(汇总信息见表 4.1)。

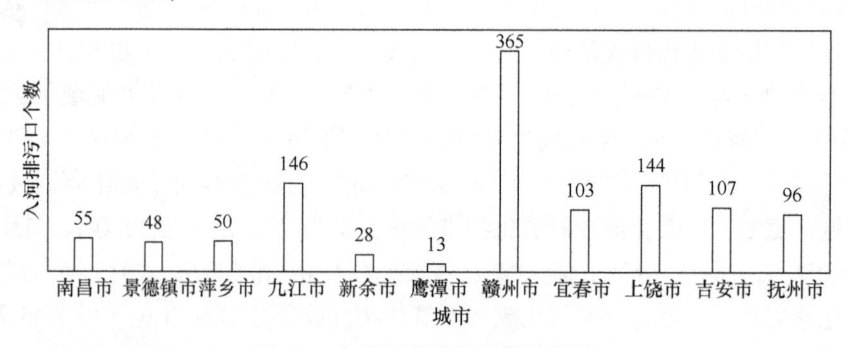

图 4.2　各地级市排污口数量分布

表 4.1　江西省重点入河排污口汇总

序号	行政区名称	入河排污口名称	污水性质	排入体系	设计排污水量/(万 t/a)	实际排污水量/(万 t/a)
1	南昌市	江氨	工业	赣江		710
2	南昌市	南钢 2	工业	赣江	613	263
3	南昌市	朝阳污水处理厂	生活	赣江	2920	2869
4	南昌市	青山湖污水处理厂	混合	赣江	24090	24090
5	南昌市	华源江纺	工业	赣江	200	81
6	南昌市	晨鸣纸业	混合	赣江	38	25
7	南昌市	象湖污水处理厂	生活	赣江	7300	2555
8	南昌市	红谷滩污水处理厂	生活	赣江	7300	3650
9	安义县	晶安高科	工业	修河	90	45
10	南昌县	小蓝污水处理厂	混合	抚河	1095	913
11	新建区	望城污水处理厂	混合	赣江	1095	160
12	南昌县	南昌县污水处理厂	混合	抚河	1095	
13	进贤县	进贤县污水处理厂	混合	鄱阳湖	1460	253
14	景德镇市	富祥药业公司	混合	饶河	37	17
15	景德镇市	焦化煤气总厂 1 号	工业	饶河		391
16	景德镇市	焦化煤气总厂 2 号	工业	饶河	1200	350
17	景德镇市	西瓜洲城市污水处理厂	混合	饶河	2920	2190
18	昌江区	开门子药化公司	工业	饶河	17	15
19	昌江区	昌河公司 1 号	工业	饶河	300	252
20	昌江区	昌河公司 2 号	混合	饶河	100	80
21	浮梁县	浮梁县污水处理厂	混合	饶河	365	
22	浮梁县	陶瓷学院新区	生活	饶河	130	130
23	乐平市	电化高科	冷却水	饶河	4200	3360
24	乐平市	东风药业	工业	饶河	720	560
25	乐平市	江西电化厂	工业	饶河		1282
26	乐平市	江西化纤厂	工业	饶河	4000	1120
27	上栗县	萍锦纸业	工业	湘江		480
28	萍乡市	巨源煤矿	混合	湘江	2000	1260
29	萍乡市	萍乡发电厂	工业	湘江	1100	801

续表

序号	行政区名称	入河排污口名称	污水性质	排入体系	设计排污水量/(万 t/a)	实际排污水量/(万 t/a)
30	萍乡市	萍钢总排	工业	湘江	6400	575
31	萍乡市	洪城水业	工业	湘江	1460	1314
32	芦溪县	嘉鑫纺织	工业	赣江	85	54
33	芦溪县	芦溪县污水处理厂	混合	赣江	548	274
34	芦溪县	阳光纸业 1	工业	赣江		400
35	芦溪县	阳光纸业 2	工业	赣江		440
36	芦溪县	高坑洗煤厂	工业	赣江	150	112
37	莲花县	大地制药	工业	赣江	30	25
38	莲花县	莲花县污水处理厂	混合	赣江	274	274
39	莲花县	莲花纸业	工业	赣江	120	64
40	浔阳区	新康达化工	工业	长江	400	336
41	浔阳区	九江发电厂 2	冷却水	长江	30000	12308
42	浔阳区	九江发电厂 3	冷却水	长江	28000	21000
43	浔阳区	九江炼油厂	工业	长江	3000	600
44	濂溪区	海螺水泥	工业	鄱阳湖	150	135
45	濂溪区	九江化纤	工业	鄱阳湖	910	760
46	九江开发区	鹤问湖污水处理厂	混合	长江	3600	1350
47	共青开发区	共青城污水处理厂	混合	鄱阳湖	720	360
48	共青开发区	共青印染厂	工业	鄱阳湖	100	60
49	都昌县	都昌县污水处理厂	混合	鄱阳湖	365	292
50	彭泽县	彭泽县污水处理厂	混合	长江	548	274
51	星子镇	星子镇污水处理厂	混合	鄱阳湖	365	220
52	武宁县	武宁县污水处理厂	混合	修河	365	110
53	湖口县	湖口县污水处理厂	混合	鄱阳湖	1050	350
54	湖口县	金砂湾工业园区污水处理厂	混合	长江	3620	1050
55	修水县	香炉山钨业	工业	修河		130
56	修水县	修水县污水处理厂	混合	修河	1080	548
57	永修县	星火有机硅厂	工业	修河	600	500

续表

序号	行政区名称	入河排污口名称	污水性质	排入体系	设计排污水量/(万 t/a)	实际排污水量/(万 t/a)
58	永修县	恒丰造纸厂	工业	修河	100	25
59	永修县	永修县污水处理厂	混合	修河	730	
60	永修县	泽晖纸业	工业	修河	100	50
61	德安县	德安县污水处理厂	混合	鄱阳湖	547	
62	瑞昌市	瑞昌市污水处理厂	混合	赛湖	913	518
63	瑞昌市	武山铜矿尾矿库	工业	长江	220	205
64	瑞昌市	瑞达纸业	工业	赛湖	17	9.4
65	九江县	九江县污水处理厂	混合	长江	760	
66	九江县	城门山铜矿	工业	长江	100	70
67	新余市	新钢总排	工业	赣江		1028
68	新余市	新余发电厂	工业	赣江		5118
69	新余市	新钢西排	工业	赣江		2057
70	新余市	新钢南排	工业	赣江		3086
71	新余市	新钢东排	混合	赣江		542
72	新余市	城东污水处理厂	混合	赣江		1882
73	分宜县	分宜县污水处理厂	混合	赣江		104
74	分宜县	分宜电厂	冷却水	赣江		2800
75	鹰潭市	鹰潭防腐厂	工业	信江	30	20
76	鹰潭市	鹰潭市污水处理厂	生活	信江	1800	1440
77	贵溪市	海利化工	工业	信江	100	79
78	贵溪市	贵溪冶炼厂	工业	信江		5571
79	余江县	安晟化工	工业	信江		50
80	余江县	天施康余江分公司	工业	信江		11
81	瑞金市	晶山纸业	工业	赣江	10	8.0
82	瑞金市	瑞金污水处理厂	混合	赣江	730	730
83	于都县	盘古山钨矿	工业	赣江	450	337
84	于都县	铁山垅钨矿	工业	赣江	500	400
85	于都县	于都污水处理厂	混合	赣江	2190	730

续表

序号	行政区名称	入河排污口名称	污水性质	排入体系	设计排污水量/(万 t/a)	实际排污水量/(万 t/a)
86	赣县	红金稀土	混合	赣江		88
87	赣县	特精钨钼业	混合	赣江		78
88	赣州市	豪丰冶金	工业	赣江	900	468
89	赣州市	厦门德利	工业	赣江	200	125
90	赣州市	华劲纸业	工业	赣江	950	575
91	赣州市	污水处理厂	混合	赣江	2190	1825
92	赣州市	师范学院生活污水处理站	生活	赣江	73	36
93	会昌县	金龙锡业	工业	赣江	640	412
94	会昌县	九二盐矿	工业	赣江		223
95	安远县	安远县污水处理厂	混合	赣江	365	256
96	宁都县	金杰氟业	工业	赣江		142
97	宁都县	昌华萤石	工业	赣江		89
98	石城县	河兴达纸制品厂	混合	赣江	70	35
99	石城县	石城污水处理厂	混合	赣江	1095	675
100	兴国县	兴国卷烟厂	混合	赣江		284
101	全南县	大吉山钨业尾矿	工业	赣江	864	184
102	龙南县	龙南县稀土矿	工业	赣江		222
103	龙南县	龙南县缫丝厂	工业	赣江		236
104	信丰县	信丰污水处理厂	生活	赣江	292	212
105	大余县	西华山钨矿	工业	赣江	316	246
106	大余县	荡坪钨矿	工业	赣江	217	169
107	大余县	大余污水处理厂	混合	赣江	730	365
108	南康市	南康污水处理厂	混合	赣江	730	365
109	崇义县	崇义污水处理厂	生活	赣江	365	183
110	上犹县	南河玻纤公司	工业	赣江	150	
111	上犹县	上犹污水处理厂	混合	赣江	360	160
112	樟树市	江西盐矿	工业	赣江	766	548
113	樟树市	樟树市城市污水处理厂	生活	赣江	1032	88

续表

序号	行政区名称	入河排污口名称	污水性质	排入体系	设计排污水量/(万 t/a)	实际排污水量/(万 t/a)
114	丰城市	丰城发电	冷却水	赣江	79000	54995
115	丰城市	曲江煤炭	工业	赣江	900	630
116	丰城市	丰城市老城区污水处理厂 1	工业	抚河	2920	
117	丰城市	丰城市老城区污水处理厂 2	工业	抚河	2190	
118	宜春市	中心城区污水处理厂	工业	赣江	2920	2555
119	万载县	万盛纸业	工业	赣江		188
120	万载县	宏发造纸	工业	赣江		113
121	上高县	上高县生活污水处理厂	工业	赣江	1095	547
122	高安市	高安市污水处理厂	工业	赣江	750	550
123	奉新县	季布诺纸业	工业	修河	71	30
124	铅山县	永平铜矿污水处理厂	工业	信江		458
125	弋阳县	顺隆造纸	工业	信江	120	75
126	弋阳县	雪峰碳酸钙	工业	乐安河		150
127	婺源县	婺源县第一污水处理厂	生活	乐安河	730	
128	玉山县	玉山县污水处理厂	生活	信江	730	730
129	万年县	万年青水泥厂	工业	乐安河		129
130	万年县	万年县污水处理厂	混合	乐安河	547	438
131	德兴市	德兴铜矿 2#尾矿库	工业	饶河		1306
132	德兴市	德兴铜矿 4#尾矿库	工业	饶河		941
133	德兴市	德兴铜矿河西桥头	工业	乐安河		276
134	德兴市	百勤异 VC 钠	工业	乐安河	60	42
135	德兴市	恒生纸业	工业	乐安河	130	68
136	德兴市	德兴市城市污水处理厂	混合	乐安河	720	560
137	上饶市	上饶羽绒厂	工业	信江		225
138	上饶市	上饶市污水处理厂	混合	信江	5800	2900
139	横峰县	横峰县城镇污水处理厂	混合	信江	360	360
140	鄱阳县	鄱阳县污水处理厂	生活	饶河	1460	730
141	余干县	余干县污水处理厂	混合	互惠河	730	730

续表

序号	行政区名称	入河排污口名称	污水性质	排入体系	设计排污水量/(万 t/a)	实际排污水量/(万 t/a)
142	遂川县	众诚纸业	工业	赣江		410
143	遂川县	燕京啤酒遂川分公司	工业	赣江		161
144	万安县	宏达纸业	工业	赣江		56
145	万安县	万安工业园	工业	赣江		350
146	泰和县	庆江化工厂	工业	赣江	115	96
147	泰和县	泰和沿溪镇纸业城	工业	赣江	800	730
148	泰和县	泰和县污水处理厂	生活	赣江	730	
149	吉安市	金嘉纸业	工业	赣江	495	330
150	吉安市	华能井冈山电厂	冷却水	赣江	36720	33660
151	吉安市	吉安新源污水处理有限公司	混合	赣江	1460	1314
152	吉安市	青原区污水处理厂	混合	赣江	360	
153	井冈山市	井冈山纸业	工业	赣江	200	180
154	井冈山市	井冈山新城区污水处理厂	生活	赣江	219	110
155	井冈山市	井冈山刘家坪污水处理厂	生活	赣江	292	266
156	吉安县	董氏纸业	工业	赣江	110	105
157	永新县	南方纸业	工业	赣江	210	150
158	永新县	富新纸业	工业	赣江	200	140
159	永新县	永新县污水处理厂	混合	赣江	730	
160	安福县	安福县污水处理厂	混合	赣江	360	180
161	永丰县	永兴纸业	工业	赣江		190
162	永丰县	永祥纸业	工业	赣江		200
163	永丰县	运宏纸业	工业	赣江		21
164	永丰县	永丰县城市污水处理厂	生活	赣江	300	
165	峡江县	雄狮纸业	工业	赣江	300	240
166	峡江县	富通纸业	工业	赣江	250	180
167	峡江县	富兴纸业	工业	赣江	220	200
168	峡江县	福民造纸工业园	工业	赣江	260	216
169	峡江县	富民纸业	工业	赣江	65	54

续表

序号	行政区名称	入河排污口名称	污水性质	排入体系	设计排污水量/(万 t/a)	实际排污水量/(万 t/a)
170	峡江县	金威纸业	工业	赣江	65	54
171	峡江县	大华造纸	工业	赣江	65	54
172	新干县	新瑞丰生化	工业	赣江	40	15
173	新干县	赣中雪峰化工	工业	赣江	150	90
174	新干县	新干盐化	工业	赣江	262	100
175	新干县	新干县污水处理厂	生活	赣江	365	219
176	东乡县	东乡县污水处理厂	混合	抚河	1500	1200
177	东乡县	东乡铜矿	工业	抚河		188
178	东乡县	东亚药业	工业	抚河	100	53
179	东乡县	雨帆农业	工业	抚河	10	9.0
180	南丰县	南丰县污水处理厂	生活	抚河		730
181	南丰县	戈氏水泥	工业	抚河		258
182	南丰县	利丰化工	工业	抚河		11
183	广昌县	广昌县污水处理厂	生活	抚河	700	500
184	宜黄县	宜黄县污水处理厂	生活	抚河	180	135
185	宜黄县	华南纸业	工业	抚河		390
186	宜黄县	弘泰纸业	工业	抚河		210
187	宜黄县	星泰纸业	工业	抚河		210
188	宜黄县	大千纸业	工业	抚河		225
189	金溪县	金溪县污水处理厂	混合	抚河	720	540
190	抚州市	添光化工	工业	抚河		180
191	抚州市	泰昌造纸	工业	抚河		225
192	南城县	永泰纸业	工业	抚河	280	240
193	南城县	南城县污水处理厂	生活	抚河	700	500

4.1.2　横向入湖污染负荷分析

横向入湖污染物通量主要包括上游五河的污染物入湖量以及长江倒灌时携带的污染物入湖量。

河道污染物入湖量的计算方法如下：每条河道单项污染物入湖总量(t)=流量均值(m^3/h)×时间(h)×单项污染物浓度(mg/L)×10^{-6}。所有的河道主要污染物的总量之和为鄱阳湖污染物河道入湖总量。

长江倒灌入湖量的计算方法如下：长江倒灌单项污染物入湖总量(t)=湖口流量均值(m^3/h)×倒灌时间(h)×单项污染物浓度(mg/L)×10^{-6}。

据鄱阳湖的年径流量数据分析，可将 2008 年确定为平水年，2010 年为丰水年，2011 年为枯水年。根据收集的 2008～2012 年水文水质数据，鄱阳湖流域水文站点共有九个，包括入湖水文站点八个以及出湖湖口水文站，即赣江外洲站、抚河李家渡站、信江梅港站、修河王家河站、昌江渡峰坑站、乐安河石镇街站、西河石门街站、博阳河梓坊站以及出湖湖口水文站。

经计算可得鄱阳湖上游八站点平水年、丰水年、枯水年的污染物通量，具体见表 4.2。

表 4.2　鄱阳湖上游八站点入湖污染物量计算结果　　(单位：t)

污染物	赣江外洲站			抚河李家渡站			信江梅港站			修河王家河站		
	2008 年	2010 年	2011 年	2008 年	2010 年	2011 年	2008 年	2010 年	2011 年	2008 年	2010 年	2011 年
COD	132514	213972	96973	19148	71946	13157	45459	94731	36292	12791	19615	9647
氨氮	19275	24188	10085	2176	8676	2302	3666	11001	4407	1173	1863	1117
TP	5602	5396	1823	531	1354	235	2625	2811	1309	293	432	218
污染物	昌江渡峰坑站			乐安河石镇街站			西河石门街站			博阳河梓坊站		
	2008 年	2010 年	2011 年	2008 年	2010 年	2011 年	2008 年	2010 年	2011 年	2008 年	2010 年	2011 年
COD	10240	16891	9461	27370	48477	24062	1443	3238	1304	901	2293	791
氨氮	1790	2915	1022	16920	28144	25024	144	257	135	49	204	74
TP	216	613	310	1360	3070	2179	56	39	18	12	38	16

由表 4.2 可知，2008 年平水年入湖化学需氧量(COD)、氨氮、总磷(TP)约为 249868.07t、45192.76t、10695.10t；2010 年丰水年入湖 COD、氨氮、TP 约为 471163.60t、77247.62t、13752.75t；2011 年枯水年入湖 COD、氨氮、TP 约为 191686.20t、44167.27t、6109.22t。丰水年鄱阳湖入湖污染物最多，相比于平水年和枯水年，丰水年 COD 入湖量分别多出 46.9%、59.3%，氨氮入湖量分别多出 41.5%、42.8%，TP 入湖量分别多出 20.5%、55.6%。

由图 4.3 可知,平水年 COD 入湖量最多的是赣江外洲站,占总入湖量的 53%,其次为信江梅港站，占总入湖量的 18%，其余六个入湖口站占 29%。氨氮入湖量最多的是赣江外洲站，占总入湖量的 43%，其次为乐安河石镇街站，占总入湖量的 37%，其余六个入湖口站占 20%。TP 入湖量最多的是赣江外洲站，占总入湖量的 52%，其次为信江梅港站，占总入湖量的 25%，其余六个入湖口站占 23%。

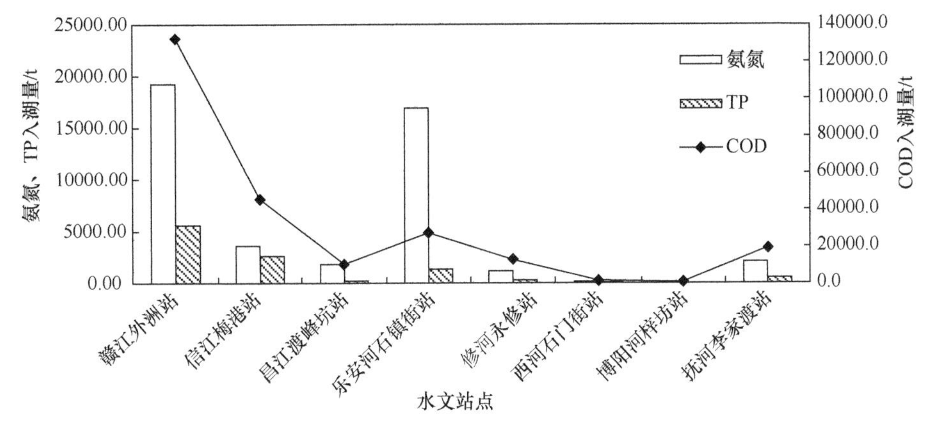

图 4.3　2008 平水年各站点污染物入湖量

由图 4.4 可知,丰水年 COD 入湖量最多的是赣江外洲站,占总入湖量的 45%,其次为信江梅港站和抚河李家渡站，分别占 20%和 15%，其余入湖口占 20%。氨氮入湖量最多的是乐安河石镇街站，占总入湖量的 36%，其次为赣江外洲站，占 31%,其余入湖口站占 33%。TP 入湖量最多的是赣江外洲站,占总入湖量的 39%,其次为信江梅港站和乐安石镇街站。

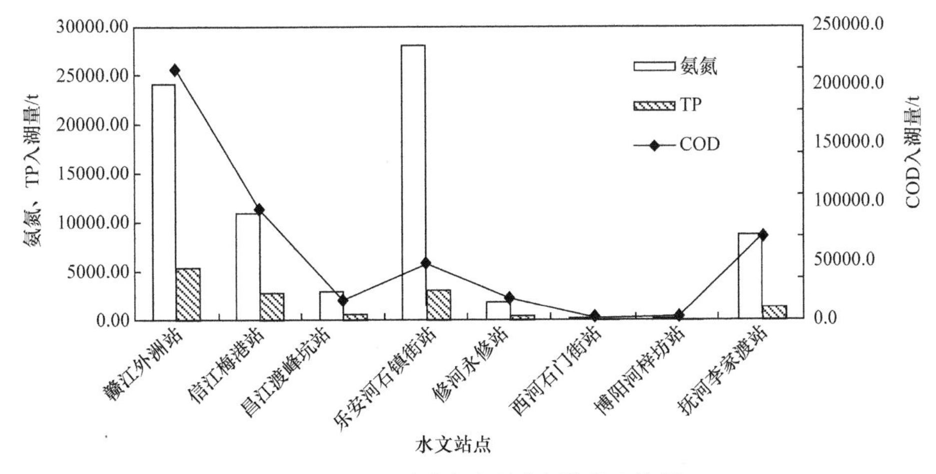

图 4.4　2010 丰水年各站点污染物入湖量

由图 4.5 可知，枯水年 COD 入湖量最多的是赣江外洲站，占总入湖量 51%，氨氮、TP 入湖量最多的是乐安河石镇街站，分别约占 57%、36%。

上述分析显示，赣江外洲站、乐安石镇街站以及抚河李家渡站占污染物入湖总量的比例较大。这是因为赣江外洲站的流量较大，虽然污染物浓度较低，但污染物总量依旧占的比例最大。乐安石镇街站的流量虽较小，但污染物浓度较高，尤其是氨氮及 TP 的值较高，是其他河流的数倍，因此污染物入湖总量也占较高的比例。

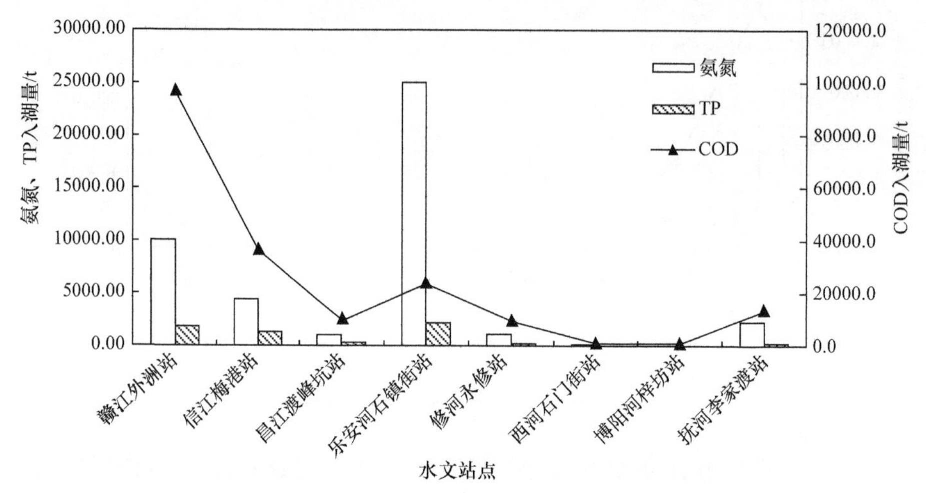

图 4.5　2011 枯水年各站点污染物入湖量

长江倒灌污染物计算结果如表 4.3 和图 4.6 所示。长江倒灌污染物的量平水年<

表 4.3　不同水文年长江倒灌入鄱阳湖的污染物量　　(单位：t)

年份	COD	氨氮	TP
2008 平水年	7122	184.8	98
2010 丰水年	7337	236.06	118.3
2011 枯水年	9315	340.2	222.7

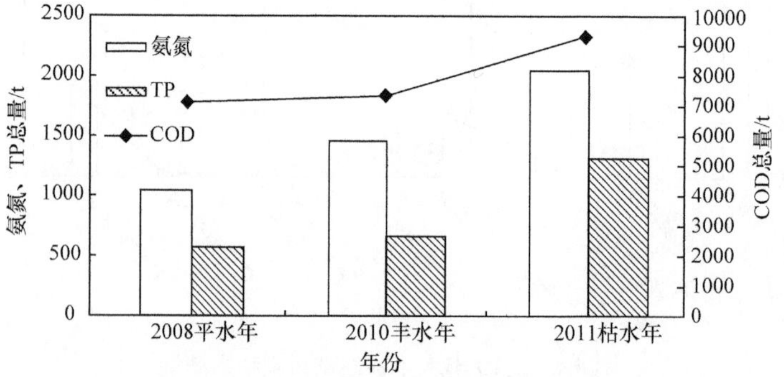

图 4.6　长江倒灌污染物总量计算结果

丰水年<枯水年，这可能与枯水年鄱阳湖水位较低长江倒灌量增加有关；丰水年长江水位有所上升，倒灌量与平水年相比有增无减，污染物量也呈现丰水年大于平水年的特点。总体而言，与五河入湖相比，长江倒灌量只占较小的一部分。

4.1.3　鄱阳湖干湿沉降量分析

大气干湿沉降是指氮(N)、磷(P)、硫(S)等多种物质经大气传输途径进入水体，是水生态系统生物地球化学物质循环研究的重要组成内容。随着工业和农业的快速发展，全球环境污染急剧扩大。与其他污染源相比，大气干湿沉降中的氮、磷污染不容忽视。在河流、小型湖库，干湿沉降对污染负荷贡献不显著，但对于一些大型浅水湖泊，干湿沉降也是重要源强。关于鄱阳湖干湿沉降，已开展了一些研究。大气干湿沉降率是根据鄱阳湖降尘监测站监测数据计算得到的。结合鄱阳湖近年来降雨统计资料，湖面面积取 2692km^2，对 2008 年、2010 年、2011 年全年逐月干湿沉降通量进行计算，结果如表 4.4 和图 4.7 所示。各污染物全年干湿沉降量变化如图 4.8 所示。

表 4.4　鄱阳湖各水文年污染物干湿沉降量　(单位：t)

污染物	2008 年平水年	2010 年丰水年	2011 年枯水年
COD	21573.6	34795.9	18093.6
氨氮	1840.5	2968.5	1543.9
总磷	138.2	224	116.6

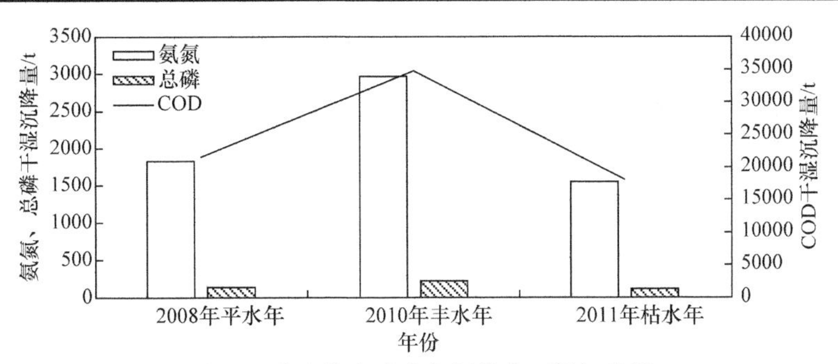

图 4.7　鄱阳湖各水文年污染物干湿沉降量

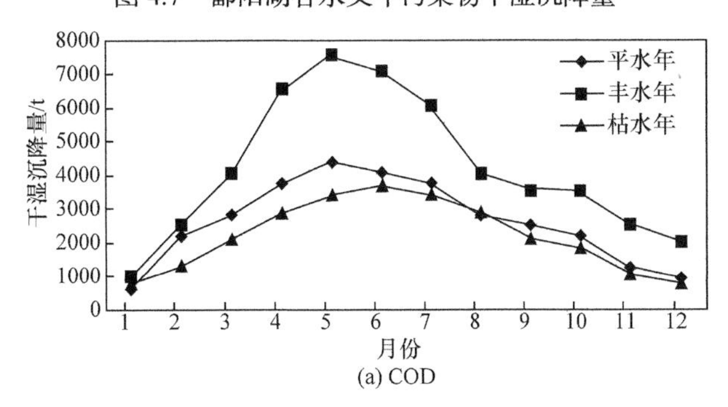

(a) COD

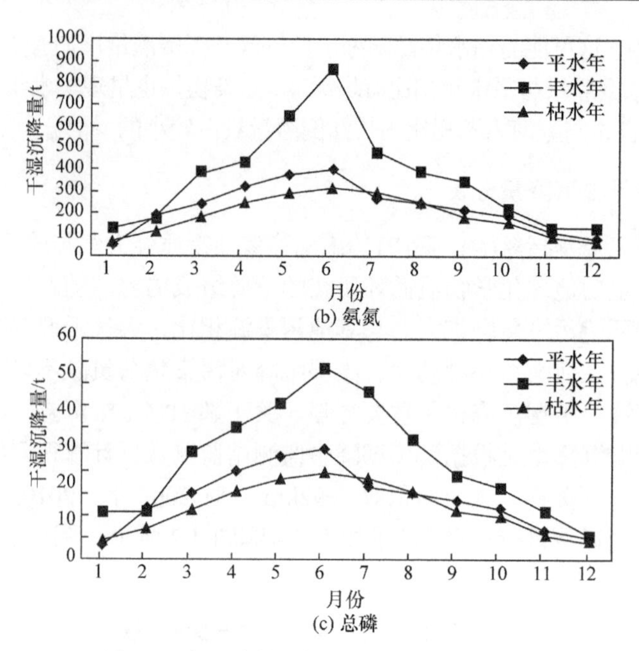

(b) 氨氮

(c) 总磷

图 4.8　各污染物全年逐月干湿沉降量变化

4.1.4　鄱阳湖沉积物释放量分析

湖泊由于频繁受风的作用，底泥在风浪扰动下，易发生再悬浮，导致底泥中的营养盐进入水体，这种动态内源释放对水质影响很大。因此，湖泊底泥的再悬浮及内源释放已受到国内外极大的关注。由于风浪的作用，底泥受到扰动产生起悬运动进入水体，发生复杂的悬浮沉降过程，同时伴随着污染物质的释放和吸附。风浪较小或风平浪静时，底泥不发生悬浮或悬浮量很少，对水体中物质浓度的影响不大；当风力增强达到一定的程度(达到底泥起悬的临界风速)时，底泥开始发生较为明显的悬浮，同时将大量营养物质带入水体中；大风过后，原先悬浮起来的底泥在重力作用下开始沉降，并携带大量的污染物质重新回到底泥中。

内源释放量即等于再悬浮与沉降量的差值。计算公式如下：

$$
\begin{aligned}
&Q = Q_2 - Q_1 \\
&Q_2 = S \times \sum_{i=1}^{n}\left(M_i \cdot t_i\right) \\
&Q_1 = S \times \sum_{j=1}^{n}\left(N_j \cdot t_j\right)
\end{aligned}
\tag{4.1}
$$

式中，S 为底泥分布的面积；M_i 为不同风速下的(总氮(TN)或总磷)再悬浮通量；t_i 为不同风速的持续时间；N_j 为不同风速对应的平均沉降通量；t_j 为该风速持续的时间。

采用矩形水槽模拟不同湖区底泥沉积物再悬浮，并结合悬浮物模型进行推算，最终得到底泥再悬浮通量与风速之间的定量关系。同时，根据室内静沉降实验，得到不同风速下的沉降通量，建立了平均沉降通量与风速的相关关系。针对鄱阳湖风浪作用下的底泥悬浮沉降特征，考虑各个湖区风速对底泥作用的差异，对鄱阳湖各湖区风速和悬浮物浓度的多年观测资料进行回归分析，得到各湖区悬浮物起悬临界风速。基于 2008 年、2010 年、2011 年的全年日平均风速数据(图 4.9～图 4.11)，计算这三年逐月的内源释放量，结果如图 4.12～图 4.14 所示。

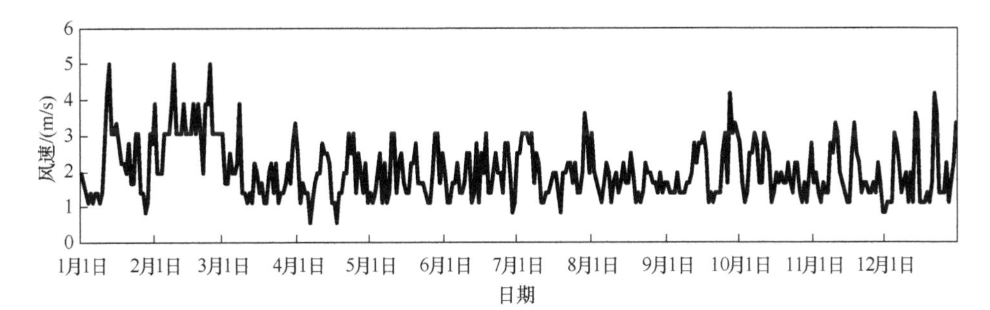

图 4.9　2008 年平水年鄱阳湖风速日均值

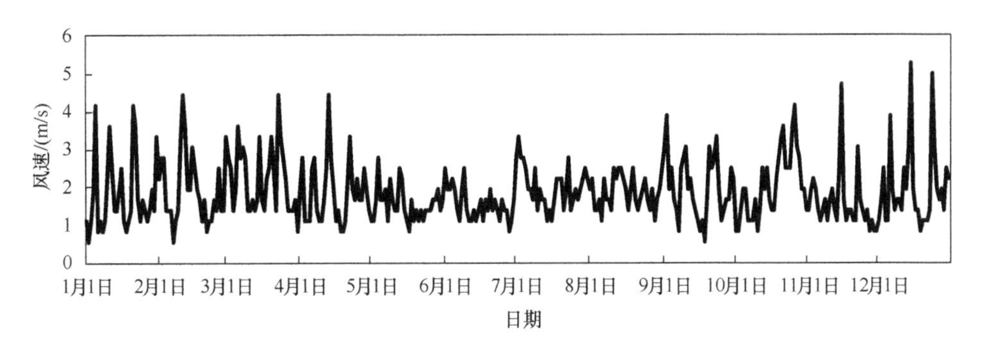

图 4.10　2010 年丰水年鄱阳湖风速日均值

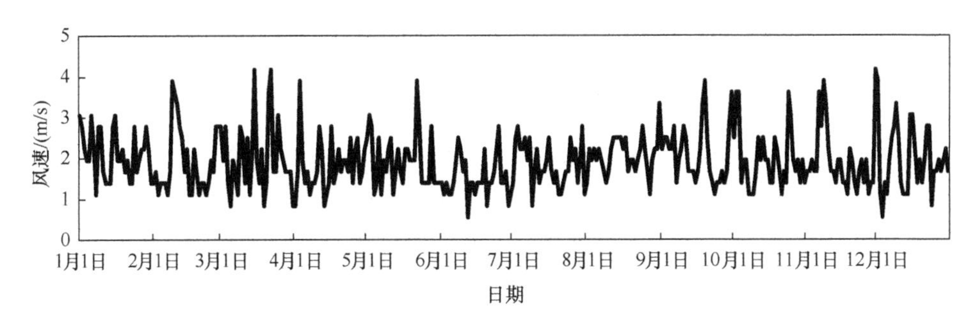

图 4.11　2011 年枯水年鄱阳湖风速日均值

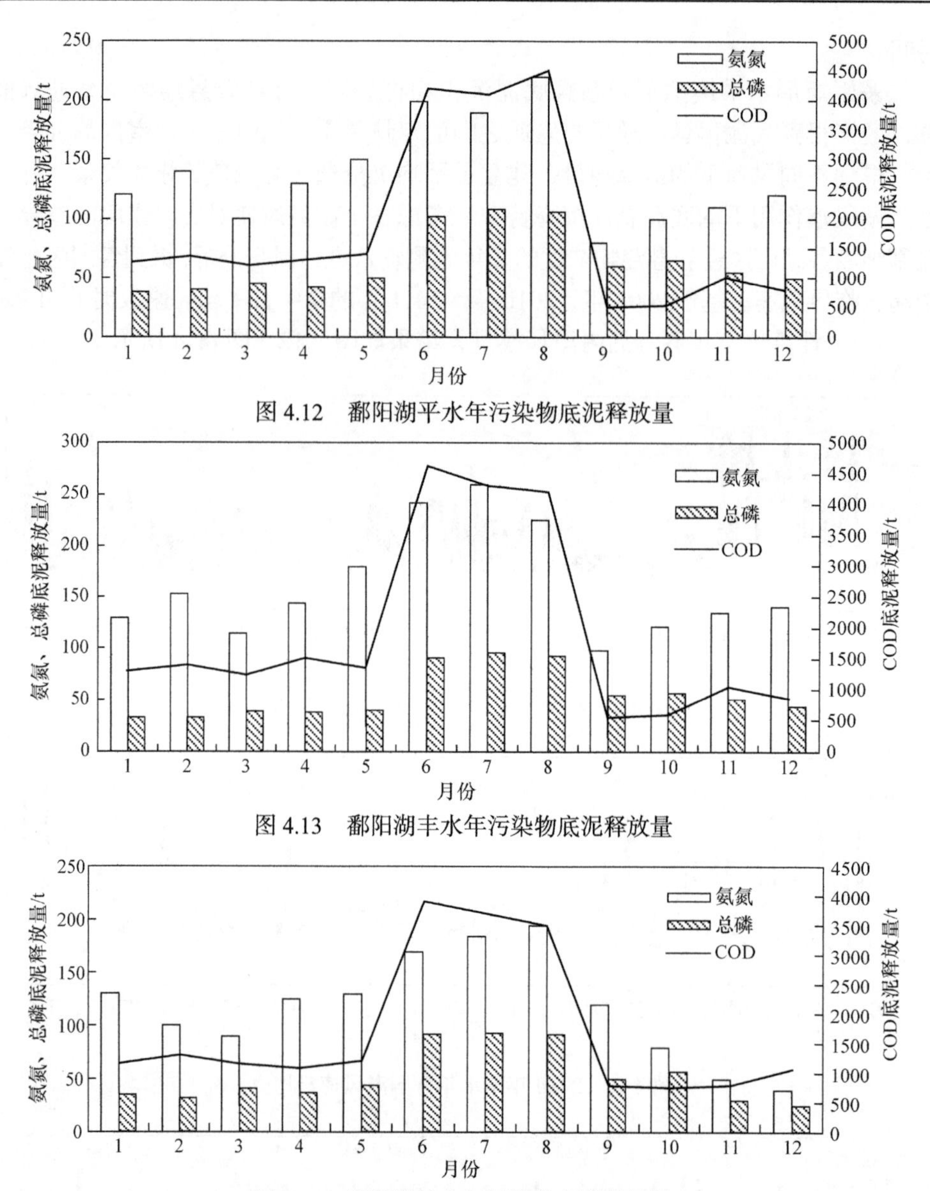

图 4.12　鄱阳湖平水年污染物底泥释放量

图 4.13　鄱阳湖丰水年污染物底泥释放量

图 4.14　鄱阳湖枯水年污染物底泥释放量

由图 4.12～图 4.14 可知，鄱阳湖平水年污染物底泥释放量 COD 22130t，氨氮 1660t，总磷 761t；丰水年污染物底泥释放量 COD 22943t，氨氮 1945t，总磷 670t；枯水年鄱阳湖污染物底泥释放量 COD 20370t，氨氮 1415t，总磷 628t。

4.1.5　鄱阳湖污染负荷综合分析

鄱阳湖污染负荷主要来源有四大类，分别为横向的五河入湖、长江倒灌；纵向的干湿沉降和底泥释放。各类型污染物在丰水年、平水年、枯水年的入湖量计算结果见表 4.5，各类型污染物入湖量在丰水年、平水年、枯水年所占的比例如图 4.15 所示。

表 4.5　鄱阳湖各类型污染物不同水文年入湖量计算结果　　(单位：t)

污染物	五河入湖			长江倒灌			干湿沉降			底泥释放		
	平水年	丰水年	枯水年	平水年	丰水年	枯水年	平水年	丰水年	枯水年	平水年	丰水年	枯水年
COD	249868	471164	191687	7122	7337	9315	21574	34796	18094	22130	22943	20370
氨氮	45193	77248	44168	185	236	340	1841	2969	1544	1660	1945	1415
总磷	10695	13753	6109	98	118	223	138	224	117	761	670	628

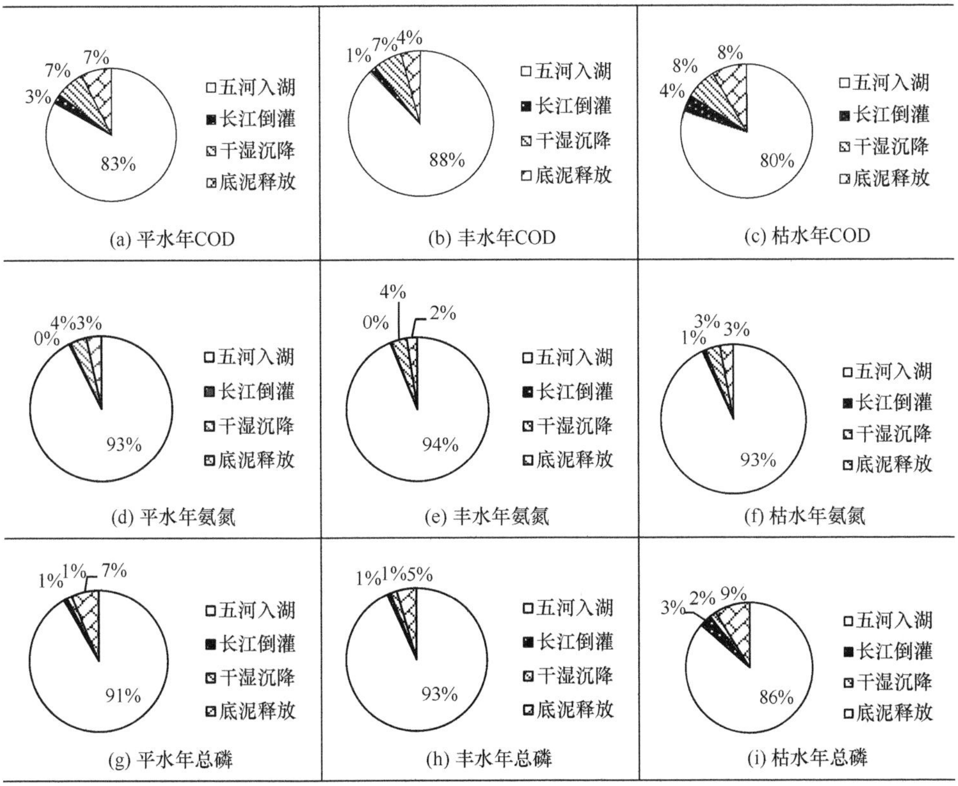

(a) 平水年COD　(b) 丰水年COD　(c) 枯水年COD

(d) 平水年氨氮　(e) 丰水年氨氮　(f) 枯水年氨氮

(g) 平水年总磷　(h) 丰水年总磷　(i) 枯水年总磷

图 4.15　不同水文年各类型污染物入湖所占的比例示意图

由上述计算结果可知：①各类污染物入湖量呈现丰水期>平水期>枯水期的规律，总体而言上游五河来水中携带的污染物占了主要部分，但是其他来源的污染物也不可忽视，如 COD 来自干湿沉降和底泥释放的占到总量的 4%～8%，长江倒灌量占污染物总量较小的部分；②各类污染物中，COD 来自上游五河的比例最低，说明其他来源也不能忽视，氨氮和总磷主要来自上游五河，COD、氨氮和总磷分别占总量的 80%～88%、93%～94%和 86%～93%。

4.2　鄱阳湖水质分布特征

4.2.1　数据来源与评价方法

本书相关水质数据(鄱阳湖入湖水质，湖区及出湖水质)由江西省水文局提供，根据《地表水环境质量标准》(GB 3838—2002)，采用单因子评价方法对鄱阳湖水环境质量进行评价，水质超标倍数按式(4.2)计算：

$$B_i=\frac{C_i}{S_i}-1 \tag{4.2}$$

式中，B_i 为某水质项目超标倍数；C_i 为某水质项目浓度，mg/L；S_i 为某水质项目的标准浓度限值。

根据鄱阳湖水质特点和实际监测情况，在评价入湖河流水质时，选取水温、pH、溶解氧(DO)、高锰酸盐指数(COD_{Mn})、五日生化需氧量(BOD_5)、氨氮、总磷、铜、氟化物、砷、汞、镉、六价铬、铅、氰化物、挥发酚等指标；评价湖区历史(1985～2007 年)水质时，选取水温、pH、DO、COD_{Mn}、氨氮、总磷、总氮、氰化物、挥发酚、六价铬等指标；评价湖区和湖口 2007～2016 年水质时，选取水温、pH、DO、COD_{Mn}、氨氮、总磷、氰化物、挥发酚、六价铬等指标。各项指标及分级标准见表 4.6。

表 4.6　鄱阳湖水质评价指标及分级标准　　(单位：mg/L)

项目		分类				
		Ⅰ类	Ⅱ类	Ⅲ类	Ⅳ类	Ⅴ类
DO	≥	7.5 (或饱和 90%)	6	5	3	2
COD_{Mn}	≤	2	4	6	10	15
COD	≤	15	15	20	30	40
BOD_5	≤	3	3	4	6	10
氨氮	≤	0.15	0.5	1.0	1.5	2.0
总磷(以 P 计)	≤	0.02 (湖库 0.01)	0.1 (湖库 0.025)	0.2 (湖库 0.05)	0.3 (湖库 0.1)	0.4 (湖库 0.2)

续表

项目		分类				
		Ⅰ类	Ⅱ类	Ⅲ类	Ⅳ类	Ⅴ类
总氮(湖库以N计)	≤	0.2	0.5	1.0	1.5	2.0
铜	≤	0.01	1.0	1.0	1.0	1.0
砷	≤	0.05	0.05	0.05	0.1	0.1
汞	≤	0.00005	0.00005	0.0001	0.001	0.001
镉	≤	0.001	0.005	0.005	0.005	0.01
六价铬	≤	0.01	0.05	0.05	0.05	0.1
铅	≤	0.01	0.01	0.05	0.05	0.1
氰化物	≤	0.005	0.05	0.02	0.2	0.2
挥发酚	≤	0.002	0.002	0.005	0.01	0.1

注：pH=6~9；人为造成的环境水温变化限制在周平均最大温升≤1，周平均最大温降≤2。

4.2.2　入湖河流水质变化特征

流入鄱阳湖的八条主要河流均设有水位控制站，分别为赣江外洲站、抚河李家渡站、信江梅港站、修河王家河站、昌江渡峰坑站、乐安河石镇街站、西河石门街站、博阳河梓坊站。根据江西省水文局提供的2008～2016年入湖河流水质监测数据，对监测点位的氨氮和总磷的变化特征进行分析。

1. 外洲站

根据实测结果，外洲站断面水质过程线如图4.16和图4.17所示。结果表明，2008～2016年，外洲站断面氨氮浓度整体波动幅度较弱，108个水质样本标准偏差为0.151mg/L，年际氨氮平均浓度波动幅度标准偏差为0.083mg/L。2008～2016年间，氨氮月均浓度最高值发生在2009年12月、最低值在2015年8月，分别为0.78mg/L、0.03mg/L。2009年，氨氮年均浓度最高，约0.35mg/L；2015年，年均浓度最低，约0.10mg/L。2008～2016年，氨氮月均浓度约0.23mg/L，但其年内波动特征显著，丰水期水质浓度普遍低于枯水期。

2008年5月～2016年6月，外洲站断面总磷浓度整体波动幅度较弱，104个水质样本标准偏差为0.034mg/L，年际总磷平均浓度波动幅度标准偏差为0.015mg/L。研究时段，总磷月均浓度最高值发生在2008年10月、最低值在2011年7月，分别为0.189mg/L、0.005mg/L。2008年，总磷年均浓度最高，约0.093mg/L；

2009 年年均浓度最低，约 0.04mg/L。总磷月均浓度约 0.06mg/L，但其年内波动特征较为显著，丰水期水质浓度普遍低于枯水期。

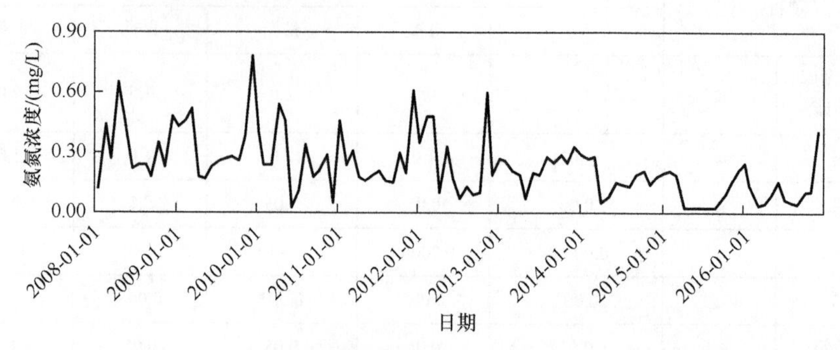

图 4.16　外洲站断面氨氮浓度波动曲线(2008～2016 年)

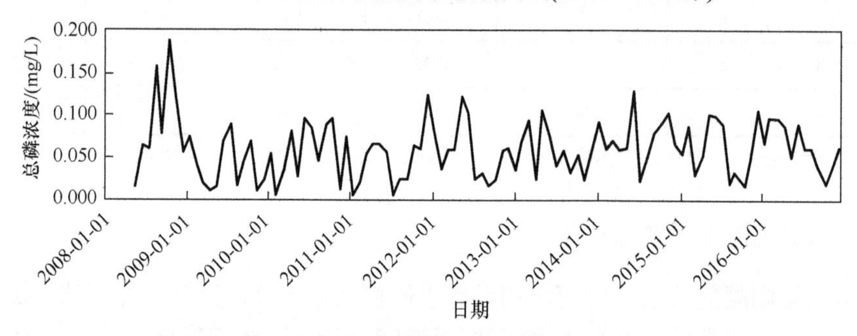

图 4.17　外洲站断面总磷浓度波动曲线(2008～2016 年)

为了进一步揭示氨氮、总磷序列的变化趋势，引入 Mann-Kendall 法检验氨氮、总磷序列是否存在上升与下降的趋势(以顺序时间序列的秩序列(UF_k)表征)。取置信水平 α=0.05，查正态分布表的临界值为 1.96，分析可得：2008 年 1～6 月与 2008 年 11 月～2009 年 2 月，$UF_k>0$；2008 年 7～10 月与 2009 年 3～7 月，$UF_k<0$；2009 年 8～12 月，$UF_k>0$；然后从 2010 年到 2016 年，$UF_k<0$，其中 2013 年 8 月到 2016 年，$|UF_k|>1.96$。即，2008 年 1～6 月与 2008 年 11 月～2009 年 2 月，外洲站监测断面氨氮序列呈上升趋势；2008 年 7～10 月与 2009 年 3～7 月，氨氮序列呈下降趋势；2009 年 8～12 月，氨氮浓度又短暂地上升，而从 2010 年 1 月以后，外洲站监测断面氨氮序列持续性下降，并且 2013 年 8 月以后，氨氮序列下降趋势显著。2008 年 5～12 月期间，在时间序列随机独立的假定下定义的统计量 $UF_k>0$；从 2009 年到 2013 年 1 月，UF_k 一直小于 0；2013 年 2 月以后，UF_k 一直大于 0，但没有出现 UF_k 大于 1.96 的情况。即，2008 年 5～12 月，外洲站监测断面总磷序列呈上升趋势，2009 年～2013 年 1 月，外洲站监测断面总磷序列在持续性下降，而从 2013 年 2 月开始，外洲站监测断面总磷序列在持续性上升，但趋势性均比较弱。

为进一步预测外洲站监测断面氨氮、总磷时间序列变化趋势，现采用重标极差分析法(rescaled range analysis，*R/S* 分析法)计算序列的 Hurst 指数，以 2010～2016 氨氮月监测值以及 2013 年 2 月～2016 年的总磷月监测值进行分析。采用 MATLAB 实现 $\lg\frac{R(n)}{S(n)}$ 和 $\lg n$ 的计算可知，外洲站监测断面 2010～2006 年氨氮序列的 Hurst 指数为 0.6726，2013 年 2 月～2016 年总磷序列的 Hurst 指数为 0.4897。由此可以推测，未来外洲站监测断面氨氮浓度呈上升状态，总磷浓度呈现动态波动的状态。

2. 渡峰坑站

根据实测结果，渡峰坑站断面水质过程线如图 4.18 和图 4.19 所示。结果表明：①2008～2016 年，渡峰坑站断面氨氮浓度整体波动幅度显著，108 个水质样本标准偏差为 0.547mg/L，年际氨氮平均浓度波动幅度标准偏差为 0.133mg/L。氨氮月均浓度最高值发生在 2014 年 1 月、最低值在 2015 年 10 月，分别为 2.53mg/L、0.017mg/L。2014 年，氨氮年均浓度最高，约为 0.71mg/L；2011 年年均浓度最低，约 0.28mg/L。②2008～2016 年，氨氮月均浓度约 0.49mg/L，但其年内波动特征显著，丰水期水质浓度普遍低于枯水期；以 2014 年为例，全年峰值达 3.57mg/L，而谷值为 0.06mg/L，仅为峰值的 1.6%，全年氨氮浓度波动标准偏差达 1.082mg/L。

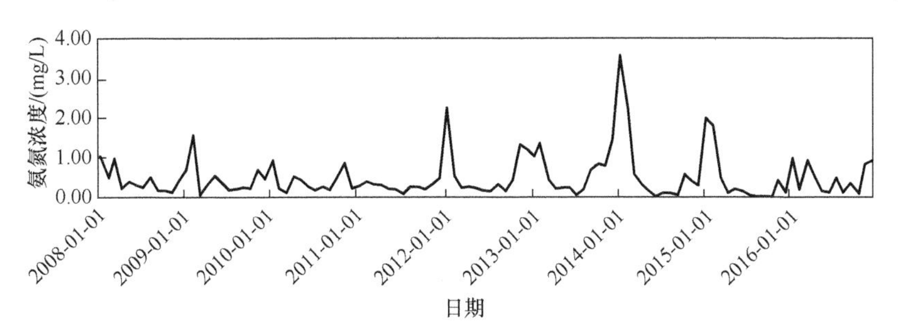

图 4.18　渡峰坑站断面氨氮浓度波动曲线(2008～2016 年)

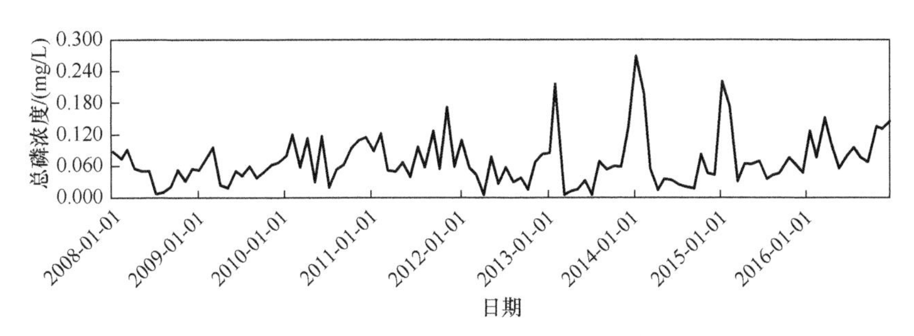

图 4.19　渡峰坑站断面总磷浓度波动曲线(2008～2016 年)

2008～2016 年，渡峰坑站断面总磷浓度整体波动幅度较弱，108 个水质样本标准偏差为 0.048mg/L，年际总磷平均浓度波动幅度标准偏差为 0.018mg/L。2008～2016 年间，总磷月均浓度最高值发生在 2014 年 1 月、最低值在 2013 年 7 月，分别为 0.269mg/L、0.005mg/L。2016 年，总磷年均浓度值最高，约 0.103mg/L；2008 年年均浓度最低，约 0.048mg/L。2008～2016 年，总磷月均浓度约 0.069mg/L，但其年内波动特征显著，丰水期水质浓度普遍低于枯水期；以 2014 年为例，全年峰值达 0.269mg/L，而谷值为 0.014mg/L，仅为峰值的 5.2%，全年总磷浓度波动标准偏差达 0.08mg/L。

为了进一步揭示氨氮、总磷序列的变化趋势，引入 Mann-Kendall 法检验氨氮、总磷序列是否存在上升与下降的趋势。取置信水平 $\alpha=0.05$，查正态分布表的临界值为 1.96，分析可得：2008～2012 年，$UF_k<0$；2013 年 1～6 月与 2013 年 12 月～2014 年 2 月，$UF_k>0$，而中间 2013 年 7～11 月，$UF_k<0$；2014 年 2 月以后，$UF_k<0$。即，2008～2012 年，渡峰坑站监测断面氨氮序列呈下降趋势；2013 年 1～6 月与 2013 年 12 月～2014 年 2 月，氨氮序列呈上升趋势；2013 年 7～11 月，氨氮序列轻微下降；而从 2014 年 2 月以后，渡峰坑站监测断面氨氮序列持续性上升。渡峰坑站总磷变化趋势基本分为四个阶段。2008 年～2009 年 9 月，UF_k 基本小于 0，说明这期间总磷浓度呈现下降的趋势；2009 年 9 月～2013 年 9 月，UF_k 基本大于 0，意味着总磷浓度在这期间有所上升；2013 年 9 月～2014 年 9 月，UF_k 一直小于 0，说明总磷浓度在这期间又有所下降；而 2014 年 9 月以后，UF_k 一直大于 0，表明总磷浓度总体上呈现上升的趋势。

为进一步预测渡峰坑站监测断面氨氮、总磷时间序列变化趋势，现采用 R/S 分析法计算序列的 Hurst 指数，以 2014 年 2 月～2016 年氨氮月监测值以及 2014 年 9 月～2016 年的总磷月监测值进行分析。采用 MATLAB 实现 $\lg\frac{R(n)}{S(n)}$ 和 $\lg n$ 的计算可知，渡峰坑站监测断面 2014 年 2 月～2006 年氨氮序列的 Hurst 指数为 0.5178，2014 年 9 月～2016 年总磷序列的 Hurst 指数为 0.6127。由此可以推测，未来渡峰坑站监测断面氨氮、总磷浓度均呈上升状态，不过趋势性不显著。

3. 李家渡站

根据实测结果，李家渡站断面水质过程线如图 4.20 和图 4.21 所示。结果表明：①2008～2016 年，李家渡站断面氨氮浓度整体波动幅度显著，108 个水质样本标准偏差为 0.328mg/L，年际氨氮平均浓度波动幅度标准偏差为 0.133mg/L。氨氮月均浓度最高值发生在 2010 年 5 月、最低值在 2009 年 7 月，分别为 2.01mg/L、0.03mg/L。2012 年，氨氮年均浓度值最高，约 0.53mg/L；2014 年年均浓度最低，约 0.17mg/L。②2008～2016 年，氨氮月均浓度约 0.35mg/L，但其年内波动特征显著，丰水期水质浓度普遍低于枯水期；以 2010 年为例，全年峰值达 2.01mg/L，而谷值为 0.10mg/L，仅为峰值的 5.0%，全年氨氮浓度波动标准偏差达 0.544mg/L。

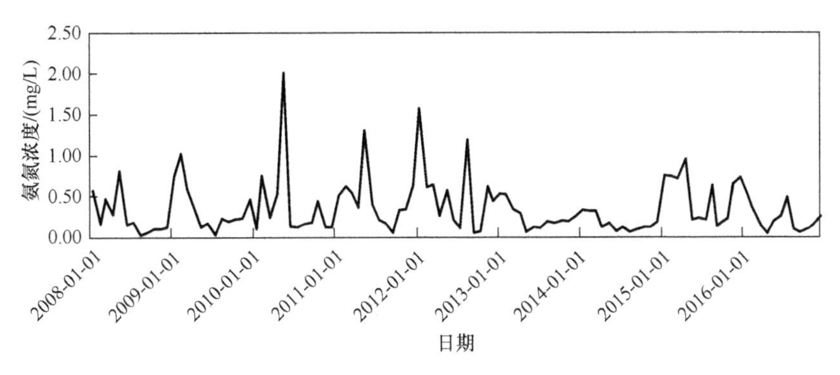

图 4.20 李家渡站断面氨氮浓度波动曲线(2008～2016 年)

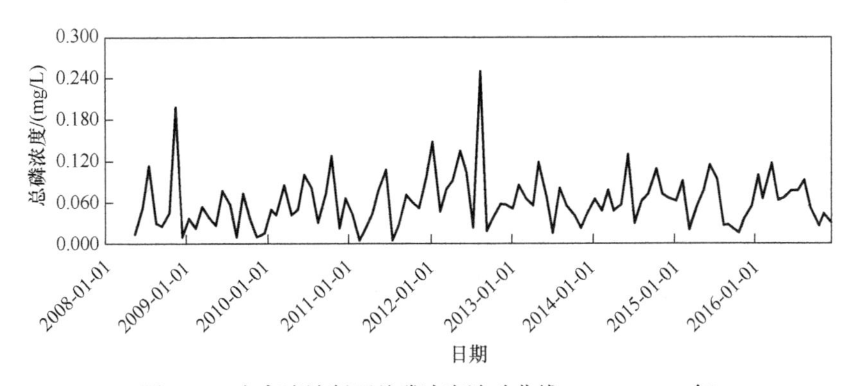

图 4.21 李家渡站断面总磷浓度波动曲线(2008～2016 年)

2008～2016 年，李家渡站断面总磷浓度整体波动幅度较弱，104 个水质样本标准偏差为 0.038mg/L，年际总磷平均浓度波动幅度标准偏差为 0.013mg/L。2008～2016 年间，总磷月均浓度最高值发生在 2012 年 8 月、最低值在 2011 年 7 月，分别为 0.249mg/L、0.005mg/L。2012 年，总磷年均浓度值最高，约 0.087mg/L；2009 年年均浓度最低，约 0.038mg/L。2008～2016 年，总磷月均浓度约 0.063mg/L，但其年内波动特征显著，丰水期水质浓度普遍低于枯水期；以 2012 年为例，全年峰值达 0.249mg/L，而谷值为 0.019mg/L，仅为峰值的 7.6%。

为了进一步揭示氨氮、总磷序列的变化趋势，引入 Mann-Kendall 法检验氨氮、总磷序列是否存在上升与下降的趋势。取置信水平 α=0.05，查正态分布表的临界值为 1.96，分析可得：2008 年到 2009 年 4 月，UF_k 基本大于 0；2009 年 5～

9 月，$UF_k<0$，2009 年 9 月以后，$UF_k>0$。即，2008 年～2009 年 4 月，李家渡站监测断面氨氮序列总体呈上升趋势；2009 年 5～9 月氨氮浓度短暂地下降；而 2009 年 9 月之后，李家渡站监测断面氨氮序列总体呈现上升的趋势。2008 年到 2009 年 10 月，UF_k 基本小于 0；2009 年 11 月到 2013 年 3 月，UF_k 基本大于 0，2013 年 3 月以后，$UF_k<0$。即 2008 年到 2009 年 10 月，李家渡站监测断面总磷序列总体呈下降趋势；2009 年 11 月到 2013 年 3 月，总磷浓度总体上呈现上升的趋势；而 2013 年 3 月之后，李家渡站监测断面总磷序列总体呈现下降的趋势。

为进一步预测李家渡站监测断面氨氮、总磷时间序列变化趋势，现采用 R/S 分析法计算序列的 Hurst 指数，以 2009 年 9 月～2016 年氨氮月监测值以及 2013 年 3 月～2016 年的总磷月监测值进行分析。采用 MATLAB 实现 $\lg\frac{R(n)}{S(n)}$ 和 $\lg n$ 的计算可知，李家渡站监测断面 2014 年 2 月～2006 年氨氮序列的 Hurst 指数为 0.6394，2014 年 9 月～2016 年总磷序列的 Hurst 指数为 0.6414。由此可以推测，未来李家渡站监测断面氨氮浓度呈上升状态，总磷浓度呈现下降的状态，但趋势性不太显著。

4. 梅港站

根据实测结果，梅港站断面水质过程线如图 4.22 和图 4.23 所示。结果表明：①2008～2016 年，梅港站断面氨氮浓度整体波动幅度显著，108 个水质样本标准偏差为 0.135mg/L，年际氨氮平均浓度波动幅度较弱，标准偏差为仅为 0.050mg/L。氨氮月均浓度最高值发生在 2010 年 5 月、最低值在 2008 年 7 月，分别为 0.97mg/L、0.03mg/L。②2010 年，氨氮年均浓度值最高，约 0.36mg/L；2016 年年均浓度最低，约 0.23mg/L。氨氮月均浓度值约 0.29mg/L，但其年内波动特征显著，丰水期水质浓度普遍低于枯水期。

2008～2016 年，梅港站断面总磷浓度整体波动幅度较弱，108 个水质样本标准偏差为 0.078mg/L，年际总磷平均浓度波动幅度标准偏差为 0.032mg/L。2008～2016 年，总磷月均浓度最高值发生在 2008 年 12 月、最低值在 2009 年 2 月，分别为 0.449mg/L、0.012mg/L。2008 年，总磷年均浓度最高，约 0.179mg/L；2013 年年均浓度最低，约 0.092mg/L。2008～2016 年，总磷月均浓度约 0.113mg/L，但其年内波动特征显著，丰水期水质浓度普遍低于枯水期；以 2008 年为例，全年峰值达 0.449mg/L，而谷值为 0.023mg/L，仅为峰值的 5.1%。全年总磷浓度波动标准偏差达 0.129mg/L。

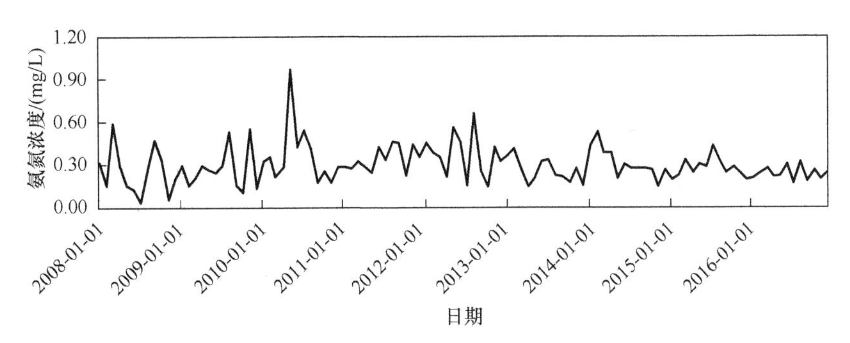

图 4.22　梅港站断面氨氮浓度波动曲线(2008～2016 年)

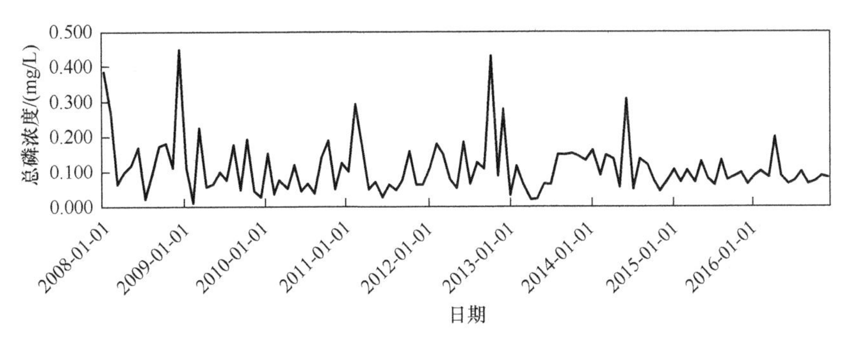

图 4.23　梅港站断面总磷浓度波动曲线(2008～2016 年)

为了进一步揭示氨氮、总磷序列的变化趋势，引入 Mann-Kendall 法检验氨氮、总磷序列是否存在上升与下降的趋势。取置信水平 α=0.05，查正态分布表的临界值为 1.96，分析可得：2008 年～2009 年 9 月，UF_k 基本小于 0；2009 年 10 月～2014 年 8 月，$UF_k>0$，其中 2011 年 4 月～2012 年 5 月，$|UF_k|>1.96$；2009 年 8 月以后，$UF_k<0$。即 2008 年到 2009 年 9 月，梅港站监测断面氨氮序列总体呈下降趋势；2009 年 10 月～2014 年 8 月，氨氮浓度呈下降趋势，其中 2011 年 4 月～2012 年 5 月，氨氮浓度下降趋势显著；而 2014 年 8 月之后，梅港站监测断面氨氮序列总体呈现下降的趋势。2008 年 1～10 月，$UF_k<0$；2008 年 11～12 月，$UF_k>0$；之后，2009～2016 年，$UF_k<0$；即 2008 年 1～10 月，梅港站监测断面总磷序列总体呈下降趋势；2008 年 11～12 月，总磷浓度短期呈现上升的趋势；2009～2016 年，梅港站监测断面总磷序列总体呈现下降的趋势。

为进一步预测梅港站监测断面氨氮、总磷时间序列变化趋势，现采用 R/S 分析法计算序列的 Hurst 指数，以 2009 年 9 月～2016 年氨氮月监测值以及 2013 年 3 月～2016 年的总磷月监测值进行分析。采用 MATLAB 实现 $\lg\frac{R(n)}{S(n)}$ 和 $\lg n$ 的计算可知，梅港监测断面 2014 年 8 月～2006 年氨氮序列的 Hurst 指数为 0.8057，2009～2016 年总磷序列的 Hurst 指数为 0.4603。由此可以推测，未来梅港站监测断面氨氮浓度呈上升状态，总磷浓度呈现下降的状态。

5. 石门街站

根据实测结果，石门街站断面水质过程线如图 4.24 和图 4.25 所示。结果表明：①2008～2016 年，石门街站氨氮浓度整体波动幅度显著，108 个水质样本标准偏差为 0.03mg/L；但年际氨氮平均浓度波动幅度较强，标准偏差为 0.088mg/L。氨氮月均浓度最高值发生在 2014 年 1 月、最低值在 2012 年 4 月，分别为 0.6mg/L、0.06mg/L。2008 年，氨氮年均浓度最高，约 0.108mg/L；2010 年年均浓度最低，约 0.035mg/L。②氨氮月均浓度约 0.25mg/L，但其年内波动特征显著，丰水期水质浓度普遍低于枯水期；2014～2015 年，氨氮的年内波动幅度最为显著；以 2014 年为例，全年峰值达 0.60mg/L，而谷值为 0.11mg/L，为峰值的 18.33%，全年氨氮浓度波动标准偏差达 0.61mg/L。2015～2016 年，虽然氨氮年内波动幅度有所减缓，平均标准偏差约 0.03mg/L，但枯季浓度仍普遍高于洪季浓度。③虽然氨氮年际浓度波动幅度较弱，但也基本可划分为两个变化阶段。第一阶段为 2008～2014 年，在此区间氨氮浓度总体呈现上升趋势，年际浓度从 0.24mg/L 升至 0.30mg/L，年平均增幅为 0.01mg/L；第二阶段为 2014～2016 年，氨氮浓度呈现下降趋势，年均值由 0.30mg/L 下降至 0.24mg/L，氨氮负荷减少了 20%。

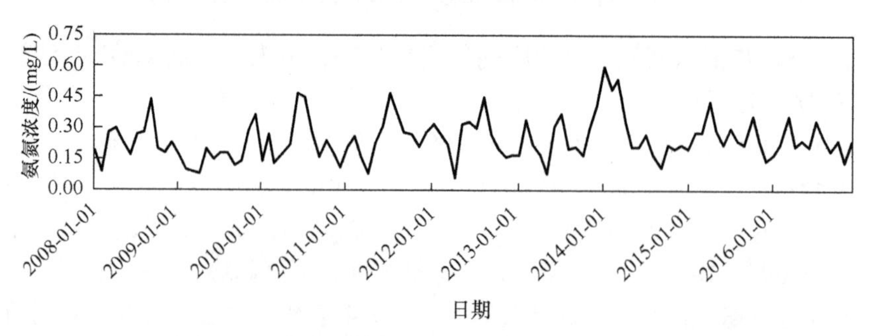

图 4.24　石门街站氨氮浓度波动曲线(2008～2016 年)

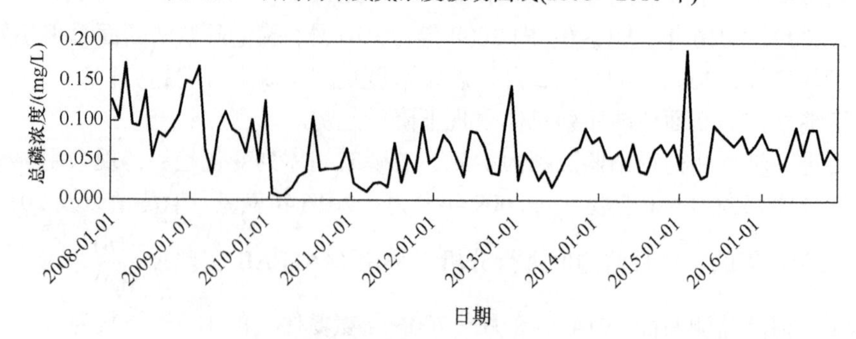

图 4.25　石门街站总磷浓度波动曲线(2008～2016 年)

2008～2016 年，石门街站总磷浓度整体波动幅度显著，108 个水质样本标准偏差为 0.052mg/L；但年际总磷平均浓度波动幅度较强，标准偏差为 0.088mg/L。近十多年，总磷月均浓度最高值发生在 2015 年 2 月、最低值在 2010 年 2 月，分别为 0.189mg/L、0.005mg/L。2008 年，总磷年均浓度最高，约 0.108mg/L；2010 年年均浓度最低，约 0.04mg/L。总磷月均浓度约 0.035mg/L，但其年内波动特征显著，丰水期水质浓度普遍低于枯水期；2013～2015 年，TP 的年内波动幅度最为显著；以 2015 年为例，全年峰值达 0.189mg/L，而谷值为 0.028mg/L，仅为峰值的 14.81%，全年总磷浓度波动标准偏差达 0.161mg/L。2015～2016 年，虽然总磷年内波动幅度有所减缓，平均标准偏差约 0.009mg/L，但枯季浓度仍普遍高于洪季浓度。虽然总磷年际浓度波动幅度较弱，但也基本可划分为两个变化阶段。第一阶段为 2008～2013 年，虽然 2012 年浓度较 2011 年上升 0.031mg/L，在此区间总磷浓度总体呈现下降趋势，年际浓度从 0.108mg/L 降至 0.049mg/L，年平均降幅为 0.0118mg/L；第二阶段为 2013～2015 年，总磷浓度呈现上升趋势，年均值由 0.049mg/L 上升至 0.073mg/L，总磷负荷增加了 48.98%。2016 年年均值为 0.068mg/L。

为了进一步揭示氨氮、总磷序列的变化趋势，引入 Mann-Kendall 法检验氨氮、总磷序列是否存在上升与下降的趋势。取置信水平 α=0.05，查正态分布表的临界值为 1.96，分析可得：$|UF_k|<1.96$，由于在 $UF_k<U_\alpha/2$ 时，接受原假设，即趋势不显著，所以在置信水平 0.05 下；2008～2016 年石门街站监测断面氨氮、总磷序列趋势未达到显著的水平。但是，尽管趋势未达到显著水平，2008～2010 年上半年，从 2010 年下半年至 2011 年 7 月以来，UF_k 一直都大于 0，表明在此期间石门街站监测断面氨氮序列呈持续性上升现象；2012 年下半年开始 $UF_k<0$，一直持续至 2016 年，表明 2012 年开始石门街站监测断面氨氮序列呈现出持续性下降现象。2009 年上半年～2010 年上半年，$|UF_k|>1.96$，其余时间$|UF_k|<1.96$，2008～2013 年上半年，UF_k 一直都大于 0，表明在此期间石门街站监测断面总磷序列呈持续性上升现象；2013 年上半年开始 UF_k 小于 0，一直持续至 2016 年，表明 2013 年开始石门街站监测断面总磷序列呈现出持续性下降现象。

为进一步预测石门街站监测断面氨氮、总磷时间序列变化趋势，现采用 R/S 分析法计算序列的 Hurst 指数，以 2008～2016 年的氨氮月监测值以及 2008～2016 年的总磷月监测值进行分析。采用 MATLAB 实现 $\lg\frac{R(n)}{S(n)}$ 和 $\lg n$ 的计算可知，石门街站监测断面 2008～2016 年氨氮序列的 Hurst 指数为 0.6936，2008～2016 年总磷序列的 Hurst 指数为 0.9785，两者均大于 0.5，故石门街站监测断面氨氮、总磷序列表现为一种强持续性序列，即未来石门街站监测断面氨氮、总磷与过去具有相同的变化趋势。

6. 石镇街站

根据实测结果，石镇街站断面水质过程线如图 4.26 和图 4.27 所示。结果表明：①2008～2016 年，石镇街站氨氮浓度整体波动幅度显著，119 个水质样本标准偏差为 0.6mg/L；年际氨氮平均浓度波动幅度较强，标准偏差为 1.87mg/L。氨氮月均浓度最高值发生在 2014 年 2 月、最低值在 2016 年 6 月，分别为 29.2mg/L、0.21mg/L。2014 年，氨氮年均浓度最高，约 6.7mg/L；2016 年年均浓度最低，约 1.26mg/L。②氨氮月均浓度值约 3.32mg/L，但其年内波动特征显著，丰水期水质浓度普遍低于枯水期；2013～2014 年，氨氮的年内波动幅度最为显著；以 2014 年为例，全年峰值达 29.2mg/L，而谷值为 1.03mg/L，为峰值的 3.53%，全年氨氮浓度波动标准偏差达 4.3mg/L。2015～2016 年，氨氮年内波动幅度有所增强，平均标准偏差约 7.2mg/L，但枯季浓度仍普遍高于洪季浓度。③虽然氨氮年际浓度波动幅度较弱，但也基本可划分为两个变化阶段。第一阶段为 2008～2014 年，在此区间氨氮浓度总体呈现上升趋势，年际浓度从 1.87mg/L 升至 6.7mg/L，年平均增幅为 0.21mg/L；第二阶段为 2014～2016 年，氨氮浓度呈现下降趋势，年均值由 6.7mg/L 下降至 1.26mg/L，氨氮负荷减少了 81.2%。

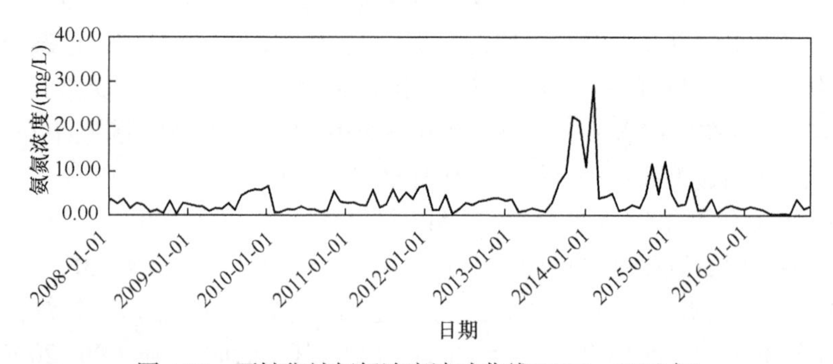

图 4.26　石镇街站氨氮浓度波动曲线(2008～2016 年)

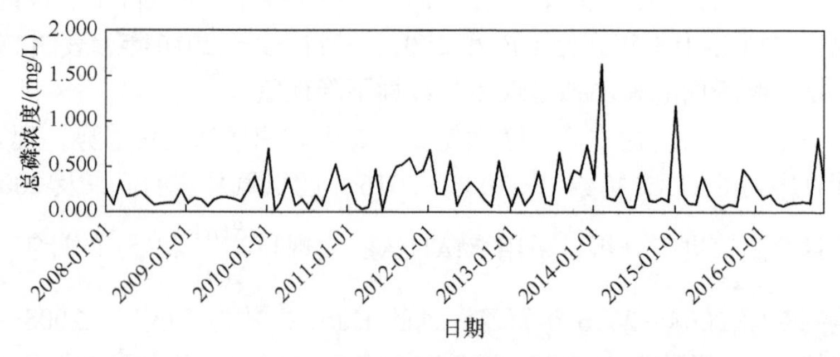

图 4.27　石镇街站总磷浓度波动曲线(2008～2016 年)

2008～2016 年，石镇街站总磷浓度整体波动幅度显著，119 个水质样本标准偏差为 0.036mg/L；但年际总磷平均浓度波动幅度较强，标准偏差为 0.174mg/L。近十多年，总磷月均浓度最高值发生在 2014 年 2 月、最低值在 2010 年 2 月，分别为 1.635mg/L、0.02mg/L。2011 年，总磷年均浓度最高，约 0.317mg/L；2008 年年均浓度最低，约 0.143mg/L，低于 2011 年峰值 54.9%。总磷月均浓度约 0.24mg/L，但其年内波动特征显著，丰水期水质浓度普遍低于枯水期；2014～2015 年，总磷的年内波动幅度最为显著；以 2014 年为例，全年峰值达 1.635mg/L，而谷值为 0.055mg/L，仅为峰值的 3.36%，全年总磷浓度波动标准偏差达 1.58mg/L。2015～2016 年，虽然总磷年内波动幅度有所减缓，平均标准偏差约 0.581mg/L，但枯季浓度仍普遍高于洪季浓度。虽然总磷年际浓度波动幅度较弱，但也基本可划分为两个变化阶段。第一阶段为 2008～2011 年，虽然 2009 年浓度较 2008 年下降 0.002mg/L，在此区间总磷浓度总体呈现上升趋势，年际浓度从 0.137mg/L 升至 0.317mg/L，年平均增幅为 0.06mg/L；第二阶段为 2011～2016 年，总磷浓度呈现较下降趋势，年均值由 0.317mg/L 降至 0.211mg/L，总磷负荷减少了 33.44%。

为了进一步揭示氨氮、总磷序列的变化趋势，引入 Mann-Kendall 法检验氨氮、总磷序列是否存在上升与下降的趋势。取置信水平 α=0.05，查正态分布表的临界值为 1.96，分析可得：$|UF_k|<1.96$，由于在 $UF_k<U_\alpha/2$ 时，接受原假设，即趋势不显著，所以在置信水平 0.05 下；2008～2016 年石镇街站监测断面氨氮、总磷序列趋势未达到显著的水平。但是，尽管趋势未达到显著水平，2007 年下半年～2008 年下半年，2009 年下半年～2010 年上半年，2010 年下半年～2016 年，UF_k 一直都大于 0，表明在此期间石镇街站监测断面氨氮序列呈持续性上升现象；2007 年，2008 年下半年～2009 年下半年，$UF_k<0$，表明期间石镇街站监测断面氨氮序列呈现出持续性下降现象。2011 年下半年～2014 年下半年，$|UF_k|>1.96$，其余时间$|UF_k|<1.96$，2007 年下半年～2016 年，UF_k 一直都大于 0，表明在此期间石镇街站监测断面总磷序列呈持续性上升现象；2007 年上半年～2007 年年底，$UF_k<0$，表明 2007 年石镇街站监测断面总磷序列呈现出持续性下降现象。

为进一步预测石镇街站监测断面氨氮、总磷时间序列变化趋势，现采用 R/S 分析法计算序列的 Hurst 指数，以 2008～2016 年的氨氮月监测值以及 2008～2016 年的总磷月监测值进行分析。采用 MATLAB 实现 $\lg\dfrac{R(n)}{S(n)}$ 和 $\lg n$ 的计算可知，石镇街监测断面 2008～2016 年氨氮序列的 Hurst 指数为 0.7483，2008～2016 年总磷序列的 Hurst 指数为 0.7578，二者均大于 0.5，故石镇街站监测断面氨氮、总磷序列表现为一种强持续性序列，即未来石镇街站监测断面氨氮、总磷与过去具有相同的变化趋势。

7. 梓坊站

根据实测结果，梓坊站断面水质过程线如图 4.28 和图 4.29 所示。结果表明：①2008～2016 年，梓坊站氨氮浓度整体波动幅度显著，106 个水质样本标准偏差为 0.016mg/L；但年际氨氮平均浓度波动幅度较强，标准偏差为 0.18mg/L。氨氮月均浓度最高值发生在 2010 年 6 月、最低值在 2013 年 10 月，分别为 0.67mg/L、0.02mg/L。2010 年，氨氮年均浓度值最高，约 0.32mg/L；2013 年年均浓度最低，约 0.12mg/L。②氨氮月均浓度约 0.21mg/L，但其年内波动特征显著，丰水期水质浓度普遍低于枯水期；2011～2012 年，氨氮的年内波动幅度最为显著；以 2011 年为例，全年峰值达 0.132mg/L，而谷值为 0.035mg/L，为峰值的 26.51%，全年氨氮浓度波动标准偏差达 0.097mg/L。2014～2016 年，氨氮年内波动幅度有所增强，平均标准偏差约 0.06mg/L，但枯季浓度仍普遍高于洪季浓度。③虽然氨氮年际浓度波动幅度较弱，但也基本可划分为两个变化阶段。第一阶段为 2008～2010 年，在此区间氨氮浓度总体呈现上升趋势，年际浓度从 0.17mg/L 升至 0.32mg/L，年平均增幅为 0.075mg/L；第二阶段为 2010～2013 年，氨氮浓度呈现较下降趋势，年均值由 0.32mg/L 下降至 0.12mg/L，氨氮负荷减少了 62.5%。

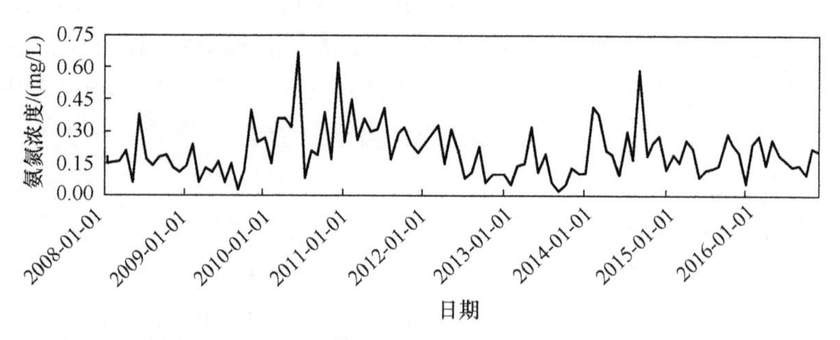

图 4.28　梓坊站氨氮浓度波动曲线(2008～2016 年)

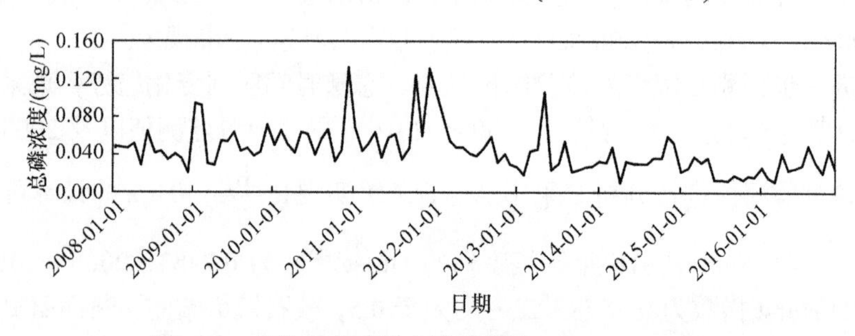

图 4.29　梓坊站总磷浓度波动曲线(2008～2016 年)

2008～2016 年，梓坊站总磷浓度整体波动幅度显著，106 个水质样本标准偏差为 0.016mg/L；但年际总磷平均浓度波动幅度较强，标准偏差为 0.036mg/L。近十多年，总磷月均浓度最高值发生在 2010 年 12 月、最低值在 2014 年 4 月，分别为 0.133mg/L、0.011mg/L。2011 年，总磷年均浓度最高，约 0.065mg/L；2015 年年均浓度最低，约 0.022mg/L，低于 2011 年峰值的 16.67%。近十多年总磷月均浓度约 0.044mg/L，但其年内波动特征显著，丰水期水质浓度普遍低于枯水期；2011～2013 年，总磷的年内波动幅度最为显著；以 2011 年为例，全年峰值达 0.132mg/L，而谷值为 0.037mg/L，仅为峰值的 28.03%，全年总磷浓度波动标准偏差达 0.095mg/L。2014～2016 年，虽然总磷年内波动幅度有所减缓，平均标准偏差约 0.006mg/L，但枯季浓度仍普遍高于洪季浓度。虽然总磷年际浓度波动幅度较弱，但也基本可划分为两个变化阶段。第一阶段为 2008～2011 年，在此区间总磷浓度总体呈现上升趋势，年均浓度从 0.042mg/L 升至 0.065mg/L，年平均增幅为 0.00767mg/L；第二阶段为 2011～2015 年，总磷浓度呈现较下降趋势，年均值由 0.065mg/L 降至 0.022mg/L，总磷负荷减少了 66.15%。

为了进一步揭示氨氮、总磷序列的变化趋势，引入 Mann-Kendall 法检验氨氮、总磷序列是否存在上升与下降的趋势。取置信水平 α=0.05，查正态分布表的临界值为 1.96，分析可得：$|UF_k|<1.96$，由于在 $UF_k<U_\alpha/2$ 时，接受原假设，即趋势不显著，所以在置信水平 0.05 下；2008～2016 年梓坊站监测断面氨氮、总磷序列趋势未达到显著的水平。但是，尽管趋势未达到显著水平，2009 年底至 2013 年上半年，UF_k 一直都大于 0，表明在此期间梓坊站监测断面氨氮序列呈持续性上升现象；2008 年下半年～2009 年下半年，2013 年下半年～2016 年，$UF_k<0$，表明期间梓坊站监测断面氨氮序列呈现出持续下降现象。2014 年下半年～2016 年，$|UF_k|>1.96$，其余时间$|UF_k|<1.96$，从 2009 年下半年～2013 年上半年，UF_k 一直都大于 0，表明在此期间梓坊站监测断面总磷序列呈持续性上升现象；2008 年上半年～2009 年下半年，2013 年上半年～2016 年，UF_k 小于 0，表明在此期间梓坊站监测断面总磷序列呈现出持续性下降现象。

为进一步预测梓坊站监测断面氨氮、总磷时间序列变化趋势，现采用 R/S 分析法计算序列的 Hurst 指数，以 2008～2016 年的氨氮月监测值以及 2008～2016 年的总磷月监测值进行分析。采用 MATLAB 实现 $\lg\dfrac{R(n)}{S(n)}$ 和 $\lg n$ 的计算可知，梓坊站监测断面 2008～2016 年氨氮序列的 Hurst 指数为 0.9088，2008～2016 年总磷序列的 Hurst 指数为 0.8281，二者均大于 0.5，故梓坊站监测断面氨氮、总磷序列表现为一种强持续性序列，即未来梓坊站监测断面氨氮、总磷与过去具有相同的变化趋势。

8. 王家河站

根据实测结果，王家河站断面水质过程线如图 4.30 和图 4.31 所示。结果表明：①2008～2016年，王家河站氨氮浓度整体波动幅度显著，120个水质样本标准偏差为0.04mg/L；但年际氨氮平均浓度波动幅度较强，标准偏差为0.21mg/L。氨氮月均浓度最高值发生在2014年3月、最低值在2008年5月，分别为0.8mg/L、0.03mg/L。2012年，氨氮年均浓度最高，约0.28mg/L；2013年年均浓度最低，约0.13mg/L。②氨氮月均浓度约0.21mg/L，但其年内波动特征显著，丰水期水质浓度普遍低于枯水期；2012～2014年，氨氮的年内波动幅度最为显著；以2014年为例，全年峰值达0.8mg/L，而谷值为0.06mg/L，为峰值的7.5%，全年氨氮浓度波动标准偏差达0.74mg/L。2015～2016年，氨氮年内波动幅度有所增强，平均标准偏差约0.02mg/L，但枯季浓度仍普遍高于洪季浓度。③虽然氨氮年际浓度波动幅度较弱，但也基本可划分为两个变化阶段。第一阶段为2008～2012年，在此区间氨氮浓度总体呈现上升趋势，年际浓度从0.2mg/L升至0.28mg/L，年平均增幅为0.02mg/L；第二阶段为2012～2015年，氨氮浓度呈现较下降趋势，年均值由0.28mg/L下降至0.21mg/L，氨氮负荷减少了25%。

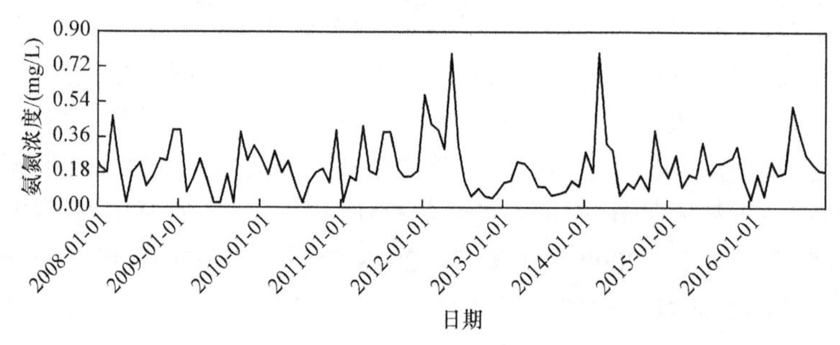

图4.30　王家河站氨氮浓度波动曲线(2008～2016年)

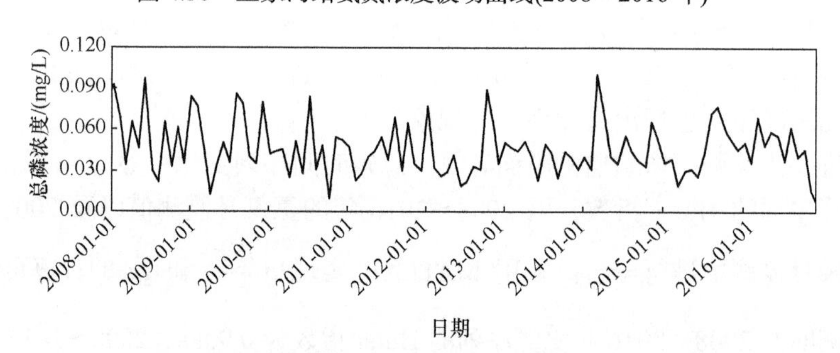

图4.31　王家河站总磷浓度波动曲线(2008～2016年)

2008～2016年，王家河站总磷浓度整体波动幅度显著，120个水质样本标准偏差为0.069mg/L；但年际总磷平均浓度波动幅度较强，标准偏差为0.049mg/L。总磷月均浓度最高值发生在2014年3月、最低值在2016年12月，分别为0.100mg/L、0.007mg/L。2009年，总磷年均浓度最高，约0.056mg/L；2012年年均浓度最低，约0.042mg/L，为2009年峰值的25%。近十多年总磷月均浓度约

0.047mg/L,但其年内波动特征显著,丰水期水质浓度普遍低于枯水期;2013～2014年，总磷的年内波动幅度最为显著；以 2014 年为例，全年峰值达 1.635mg/L，而谷值为 0.055mg/L，仅为峰值的 3.36%，全年总磷浓度波动标准偏差达 1.58mg/L。2015～2016 年，虽然总磷年内波动幅度有所减缓，平均标准偏差约 0.021mg/L，但枯季浓度仍普遍高于洪季浓度。虽然总磷年际浓度波动幅度较弱，但也基本可划分为两个变化阶段。第一阶段为 2007～2009 年，在此区间总磷浓度总体呈现上升趋势，年际浓度从 0.054mg/L 升至 0.056mg/L，年平均增幅为 0.01mg/L；第二阶段为 2009～2013 年，总磷浓度呈现较下降趋势，年均值由 0.056mg/L 降至 0.042mg/L，总磷负荷减少了 25%。

为了进一步揭示氨氮、总磷序列的变化趋势，引入 Mann-Kendall 法检验氨氮、总磷序列是否存在上升与下降的趋势。取置信水平 α=0.05，查正态分布表的临界值为 1.96，分析可得：$|UF_k|<1.96$，因为在 $UF_k<U_\alpha/2$ 时，接受原假设，即趋势不显著，所以在置信水平 0.05 下；2007～2016 年王家河站监测断面氨氮、总磷序列趋势未达到显著的水平。但是，尽管趋势未达到显著水平，2007 年下半年～2016 年，UF_k 一直都大于 0，表明在此期间王家河站监测断面氨氮序列呈持续性上升现象；2007 年一年，$UF_k<0$，表明期间王家河站监测断面氨氮序列呈现出持续性下降现象。2011 年下半年～2015 年下半年，$|UF_k|>1.96$，其余时间$|UF_k|<1.96$，从 2007 年下半年～2016 年，UF_k 一直都大于 0，表明在此期间王家河站监测断面总磷序列呈持续性上升现象；2007 年上半年～2007 年年底，UF_k 小于 0，表明 2007 年王家河站监测断面总磷序列呈现出持续性下降现象。

为进一步预测王家河站监测断面氨氮、总磷时间序列变化趋势，采用 R/S 分析法计算序列的 Hurst 指数，以 2008～2016 年的氨氮月监测值以及 2008～2016 年的总磷月监测值进行分析。采用 MATLAB 实现 $\lg\frac{R(n)}{S(n)}$ 和 $\lg n$ 的计算可知，王家河监测断面 2007～2016 年氨氮序列的 Hurst 指数为 0.7483，2007～2016 年总磷序列的 Hurst 指数为 0.7578，二者均大于 0.5，故王家河站监测断面氨氮、总磷序列表现为一种强持续性序列，即未来王家河站监测断面氨氮、总磷与过去具有相同的变化趋势。

4.2.3　湖区水质变化特征

鄱阳湖湖区共设 19 个监测点位，分别为昌江口、乐安河口、信江东支、鄱阳、龙口、瓢山、康山、赣江南支、抚河口、信江西支、棠荫、都昌、渚溪口、蚌湖、赣江主支、修河口、星子、蛤蟆石、湖口等 19 个水文站。根据江西省水文局提供的 1988～2016 年湖区水质监测数据，对监测点位的氨氮和总磷的变化特征进行分析。

1. 昌江口站

根据实测结果，昌江口站水质过程线如图 4.32 和图 4.33 所示。结果表明：1988～2016 年，昌江口站氨氮浓度整体波动幅度显著，179 个水质样本标准偏差为 0.28mg/L；但年际氨氮平均浓度波动幅度较弱，标准偏差仅为 0.08mg/L。氨氮月均浓度最高值发生在 2014 年 2 月、最低值在 1988 年 9 月，分别为 4.27mg/L、0.02mg/L。2008 年，氨氮年均浓度最高，约 0.79mg/L；1998 年年均浓度最低，约 0.02mg/L。氨氮月均浓度约 0.03mg/L，但其年内波动特征显著，丰水期水质浓度普遍低于枯水期；2000～2015 年，总磷的年内波动幅度最为显著；以 2014 年为例，全年峰值达 4.27mg/L，而谷值为 0.13mg/L，仅为峰值的 3%，全年总磷浓度波动标准偏差达 4.14mg/L。2016 年，虽然总磷年内波动幅度有所减缓，平均标准偏差约 0.49mg/L，但枯季浓度仍普遍高于洪季浓度。虽然氨氮年际浓度波动幅度较弱，但也基本可划分为三个变化阶段。第一阶段为 1988～2006 年，虽然 1993 年浓度较 1992 年下降 0.07mg/L，在此区间氨氮浓度总体呈现增加趋势，年均浓度从 0.08mg/L 升至 0.415mg/L，年平均增幅为 0.0186mg/L；第二阶段为 2006～2011 年，氨氮浓度呈现缓慢下降趋势，年均值由 0.415mg/L 下降至 0.23mg/L，氨氮负荷减少了 44.58%。第三阶段为 2011～2016 年，这五年氨氮浓度又呈现逐年增加趋势。

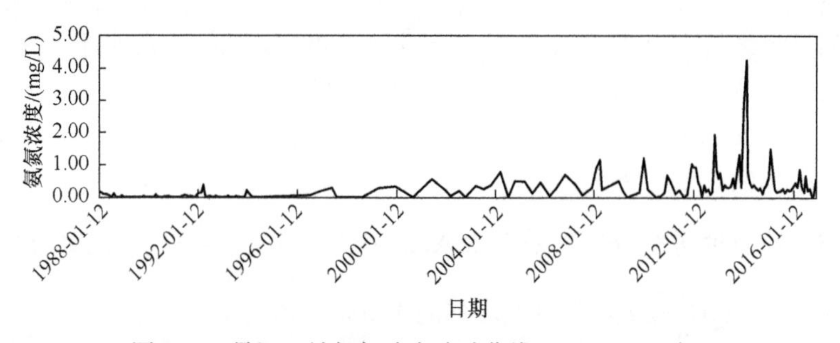

图 4.32　昌江口站氨氮浓度波动曲线(1988～2016 年)

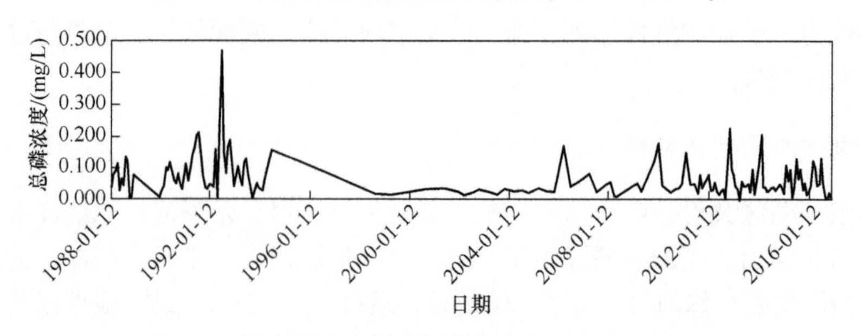

图 4.33　昌江口站总磷浓度波动曲线(1988～2016 年)

1988～2016 年，昌江口站总磷浓度整体波动幅度显著，161 个水质样本标准偏差为 0.025mg/L；年际总磷平均浓度波动幅度较强，标准偏差为 0.08mg/L。总磷月均浓度最高值发生在 1992 年 7 月、最低值在 1992 年 5 月，分别为 0.47mg/L、0.005mg/L。1992 年，总磷年均浓度最高，约 0.147mg/L；2002 年年均浓度最低，约 0.0236mg/L。总磷月均浓度约 0.067mg/L，但其年内波动特征显著，丰水期水质浓度普遍低于枯水期；1988～2000 年，总磷的年内波动幅度最为显著；以 1992 年为例，全年峰值达 0.47mg/L，而谷值为 0.04mg/L，仅为峰值的 8.51%，全年总磷浓度波动标准偏差达 0.43mg/L。2000～2016 年，虽然总磷年内波动幅度有所减缓，平均标准偏差约 0.076mg/L，但枯季浓度仍普遍高于洪季浓度。总磷年际浓度波动总体可划分为两个变化阶段。第一阶段为 1988～2007 年，虽然 1989 年浓度较 1988 年下降 0.007mg/L，在此区间总磷浓度总体呈现上升趋势，年际浓度从 0.068mg/L 升至 0.09mg/L，年平均升幅为 0.0016mg/L；第二阶段为 2007～2014 年，总磷浓度呈现较下降趋势，年均值由 0.09mg/L 下降至 0.05mg/L，总磷负荷下降了 44.44%。2015 与 2016 两年均值分别为 0.058mg/L、0.061mg/L。

为了进一步揭示氨氮、总磷序列的变化趋势，引入 Mann-Kendall 法检验氨氮、总磷序列是否存在上升与下降的趋势。取置信水平 α=0.05，查正态分布表的临界值为 1.96，分析得到，氨氮序列：从 1988 年下半年～2004 年下半年，2013 年下半年～2016 年底，$|UF_k|>1.96$，其余时间$|UF_k|<1.96$，由于在 $UF_k<U_\alpha/2$ 时，接受原假设，即趋势不显著，所以在置信水平 0.05 下，2013～2016 年昌江口监测断面氨氮序列趋势未达到显著的水平。但是，尽管趋势未达到显著水平，1988～2010 年以来，UF_k 一直都小于 0，表明在此期间昌江口站监测断面氨氮序列呈持续性下降现象；2010 年下半年开始 $UF_k>0$，一直持续至 2016 年，表明 2010 年开始昌江口站监测断面氨氮序列呈现持续性上升现象。总磷序列：从 1988 年到 2016 年底，$|UF_k|<1.96$，1988 年～1989 年下半年，1990 年下半年～2000 年 $UF_k>0$，表明在此期间昌江口监测断面总磷序列呈持续性上升现象。其余时间 UF_k 一直都小于 0，表明在此期间昌江口监测断面总磷序列呈持续性下降现象。

为进一步预测昌江口站监测断面氨氮、总磷时间序列变化趋势，现采用 R/S 分析法计算序列的 Hurst 指数，以 1988～2016 年的氨氮月监测值以及 1988～2016 年的总磷月监测值进行分析。采用 MATLAB 实现 $\lg\dfrac{R(n)}{S(n)}$ 和 $\lg n$ 的计算可知，昌江口站监测断面 1988～2016 年氨氮序列的 Hurst 指数为 0.9923，1988～2016 年总磷序列的 Hurst 指数为 0.9806，二者均大于 0.5，故昌江口站监测断面氨氮、总磷序列表现为一种强持续性序列，即未来昌江口站监测断面氨氮、总磷与过去具有相同的变化趋势。

2. 乐安河口站

根据实测结果，乐安河口站水质过程线如图 4.34 和图 4.35 所示。结果表明：1988～2016 年，乐安河口站氨氮浓度整体波动幅度显著，167 个水质样本标准偏差为 0.27mg/L；但年际总磷平均浓度波动幅度较弱，标准偏差仅为 0.02mg/L。近三十多年，氨氮月均浓度最高值发生在 2011 年 12 月、最低值在 1988 年 9 月，分别为 9.66mg/L、0.02mg/L。2013 年，氨氮年均浓度最高，约 4.02mg/L；1998 年年均浓度最低，约 0.02mg/L。氨氮月均浓度约 1.04mg/L，但其年内波动特征显著，丰水期水质浓度普遍低于枯水期；1999～2016 年，氨氮的年内波动幅度最为显著；以 2012 年为例，全年峰值达 5.92mg/L，而谷值为 0.43mg/L，仅为峰值的 7.26%，全年氨氮浓度波动标准偏差达 5.49mg/L。虽然氨氮年际浓度波动幅度较弱，但也基本可划分为三个变化阶段。第一阶段为 1988～1998 年，虽然 1993 年浓度较 1992 年上升 0.05mg/L，在此区间氨氮浓度总体呈现下降趋势，年际浓度从 0.14mg/L 降至 0.02mg/L，年平均降幅为 0.012mg/L；第二阶段为 1998～2008 年，氨氮浓度呈现缓慢上升趋势，年均值由 0.02mg/L 上升至 3.48mg/L，第三阶段为 2009～2015 年，氨氮浓度又呈现逐年增加趋势，2016 年年均浓度为 1.65mg/L。

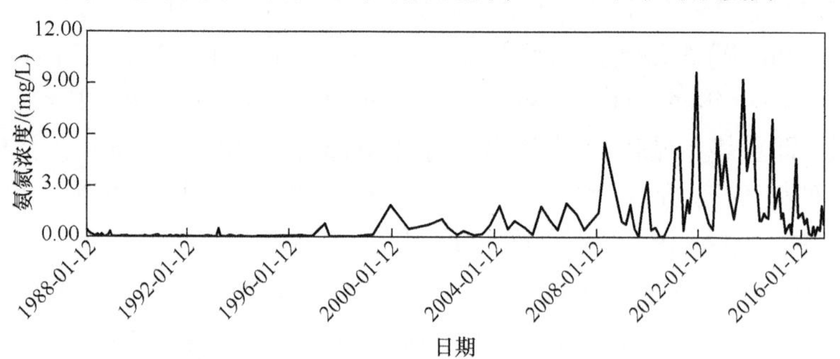

图 4.34　乐安河口站氨氮浓度波动曲线(1988～2016 年)

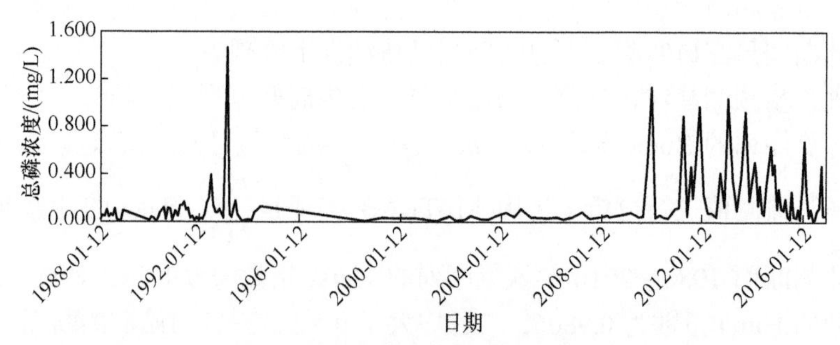

图 4.35　乐安河口站总磷浓度波动曲线(1988～2016 年)

1988～2016 年，乐安河口站总磷浓度整体波动幅度显著，159 个水质样本标准偏差为 0.02mg/L；年际总磷平均浓度波动幅度较强，标准偏差为 0.05mg/L。近三十多年，总磷月均浓度最高值发生在 1993 年 3 月、最低值在 1990 年 12 月，分别为 1.47mg/L、0.005mg/L。2014 年，总磷年均浓度最高，约 0.495mg/L；2002 年年均浓度最低，约 0.0247mg/L。总磷月均浓度约 0.154mg/L，但其年内波动特征显著，丰水期水质浓度普遍低于枯水期；1992～1994 年、2009～2016 年，总磷的年内波动幅度最为显著；以 1993 年为例，全年峰值达 1.47mg/L，而谷值为 0.005mg/L，仅为峰值的 0.34%，全年总磷浓度波动标准偏差达 1.465mg/L。1994～2009 年，虽然总磷年内波动幅度有所减缓，平均标准偏差约 0.076mg/L，但枯季浓度仍普遍高于洪季浓度。总磷年际浓度波动总体可划分为三个变化阶段。第一阶段为 1988～1993 年，虽然 1990 年浓度较 1988 年下降 0.001mg/L，在此区间总磷浓度总体呈现上升趋势，年际浓度从 0.05mg/L 升至 0.218mg/L，年平均升幅为 0.0336mg/L；第二阶段为 1993～2010 年，总磷浓度呈现缓慢下降趋势，年均值由 0.218mg/L 下降至 0.129mg/L，总磷负荷下降了 40.83%，第三个阶段为 2010～2014 年，总磷浓度呈现上升趋势，年均值由 0.129mg/L 上升至 0.495mg/L，2015 年，2016 年年均值分别为 0.345mg/L、0.108mg/L。

为了进一步揭示氨氮、总磷序列的变化趋势，引入 Mann-Kendall 法检验氨氮、总磷序列是否存在上升与下降的趋势。取置信水平 α=0.05，查正态分布表的临界值为 1.96，分析得到氨氮序列：从 1991 年上半年～2004 年上半年，2011 年下半年～2016 年$|UF_k|>1.96$，其余时间$|UF_k|<1.96$，从 2006 年下半年～2016 年底，UF_k 一直都大于 0，表明在此期间乐安河口站监测断面氨氮序列呈持续性上升现象。其余时间 UF_k 一直都小于 0，表明在此期间乐安河口站监测断面氨氮序列呈持续性下降现象。从 2012 年底～2016 年底，$|UF_k|>1.96$，其余时间$|UF_k|<1.96$，由于在 $UF_k<U_\alpha/2$ 时，接受原假设，即趋势不显著，所以在置信水平 0.05 下；2012～2016 年乐安河口站监测断面氨氮序列趋势未达到显著水平。总磷序列：1989 年下半年～1995 年上半年，2002 年下半年～2009 年上半年 UF_k 一直都小于 0，表明在此期间乐安河口站监测断面总磷序列呈持续性下降现象；2008 年下半年开始 UF_k 大于 0，一直持续至 2016 年，表明从 2008 年开始乐安河口站监测断面总磷序列呈现持续性上升现象。

为进一步预测乐安河口站监测断面氨氮、总磷时间序列变化趋势，现采用 R/S 分析法计算序列的 Hurst 指数，以 1988～2016 年的氨氮月监测值以及 1988～2016 年的总磷月监测值进行分析。采用 MATLAB 实现 $\lg\dfrac{R(n)}{S(n)}$ 和 $\lg n$ 的计算可知，乐安河口站监测断面 1988～2016 年氨氮序列的 Hurst 指数为 0.9544，1988～2016 年总磷序列的 Hurst 指数为 0.7583，二者均大于 0.5，故乐安河口水文站监测断面氨氮、总磷序列表现为一种强持续性序列，即未来乐安河口站监测断面氨氮、总磷与过去具有相同的变化趋势。

3. 信江东支站

根据实测结果，信江东支站水质过程线如图 4.36 和图 4.37 所示。结果表明：1988～2016 年，信江东支站氨氮浓度整体波动幅度显著，161 个水质样本标准偏差为 0.11mg/L；但年际氨氮平均浓度波动幅度较弱，标准偏差仅为 0.19mg/L。氨氮月均浓度最高值发生在 2004 年 3 月、最低值在 1988 年 3 月，分别为 1.76mg/L、0.02mg/L。2004 年，氨氮年均浓度最高，约 1.04mg/L；1989 年年均浓度最低，约 0.03mg/L。氨氮月均浓度约 0.24mg/L，但其年内波动特征显著，丰水期水质浓度普遍低于枯水期；1997～2016 年，氨氮的年内波动幅度最为显著；以 2004 年为例，全年峰值达 1.76mg/L，而谷值为 0.12mg/L，仅为峰值的 6.8%，全年氨氮浓度波动标准偏差达 1.64mg/L。虽然氨氮年际浓度波动幅度较弱，但也基本可划分为四个变化阶段。第一阶段为 1988～2001 年，虽然 1990 年浓度较 1989 年上升 0.02mg/L，在此区间氨氮浓度总体呈现下降趋势，年际浓度从 0.13mg/L 降至 0.05mg/L，年平均降幅为 0.006mg/L；第二阶段为 2002～2005 年，氨氮浓度呈现缓慢上升趋势，年均值由 0.05mg/L 升至 1.04mg/L；第三阶段为 2006～2010 年，氨氮浓度又呈现逐年下降趋势，年际浓度从 1.04mg/L 降至 0.24mg/L；第四阶段为 2010～2014 年，氨氮浓度又呈现逐年上升趋势，2015 与 2016 两年均值分别为 0.42mg/L、0.246mg/L。

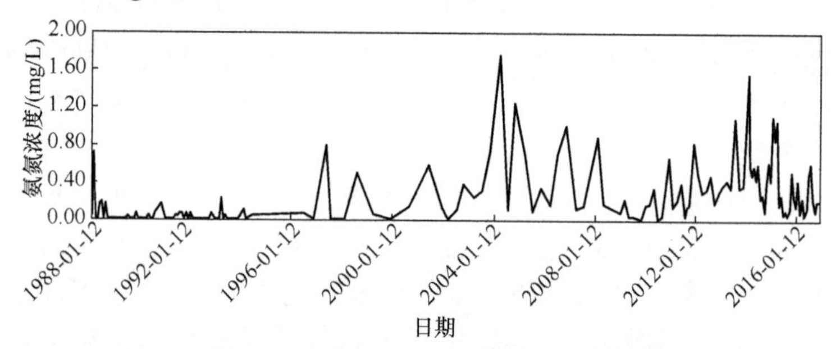

图 4.36　信江东支站氨氮浓度波动曲线(1988～2016 年)

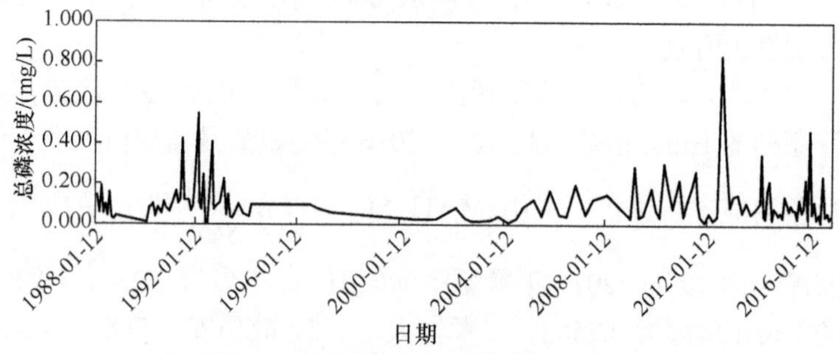

图 4.37　信江东支站总磷浓度波动曲线(1988～2016 年)

1988～2016 年，信江东支站总磷浓度整体波动幅度显著，141 个水质样本标准偏差为 0.065mg/L；年际总磷平均浓度波动幅度较强，标准偏差为 0.096mg/L。总磷月均浓度最高值发生在 2012 年 8 月、最低值在 1992 年 6 月，分别为 0.837mg/L、0.005mg/L。2012 年，总磷年均浓度最高，约 0.241mg/L；2003 年年均浓度最低，约 0.044mg/L。总磷月均浓度约 0.111mg/L，但其年内波动特征显著，丰水期水质浓度普遍低于枯水期；1988～1995 年和 2005～2016 年，总磷的年内波动幅度最为显著；以 2012 年为例，全年峰值达 0.837mg/L，而谷值为 0.024mg/L，仅为峰值的 2.87%，全年总磷浓度波动标准偏差达 0.813mg/L。总磷年际浓度波动总体可划分为四个变化阶段。第一阶段为 1988～1992 年，虽然 1990 年浓度较 1988 年下降 0.016mg/L，在此区间总磷浓度总体呈现上升趋势，年际浓度从 0.09mg/L 升至 0.18mg/L，年平均升幅为 0.0225mg/L；第二阶段为 1993～2002 年，总磷浓度呈现缓慢下降趋势，年均值由 0.18mg/L 降至 0.027mg/L，总磷负荷下降了 85%；第三阶段为 2003～2012 年，总磷浓度又呈现逐年上升趋势，年均值由 0.027mg/L 升至 0.241mg/L；第四阶段为 2012～2015 年，总磷浓度又呈现逐年下降趋势，年均值由 0.241mg/L 降至 0.097mg/L；2016 年均值为 0.101mg/L。

为了进一步揭示氨氮、总磷序列的变化趋势，引入 Mann-Kendall 法检验氨氮、总磷序列是否存在上升与下降的趋势。取置信水平 α=0.05，查正态分布表的临界值为 1.96，分析可得氨氮序列：从 1988 年下半年至 1994 年上半年，2011 年上半年至 2016 年，2003 年上半年至 2016 年底，$|UF_k|>1.96$，其余时间 $|UF_k|<1.96$，由于在 $UF_k<U_\alpha/2$ 时，接受原假设，即趋势不显著，所以在置信水平 0.05 下；2011 年至 2016 年信江东支站监测断面氨氮序列趋势未达到显著的水平。但是，尽管趋势未达到显著水平，1988～2004 年下半年以来，UF_k 一直都小于 0，表明在此期间信江东支站监测断面氨氮序列呈持续性下降现象；2004 年下半年开始 UF_k 大于 0，一直持续至 2016 年，表明 2004 年开始信江东支站监测断面氨氮序列呈现出持续性上升现象。总磷序列：1988 年下半年～1998 年底，1993 年下半年至 2001 年上半年 $|UF_k|>1.96$，其余时间 $|UF_k|<1.96$，1988 年上半年～1990 下半年，1992 年下半年～2009 年上半年以来，UF_k 一直都小于 0，表明在此期间信江东支站监测断面总磷序列呈持续性下降现象；2009 年上半年开始 $UF_k>0$，一直持续至 2013 年年底，从 2013 年下半年开始，UF_k 一直都小于 0，表明 2013 年开始信江东支站监测断面总磷序列呈现出持续性下降现象。

为进一步预测信江东支站监测断面氨氮、总磷时间序列变化趋势，现采用 R/S 分析法计算序列的 Hurst 指数，以 1998～2016 年的氨氮月监测值以及 1998～2016 年的总磷月监测值进行分析。采用 MATLAB 实现 $\lg\dfrac{R(n)}{S(n)}$ 和 $\lg n$ 的计算可知，信江东支站监测断面 1988～2016 年氨氮序列的 Hurst 指数为 0.8581，1988～2016 年总磷序列的 Hurst 指数为 0.8107，二者均大于 0.5，故信江东支水文站监测断面氨氮、总磷序列表现为一种强持续性序列，即未来信江东支站监测断面氨氮、总磷与过去具有相同的变化趋势。

4. 鄱阳站

根据实测结果，鄱阳站水质过程线如图 4.38 和图 4.39 所示。结果表明：1988～2016 年，鄱阳站氨氮浓度整体波动幅度显著，198 个水质样本标准偏差为 0.7mg/L；但年际氨氮平均浓度波动幅度较弱，标准偏差仅为 0.32mg/L。氨氮月均浓度最高值发生在 2014 年 2 月、最低值在 1988 年 1 月，分别为 8.41mg/L、0.02mg/L。2013 年，氨氮年均浓度最高，约 2.39mg/L；1998 年年均浓度最低，约 0.02mg/L。氨氮月均浓度约 0.81mg/L，但其年内波动特征显著，丰水期水质浓度普遍低于枯水期；2000～2016 年，氨氮的年内波动幅度最为显著；以 2014 年为例，全年峰值达 8.41mg/L，而谷值为 0.21mg/L，仅为峰值的 2.5%，全年氨氮浓度波动标准偏差达 8.2mg/L。2015～2016 年，虽然氨氮年内波动幅度有所减缓，平均标准偏差约 0.306mg/L，但枯季浓度仍普遍高于洪季浓度。虽然氨氮年际浓度波动幅度较弱，但也基本可划分为三个变化阶段。第一阶段为 1988～2003 年，虽然 1992 年浓度较 1991 年下降 0.01mg/L，在此区间氨氮浓度总体呈现增加趋势，年际浓度从 0.14mg/L 升至 0.585mg/L，年平均增幅为 0.0297mg/L；第二阶段为 2003～2008 年，氨氮浓度呈现较上升趋势，年均值由 0.585mg/L 上升至 1.61mg/L，氨氮负荷增加了 175.21%。第三阶段为 2008～2016 年，这八年氨氮浓度又呈现逐年下降趋势。

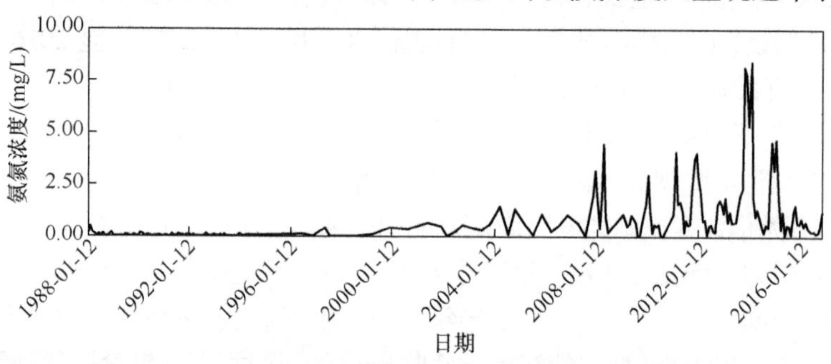

图 4.38　鄱阳站氨氮浓度波动曲线(1988～2016 年)

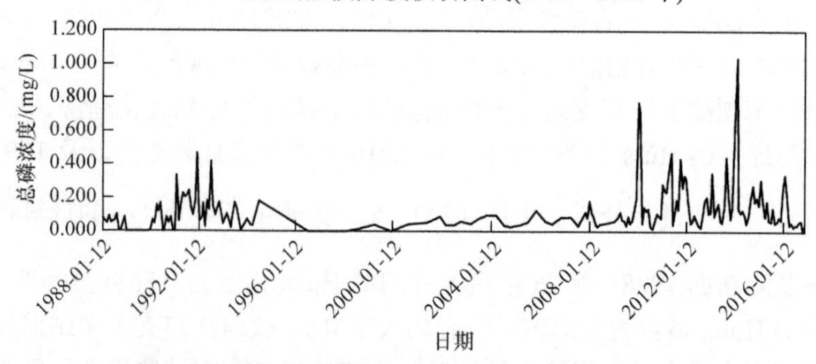

图 4.39　鄱阳站总磷浓度波动曲线(1988～2016 年)

1988～2016 年，鄱阳站总磷浓度整体波动幅度显著，180 个水质样本标准偏差为 0.027mg/L；年际总磷平均浓度波动幅度较大，标准偏差为 0.078mg/L。总磷月均浓度最高值发生在 2014 年 2 月、最低值在 1988 年 9 月，分别为 1.038mg/L、0.005mg/L。2009 年，总磷年均浓度值最高，约 0.083mg/L；2004 年年均浓度最低，约 0.053mg/L。总磷月均浓度值约 0.131mg/L，但其年内波动特征显著，丰水期水质浓度普遍低于枯水期；2008～2015 年，总磷的年内波动幅度最为显著；以 2014 年为例，全年峰值达 1.038mg/L，而谷值为 0.047mg/L，仅为峰值的 4.53%，全年总磷浓度波动标准偏差达 0.991mg/L。总磷年际浓度波动总体可划分为四个变化阶段。第一阶段为 1988～1991 年，在此区间总磷浓度总体呈现上升趋势，年际浓度从 0.058mg/L 升至 0.211mg/L，年平均升幅为 0.051mg/L；第二阶段为 1991～2004 年，总磷浓度呈现较下降趋势，年均值由 0.211mg/L 下降至 0.053mg/L，总磷负荷减少了 74.88%。第三阶段为 2004～2010 年，总磷浓度又呈现逐年上升趋势，年均值从 0.053mg/L 升至 0.258mg/L，第四阶段从 2010～2016 年，总磷浓度又呈现逐年下降趋势。

为了进一步揭示氨氮、总磷序列的变化趋势，引入 Mann-Kendall 法检验氨氮、总磷序列是否存在上升与下降的趋势。取置信水平 α=0.05，查正态分布表的临界值为 1.96，分析可得氨氮序列：从 1992 年下半年～1998 年，2010 年下半年～2016 年底，$|UF_k|>1.96$，其余时间$|UF_k|<1.96$，由于在 $UF_k<U_\alpha/2$ 时，接受原假设，即趋势不显著，所以在置信水平 0.05 下；2010～2016 年鄱阳站监测断面氨氮序列趋势未达到显著的水平。但是，尽管趋势未达到显著水平，1988 初至 2004 年下半年，UF_k 一直都小于 0，表明在此期间鄱阳站监测断面氨氮序列呈持续性下降现象；2004 年下半年开始 UF_k 大于 0，一直持续至 2016 年，表明 2004 年开始鄱阳站监测断面氨氮序列呈现出持续性上升现象。总磷序列：2013 年上半年～2014 年底，$|UF_k|>1.96$，其余时间$|UF_k|<1.96$，1988～1989 年上半年及 1994 年～2009 年下半年，UF_k 一直都小于 0，表明在此期间鄱阳监测断面总磷序列呈持续性下降现象；2009 年下半年开始 $UF_k>0$，一直持续至 2016 年，表明 2009 年开始鄱阳监测断面总磷序列呈现出持续性上升现象。

为进一步预测鄱阳站监测断面氨氮、总磷时间序列变化趋势，现采用 R/S 分析法计算序列的 Hurst 指数，以 1998～2016 年的氨氮月监测值以及 1998～2016 年的总磷月监测值进行分析。采用 MATLAB 实现 $\lg\dfrac{R(n)}{S(n)}$ 和 $\lg n$ 的计算可知，鄱阳站监测断面 1988～2016 年氨氮序列的 Hurst 指数为 0.8920，1988～2016 年总磷序列的 Hurst 指数为 0.8240，二者均大于 0.5，故鄱阳站监测断面氨氮、总磷序列表现为一种强持续性序列，即未来鄱阳站监测断面氨氮、总磷与过去具有相同的变化趋势。

5. 龙口站

根据实测结果，龙口站水质过程线如图 4.40 和图 4.41 所示。结果表明：1988 年至 2016 年，龙口站氨氮浓度整体波动幅度显著，193 个水质样本标准偏差为 0.21mg/L；但年际氨氮平均浓度波动幅度较弱，标准偏差仅为 0.279mg/L。氨氮月均浓度最高值发生在 2014 年 1 月、最低值在 1988 年 7 月，分别为 8.29mg/L、0.02mg/L。2014 年，氨氮年均浓度最高，约 2.36mg/L；1992 年年均浓度最低，约 0.02mg/L。氨氮月均浓度约 0.72mg/L，但其年内波动特征显著，丰水期水质浓度普遍低于枯水期；2005～2015 年，氨氮的年内波动幅度最为显著；以 2014 年为例，全年峰值达 8.29mg/L，而谷值为 0.16mg/L，仅为峰值的 1.93%，全年氨氮浓度波动标准偏差达 8.13mg/L。2015～2016 年，虽然氨氮年内波动幅度有所减缓，平均标准偏差约 2.05mg/L，但枯季浓度仍普遍高于洪季浓度。虽然氨氮年际浓度波动幅度较弱，但也基本可划分为两个变化阶段。第一阶段为 1988～1999 年，虽然 1993 年浓度较 1992 年上升 0.04mg/L，在此区间氨氮浓度总体呈现下降趋势，年际浓度从 0.12mg/L 降至 0.02mg/L，年平均降幅为 0.0091mg/L；第二阶段为 1999～2014 年，氨氮浓度呈现缓慢上升趋势，年均值由 0.02mg/L 上升至 2.36mg/L，2015 年与 2016 年两年均值分别为 1.10mg/L，0.368mg/L。

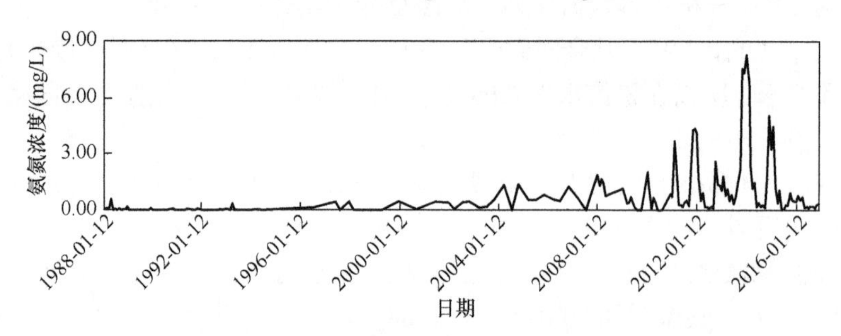

图 4.40　龙口站氨氮浓度波动曲线(1988～2016 年)

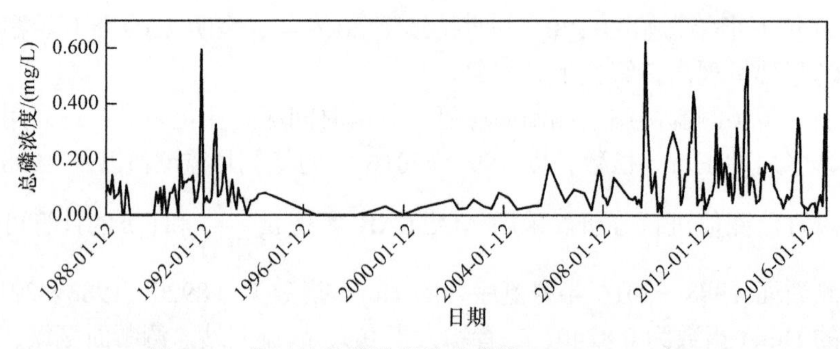

图 4.41　龙口站总磷浓度波动曲线(1988～2016 年)

1988～2016 年，龙口站总磷浓度整体波动幅度显著，175 个水质样本标准偏差为 0.027mg/L；年际总磷平均浓度波动幅度较强，标准偏差为 0.086mg/L。总磷月均浓度最高值发生在 2010 年 1 月、最低值在 1988 年 9 月，分别为 0.625mg/L、0.005mg/L。2014 年总磷年均浓度最高，约 0.181mg/L；2002 年年均浓度最低，约 0.035mg/L。总磷月均浓度值约 0.111mg/L，但其年内波动特征显著，丰水期水质浓度普遍低于枯水期；1990～1994 年及 2009～2016 年，总磷的年内波动幅度最为显著；以 2010 年为例，全年峰值达 0.625mg/L，而谷值为 0.005mg/L，仅为峰值的 0.8%，全年总磷浓度波动标准偏差达 0.620mg/L。总磷年际浓度波动总体可划分为三个变化阶段。第一阶段为 1988～2002 年，虽然 1991 年浓度较 1990 年上升 0.1mg/L，在此区间总磷浓度总体呈现下降趋势，年际浓度从 0.077mg/L 降至 0.035mg/L，年平均降幅为 0.003mg/L；第二阶段为 2002～2011 年，总磷浓度呈现较上升趋势，年均值由 0.035mg/L 上升至 0.215mg/L，总磷负荷增加了 514.29%。第三阶段为 2011～2015 年，这四年总磷浓度又呈现逐年下降的趋势，2016 年均值为 0.094mg/L。

为了进一步揭示氨氮、总磷序列的变化趋势，引入 Mann-Kendall 法检验氨氮、总磷序列是否存在上升与下降的趋势。取置信水平 α=0.05，查正态分布表的临界值为 1.96，分析可得氨氮序列：从 1990 年上半年～2002 年上半年，2013 年上半年～2016 年底，$|UF_k|>1.96$，其余时间$|UF_k|<1.96$，由于在 $UF_k<U_\alpha/2$ 时，接受原假设，即趋势不显著，所以在置信水平 0.05 下；2002～2016 年龙口站监测断面氨氮序列趋势未达到显著的水平。但是，尽管趋势未达到显著水平，1988 上半年～2008 年上半年，UF_k 一直都小于 0，表明在此期间龙口站监测断面氨氮序列呈持续性下降现象；2008 年上半年开始 $UF_k>0$，一直持续至 2016 年，表明 2008 年开始龙口站监测断面氨氮序列呈现出持续性上升现象。总磷序列：从 1988～2016 年，$|UF_k|<1.96$，1988 年下半年至 1990 年上半年及 1992 年上半年～2009 年上半年，UF_k 一直都小于 0，表明在此期间龙口站监测断面总磷序列呈持续性下降现象；2009 年下半年开始 UF_k 大于 0，一直持续至 2016 年，表明 2009 年开始龙口站监测断面总磷序列呈现出持续性上升现象。

为进一步预测龙口站监测断面氨氮、总磷时间序列变化趋势，现采用 R/S 分析法计算序列的 Hurst 指数，以 1998～2016 年的氨氮月监测值以及 1998～2016 年的总磷月监测值进行分析。采用 MATLAB 实现 $\lg\dfrac{R(n)}{S(n)}$ 和 $\lg n$ 的计算可知，龙口站监测断面 1988～2016 年氨氮序列的 Hurst 指数为 0.9430，1988～2016 年总磷序列的 Hurst 指数为 0.7318，二者均大于 0.5，故龙口站监测断面氨氮、总磷序列表现为一种强持续性序列，即未来龙口站监测断面氨氮、总磷与过去具有相同的变化趋势。

6. 瓢山站

根据实测结果，瓢山站水质过程线如图 4.42 和图 4.43 所示。结果表明：2012～2016 年，瓢山站断面氨氮浓度整体波动幅度显著，60 个水质样本标准偏差为 1.850mg/L；年际氨氮平均浓度波动幅度标准偏差为 0.750mg/L。氨氮月均浓度最高值发生在 2014 年 1 月、最低值在 2015 年 9 月，分别为 8.25mg/L、0.025mg/L。2014 年，氨氮年均浓度值最高，约 1.993mg/L；2016 年年均浓度最低，约 0.228mg/L。2012～2016 年，氨氮月均浓度值约 1.094mg/L。氨氮序列总体可划分为四个变化阶段。第一阶段为 2012～2013 年，在此区间氨氮浓度总体呈现上升趋势，年际浓度从 0.715mg/L 升至 1.993mg/L，年平均升幅为 0.639mg/L；第二阶段为 2014 年 1～9 月，这期间，瓢山口氨氮浓度呈现较显著降低趋势；第三阶段为 2014 年 10 月～2015 年 3 月，氨氮浓度又呈现升高趋势；第四个阶段为 2015 年 4 月～2016 年，氨氮浓度又呈现较显著的降低趋势。

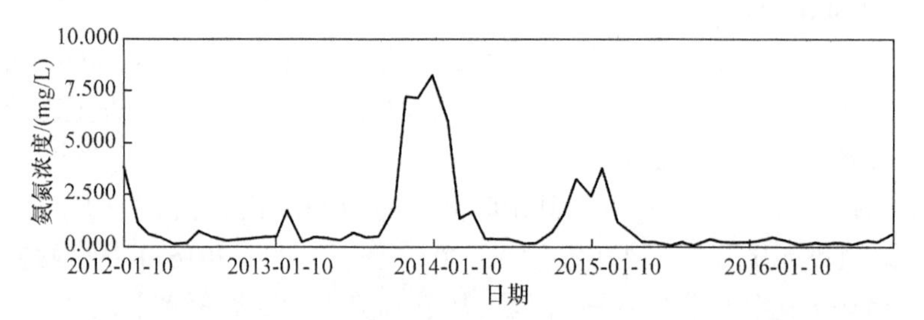

图 4.42　瓢山站断面氨氮浓度波动曲线(2012～2016 年)

图 4.43　瓢山站断面总磷浓度波动曲线(2012～2016 年)

2012～2016 年，瓢山站断面总磷整体波动较弱，60 个水质样本标准偏差为 0.091mg/L；年际总磷平均浓度波动幅度标准偏差为 0.029mg/L。总磷月均浓度最高值发生在 2014 年 1 月、最低值在 2016 年 12 月，分别为 0.341mg/L、0.005mg/L。2014 年，总磷年均浓度最高，约 0.13mg/L；2013 年年均浓度最低，约 0.056mg/L。2012～2016 年间，总磷月均浓度约 0.091mg/L。虽然总磷年际浓度波动幅度较弱，但也基本可划分为三个变化阶段。第一阶段为 2012 年 1～3 月，在此期间总磷浓度总体呈现降低趋势；第二阶段为 2012 年 4 月～2014 年，总磷浓度呈现较显著增加趋势；第三阶段为 2015～2016 年，总磷浓度又呈现降低趋势，年际浓度从 0.13mg/L 降至 0.071mg/L，年平均降幅为 0.03mg/L。

为进一步预测瓢山站监测断面氨氮、总磷时间序列变化趋势，现采用 R/S 分析法计算序列的 Hurst 指数，以 2015 年 4 月～2016 年氨氮月监测值以及 2014～2016 年的总磷月监测值进行分析。采用 MATLAB 实现 $\lg\dfrac{R(n)}{S(n)}$ 和 $\lg n$ 的计算可知，瓢山站监测断面 2013 年 3 月～2006 年氨氮序列的 Hurst 指数为 0.8119，2014～2016 年总磷序列的 Hurst 指数为 0.9061，二者均大于 0.5，故瓢山站监测断面氨氮、总磷序列表现为一种强持续性序列，即未来瓢山站监测断面氨氮、总磷与过去具有相同的变化趋势。由此可以推测，未来瓢山站监测断面氨氮、总磷浓度均呈下降状态。

7. 康山站

根据实测结果，康山站水质过程线如图 4.44 和图 4.45 所示。结果表明：1988～2016 年，康山站氨氮浓度整体波动幅度显著，171 个水质样本标准偏差为 0.275mg/L；但年际氨氮平均浓度波动幅度较弱，标准偏差仅为 0.15mg/L。氨氮月均浓度最高值发生在 2015 年 3 月、最低值在 1998 年 8 月，分别为 1.29mg/L、0.005mg/L。1991 年，氨氮年均浓度最高，约 0.154mg/L；2010 年年均浓度最低，约 0.048mg/L。氨氮月均浓度约 0.11mg/L，但其年内波动特征显著，丰水期水质浓度普遍低于枯水期；2014～2015 年，氨氮浓度的年内波动幅度最为显著；以 2015 年为例，全年峰值达 1.29mg/L，而谷值为 0.09mg/L，仅为峰值的 6.98%，全年氨氮浓度波动标准偏差达 1.2mg/L。2015～2016 年，虽然氨氮年内波动幅度有所减缓，平均标准偏差约 0.44mg/L，但枯季浓度仍普遍高于洪季浓度。虽然氨氮年际浓度波动幅度较弱，但也基本可划分为三个变化阶段。第一阶段为 1988～2003 年，虽然 1991 年浓度较 1990 年上升 0.086mg/L，在此区间氨氮浓度总体呈现下降趋势，年际浓度从 0.093mg/L 降至 0.064mg/L，年平均降幅为 0.002mg/L；第二阶段为 2003～2005 年，氨氮浓度呈现上升趋势，年均值由 0.064mg/L 上升至 0.092mg/L，氨氮负荷增加了 43.75%。第三阶段为 2005～2016 年，氨氮浓度又呈现逐年下降趋势。

1988～2016 年，康山站总磷浓度整体波动幅度显著，188 个水质样本标准偏差为 0.15mg/L；年际总磷平均浓度波动幅度较强，标准偏差为 0.14mg/L。总磷月均浓度最高值发生在 2004 年 3 月、最低值在 1988 年 2 月，分别为 1.65mg/L、0.02mg/L。2007 年，总磷年均浓度值最高，约 0.61mg/L；1992 年年均浓度最低，约 0.04mg/L。总磷月均浓度约 0.24mg/L，但其年内波动特征显著，丰水期水质浓度普遍低于枯水期；1996～2005 年，总磷的年内波动幅度最为显著；以 2004 年为例，全年峰值达 1.65mg/L，而谷值为 0.02mg/L，仅为峰值的 1.21%，全年总磷浓度波动标准偏差达 1.63mg/L。2004～2016 年，虽然总磷年内波动幅度有所减缓，平均标准偏差约 0.2mg/L，但枯季浓度仍普遍高于洪季浓度。总磷年际浓度波动总体可划分为三个变化阶段。第一阶段为 1988～1994 年，虽然 1989 年浓度较 1990 年下降 0.05mg/L，在此区间总磷浓度总体呈现上升趋势，年际浓度从 0.11mg/L 升至 0.64mg/L，年平均升幅为 0.088mg/L；第二阶段为 1994～2010 年，总磷浓度呈现较下降趋势，年均值由 0.61mg/L 下降至 0.31mg/L，总磷负荷减少了 49.2%。第三阶段为 2010～2016 年，总磷浓度又呈现逐年上升趋势。

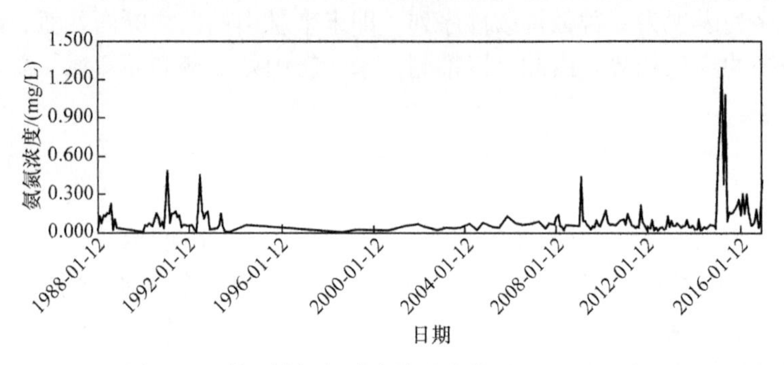

图 4.44　康山站氨氮浓度波动曲线(1988～2016 年)

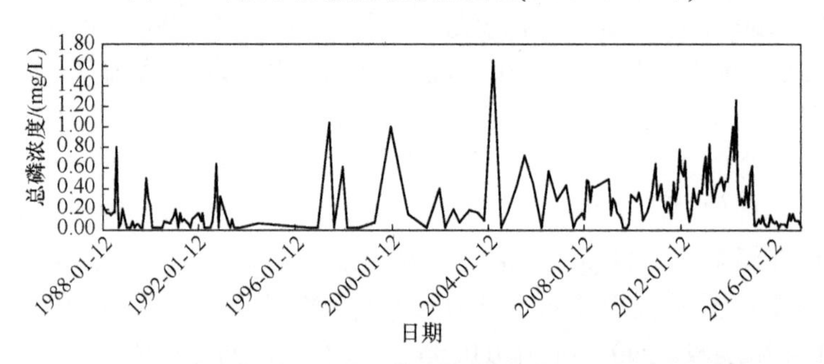

图 4.45　康山站总磷浓度波动曲线(1988～2016 年)

为了进一步揭示氨氮、总磷序列的变化趋势，引入 Mann-Kendall 法检验氨氮、总磷序列是否存在上升与下降的趋势。取置信水平 α=0.05，查正态分布表的临界值为 1.96，分析可得，氨氮序列：$|UF_k|<1.96$，由于在 $UF_k<U_\alpha/2$ 时，接受原假设，即趋势不显著，所以在置信水平 0.05 下；1988～2016 年康山站监测断面氨氮序列趋势未达到显著的水平。但是，尽管趋势未达到显著水平，1995～2015 年，UF_k 一直都小于 0，表明在此期间康山站监测断面氨氮序列呈持续性下降现象；2015 年上半年开始 UF_k 大于 0，一直持续至 2016 年，表明 2015 年开始康山站监测断面氨氮序列呈现出持续性上升现象。总磷序列：1992～2002 年，2007 年上半年至 2016 年底，$|UF_k|>1.96$，其余时间 $|UF_k|<1.96$，1988～2005 年以来，UF_k 一直

都小于 0，表明在此期间康山站监测断面总磷序列呈持续性下降现象；2005 年上半年开始 UF_k 大于 0，一直持续至 2016 年，表明 2005 年开始康山站监测断面总磷序列呈现持续性上升现象。

为进一步预测康山站监测断面氨氮、总磷时间序列变化趋势，现采用 R/S 分析法计算序列的 Hurst 指数，以 1998～2016 年的氨氮月监测值以及 1998～2016 年的总磷月监测值进行分析。采用 MATLAB 实现 $\lg\dfrac{R(n)}{S(n)}$ 和 $\lg n$ 的计算可知，康山站监测断面 1988～2016 年氨氮序列的 Hurst 指数为 0.8371，1988～2016 年总磷序列的 Hurst 指数为 0.8773，二者均大于 0.5，故康山站监测断面氨氮、总磷序列表现为一种强持续性序列，即未来康山站监测断面氨氮、总磷与过去具有相同的变化趋势。

8. 赣江南支站

根据实测结果，赣江南支站水质过程线如图 4.46 和图 4.47 所示。结果表明：1988～2016 年，赣江南支站氨氮浓度整体波动幅度显著，186 个水质样本标准偏差为 0.92mg/L；但年际氨氮平均浓度波动幅度较弱，标准偏差仅为 0.45mg/L。氨氮月均浓度最高值发生在 2004 年 3 月、最低值在 1988 年 9 月，分别为 5.88mg/L、0.02mg/L。2004 年，氨氮年均浓度最高，约 2.126mg/L；1998 年年均浓度最低，约 0.02mg/L。氨氮月均浓度约 0.57mg/L，但其年内波动特征显著，丰水期水质浓度普遍低于枯水期；2003～2013 年，氨氮的年内波动幅度最为显著；以 2004 年为例，全年峰值达 5.88mg/L，而谷值为 0.02mg/L，仅为峰值的 0.34%，全年氨氮浓度波动标准偏差达 5.54mg/L。2013～2016 年，虽然氨氮年内波动幅度有所减缓，平均标准偏差约 0.29mg/L，但枯季浓度仍普遍高于洪季浓度。虽然氨氮年际浓度波动幅度较弱，但也基本可划分为三个变化阶段。第一阶段为 1988～1998 年，虽然 1993 年浓度较 1992 年上升 0.1mg/L，在此区间氨氮浓度总体呈现下降趋势，年际浓度从 0.61mg/L 降至 0.02g/L，年平均降幅为 0.059mg/L；第二阶段为 1998～2004 年，氨氮浓度呈现上升趋势，年均值由 0.02mg/L 上升至 2.126mg/L。第三阶段为 2004～2016 年，氨氮浓度整体上又呈现下降趋势。

1988 年至 2016 年，赣江南支站总磷浓度整体波动幅度显著，170 个水质样本标准偏差为 0.076mg/L；年际总磷平均浓度波动幅度较强，标准偏差为 0.074mg/L。近三十多年，总磷月均浓度最高值发生在 1992 年 7 月、最低值在 1988 年 1 月，分别为 0.47mg/L、0.005mg/L。1991 年，总磷年均浓度最高，约 0.17mg/L；2008 年年均浓度最低，约 0.041mg/L。总磷月均浓度约 0.076mg/L，但其年内波动特征显著，丰水期水质浓度普遍低于枯水期；1988～2011 年，总磷浓度的年内波动幅度最为显著；以 1992 年为例，全年峰值达 0.47mg/L，而谷值为 0.005mg/L，仅为峰值的 1.06%，全年总磷浓度波动标准偏差达 0.465mg/L。2011～2016 年，虽然总磷浓度年内波动幅度有所减缓，平均标准偏差约 0.024mg/L，但枯季浓度仍普遍高于洪季浓度。总磷年际浓度波动总体可划分为两个变化阶段。第一阶段为 1988～2008 年，虽然 1990 年浓度较 1988 年下降 0.034mg/L，在此区间总磷浓度总体呈现下降趋势，年际浓度从 0.092mg/L 降至 0.041mg/L，年平均降幅为 0.00255mg/L；第二阶段为 2008～2015 年，总磷浓度呈现较上升趋势，年均值由 0.041mg/L 上升至 0.081mg/L，总磷负荷增加了 97.56%。2016 年均值为 0.056mg/L。

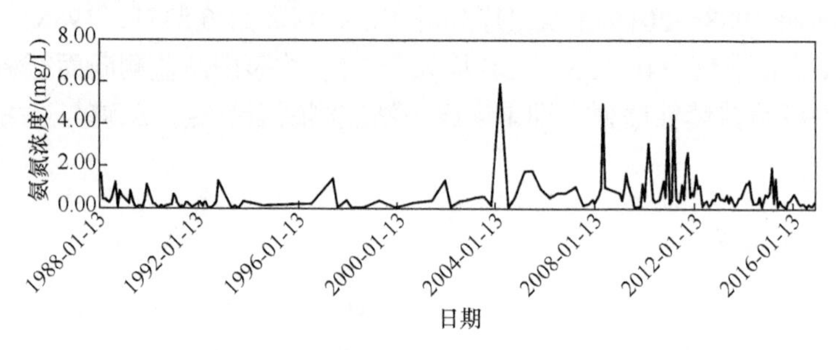

图 4.46 赣江南支站氨氮浓度波动曲线(1988～2016 年)

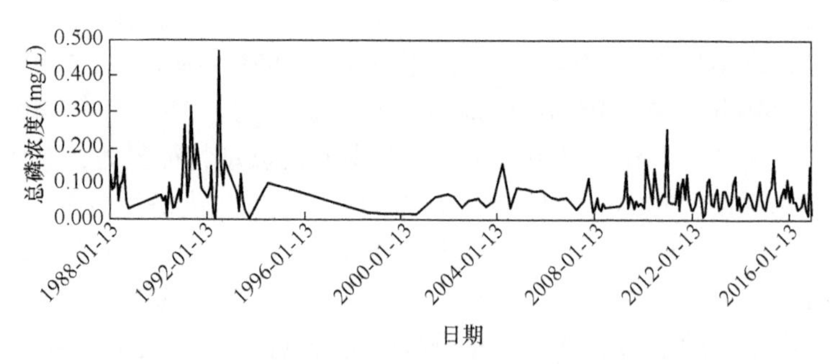

图 4.47 赣江南支站总磷浓度波动曲线(1988～2016 年)

为了进一步揭示氨氮、总磷序列的变化趋势，引入 Mann-Kendall 法检验氨氮、总磷序列是否存在上升与下降的趋势。取置信水平 α=0.05，查正态分布表的临界值为 1.96，分析可得氨氮序列：从 1989 年上半年至 1999 年，2008 年上半年至 2016 年底，$|UF_k|>1.96$，其余时间$|UF_k|<1.96$，由于在 $UF_k<U_\alpha/2$ 时，接受原假设，即趋势不显著，所以在置信水平 0.05 下；2008～2016 年赣江南支监测断面氨氮序列趋势未达到显著的水平。但是，尽管趋势未达到显著水平，1988～2002 年，UF_k 一直都小于 0，表明在此期间赣江南支站监测断面氨氮序列呈持续性下降现象；2002 年下半年开始 UF_k 大于 0，一直持续至 2016 年，表明 2002 年开始赣江南支监测断面氨氮序列呈现出持续性上升现象。总磷序列：1997 年下半年至 2006 年初，$|UF_k|>1.96$，其余时间$|UF_k|<1.96$，1988 上半年至 1989 年下半年及 1991 年

下半年至 2016 年，UF_k一直都小于 0，表明在此期间赣江南支站监测断面总磷序列呈持续性下降现象。

为进一步预测赣江南支站监测断面氨氮、总磷时间序列变化趋势，现采用 R/S 分析法计算序列的 Hurst 指数，以 1998～2016 年的氨氮月监测值以及 1998～2016 年的总磷月监测值进行分析。采用 MATLAB 实现 $\lg\dfrac{R(n)}{S(n)}$ 和 $\lg n$ 的计算可知，赣江南支站监测断面 1988～2016 年氨氮序列的 Hurst 指数为 0.779，1988～2016 年总磷序列的 Hurst 指数为 0.8137，二者均大于 0.5，故赣江南支水文站监测断面氨氮、总磷序列表现为一种强持续性序列，即未来赣江南支站监测断面氨氮、总磷与过去具有相同的变化趋势。

9. 抚河口站

根据实测结果，抚河口站水质过程线如图 4.48 和图 4.49 所示。结果表明：1997 年至 2016 年，抚河口站氨氮浓度整体波动幅度显著，183 个水质样本标准偏差为 0.1mg/L；年际氨氮平均浓度波动幅度较强，标准偏差为 0.21mg/L。氨氮月均浓度最高值发生在 1999 年 12 月、最低值在 1988 年 7 月，分别为 2.55mg/L、0.02mg/L。1999 年，氨氮年均浓度最高，约 1.36mg/L；2002 年年均浓度最低，约 0.04mg/L。氨氮月均浓度约 0.32mg/L，但其年内波动特征显著，丰水期水质浓度普遍低于枯水期；1997～2015 年，氨氮浓度的年内波动幅度最为显著；以 1999 年为例，全年峰值达 2.55mg/L，谷值为 0.16mg/L，仅为峰值的 6.27%，全年氨氮浓度波动标准偏差达 2.39mg/L。2015～2016 年，虽然氨氮年内波动幅度有所减缓，平均标准偏差约 0.19mg/L，但枯季浓度仍普遍高于洪季浓度。氨氮年际浓度波动总体可划分为三个变化阶段。第一阶段为 1988～1999 年，虽然 1991 年浓度较 1990 年下降 0.021mg/L，在此区间氨氮浓度总体呈现上升趋势，年均浓度从 0.15mg/L 升至 1.36mg/L，年平均增幅为 0.11mg/L；第二阶段为 1999～2009 年，氨氮浓度呈现较下降趋势，年均值由 1.36mg/L 下降至 0.17mg/L，氨氮负荷减少了 87.5%。第三阶段为 2009～2014，氨氮浓度又呈现逐年增加趋势，2015 与 2016 两年均值分别为 0.53mg/L，0.276mg/L。

1988～2016 年，抚河口站总磷浓度整体波动幅度显著，167 个水质样本标准偏差为 0.098mg/L；但年际总磷平均浓度波动幅度较强，标准偏差为 0.081mg/L。总磷月均浓度最高值发生在 1992 年 7 月、最低值在 1990 年 8 月，分别为 0.288mg/L、0.005mg/L。1991 年，总磷年均浓度最高，约 0.109mg/L；2009 年年均浓度最低，约 0.033mg/L。总磷月均浓度约 0.062mg/L，但其年内波动特征显著，丰水期水质浓度普遍低于枯水期；1988～1999 年，总磷的年内波动幅度最为显著；以 1992 年为例，全年峰值达 0.288mg/L，而谷值为 0.005mg/L，仅为峰值的 1.74%，全年总磷浓度波动标准偏差达 0.283mg/L；1999～2016 年，虽然总磷年内波动幅度有所减缓，平均标准偏差约 0.003mg/L，但枯季浓度仍普遍高于洪季浓度。总磷年际浓度波动总体可划分为两个变化阶段。第一阶段为 1988～2009 年，虽然 1992 年浓度较 1991 年上升 0.061mg/L，在此区间总磷浓度总体呈现下降趋势，年际浓度从 0.106mg/L 降至 0.033mg/L，年平均降幅为 0.003mg/L；第二阶段为 2009～2015 年，总磷浓度呈现较上升趋势，年均值由 0.033mg/L 上升至 0.081mg/L，总磷负荷增加了 145.45%。2016 年均值为 0.056mg/L。

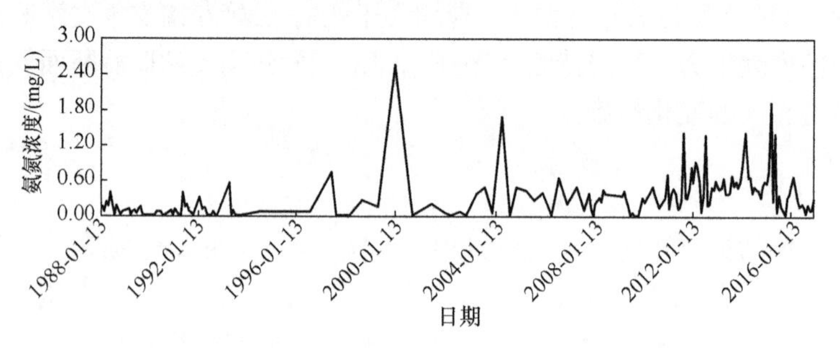

图 4.48 抚河口站氨氮浓度波动曲线(1988～2016 年)

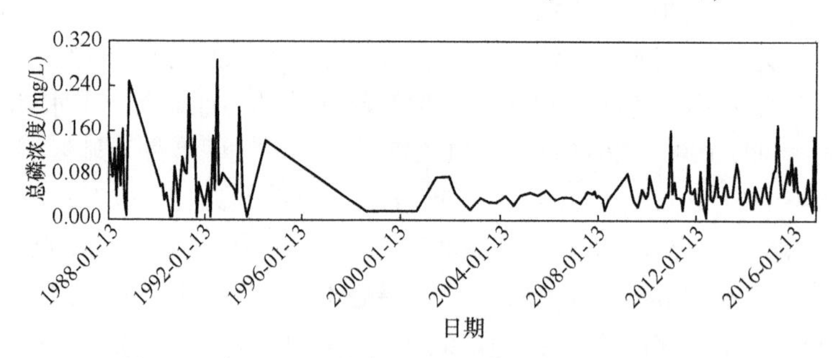

图 4.49 抚河口站总磷浓度波动曲线(1988～2016 年)

为了进一步揭示氨氮、总磷序列的变化趋势，引入 Mann-Kendall 法检验氨氮、总磷序列是否存在上升与下降的趋势。取置信水平 α=0.05，查正态分布表的临界值为 1.96，分析得出氨氮序列：1989 年上半年～2002 年下半年，2011 年上半年～2016 年底，$|UF_k|>1.96$，其余时间$|UF_k|<1.96$，由于在 $UF_k<U_\alpha/2$ 时，接受原假设，即趋势不显著，所以在置信水平 0.05 下；2011 年至 2016 年抚河口监测断面氨氮序列趋势未达到显著水平。但是，尽管趋势未达到显著水平，1988 下半年～2006 年上半年以来，UF_k 一直都小于 0，表明在此期间抚河口监测断面氨氮序列呈持续性下降现象；2006 年下半年开始 $UF_k>0$，一直持续至 2016 年，表明 2006 年开始抚河口站监测断面氨氮序列呈现出持续性上升现象。总磷序列：1989 年上半年～年底，1992 年下半年～2012 年底，$|UF_k|>1.96$，其余时间$|UF_k|<1.96$，从 1988～2016 年底，UF_k 一直都小于 0，表明在此期间抚河口站监测断面总磷序列

呈持续性下降现象。

为进一步预测抚河口站监测断面氨氮、总磷时间序列变化趋势，现采用 R/S 分析法计算序列的 Hurst 指数，以 1998～2016 年的氨氮月监测值以及 1998～2016 年的总磷月监测值进行分析。采用 MATLAB 实现 $\lg\dfrac{R(n)}{S(n)}$ 和 $\lg n$ 的计算可知，抚河口站监测断面 1988～2016 年氨氮序列的 Hurst 指数为 0.7772，1988～2016 年总磷序列的 Hurst 指数为 0.7572，二者均大于 0.5，故抚河口站监测断面氨氮、总磷序列表现为一种强持续性序列，即未来抚河口站监测断面氨氮、总磷与过去具有相同的变化趋势。

10. 信江西支站

根据实测结果，信江西支站水质过程线如图 4.50 和图 4.51 所示。结果表明：1988～2016 年，信江西支站氨氮浓度整体波动幅度显著，182 个水质样本标准偏差为 0.18mg/L；但年际氨氮平均浓度波动幅度较弱，标准偏差仅为 0.091mg/L。近三十多年，氨氮月均浓度最高值发生在 2004 年 3 月、最低值在 1988 年 1 月，分别为 1.20mg/L、0.02mg/L。2014 年，氨氮年均浓度最高，约 0.41mg/L；1988 年年均浓度最低，约 0.02mg/L。氨氮月均浓度约 0.19mg/L，但其年内波动特征显著，丰水期水质浓度普遍低于枯水期；1996～2014 年，氨氮的年内波动幅度最为显著；以 2010 年为例，全年峰值达 0.5mg/L，而谷值为 0.05mg/L，仅为峰值的 10%，全年氨氮浓度波动标准偏差达 0.45mg/L。2015～2016 年，虽然氨氮年内波动幅度有所减缓，平均标准偏差约 0.23mg/L，但枯季浓度仍普遍高于洪季浓度。虽然氨氮年际浓度波动幅度较弱，但也基本可划分为三个变化阶段。第一阶段为 1988～1996 年，虽然 1992 年浓度较 1991 年下降 0.034mg/L，在此区间氨氮浓度总体呈现增加趋势，年际浓度从 0.02mg/L 升至 0.3mg/L，年平均增幅为 0.035mg/L；第二阶段为 1996～2008 年，氨氮浓度呈现下降趋势，年均值由 0.3mg/L 下降至 0.095mg/L，氨氮负荷减少 68.33%。第三阶段为 2008～2015 年，氨氮浓度又呈现逐年增加趋势，2016 均值为 0.29mg/L。

1988～2016 年，信江西支站总磷浓度整体波动幅度显著，165 个水质样本标准偏差为 0.084mg/L；年际总磷平均浓度波动幅度较强，标准偏差为 0.087mg/L。近三十多年，总磷月均浓度最高值发生在 2009 年 2 月、最低值在 1993 年 10 月，分别为 0.7mg/L、0.005mg/L。2008 年，总磷年均浓度最高，约 0.188mg/L；2002 年年均浓度最低，约 0.02mg/L。总磷月均浓度约 0.09mg/L，但其年内波动特征显著，丰水期水质浓度普遍低于枯水期；2003～2012 年，总磷的年内波动幅度最为显著；以 2009 年为例，全年峰值达 0.7mg/L，而谷值为 0.02mg/L，仅为峰值的 2.86%，全年总磷浓度波动标准偏差达 0.68mg/L。2014～2016 年，虽然总磷年内波动幅度有所减缓，平均标准偏差约 0.044mg/L，但枯季浓度仍普遍高于洪季浓度。总磷年际浓度波动总体可划分为三个变化阶段。第一阶段为 1988～1993 年，虽然 1989 年浓度较 1988 年下降 0.008mg/L，在此区间总磷浓度总体呈现上升趋势，年际浓度从 0.091mg/L 升至 0.119mg/L，年平均升幅为 0.0056mg/L；第二阶段为 1993～1997 年，总磷浓度呈现较下降趋势，年均值由 0.119mg/L 下降至 0.063mg/L，总磷负荷减少了 47.1%。第三阶段为 1997～2013 年，总磷浓度又呈现逐年上升趋势，2014 年、2015 年、2016 年年均值分别为 0.065mg/L、0.09mg/L、0.063mg/L。

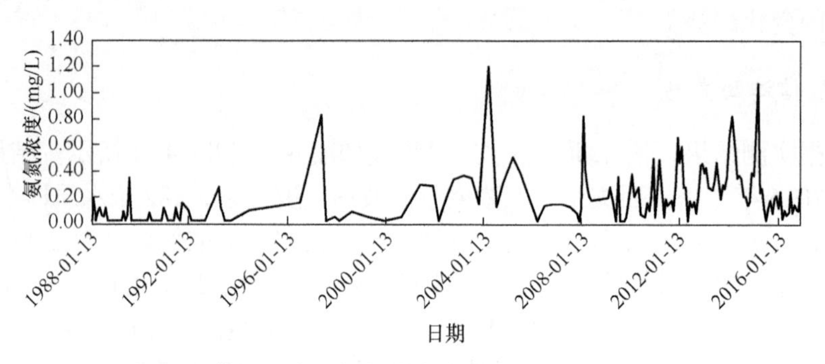

图 4.50　信江西支站氨氮浓度波动曲线(1988～2016 年)

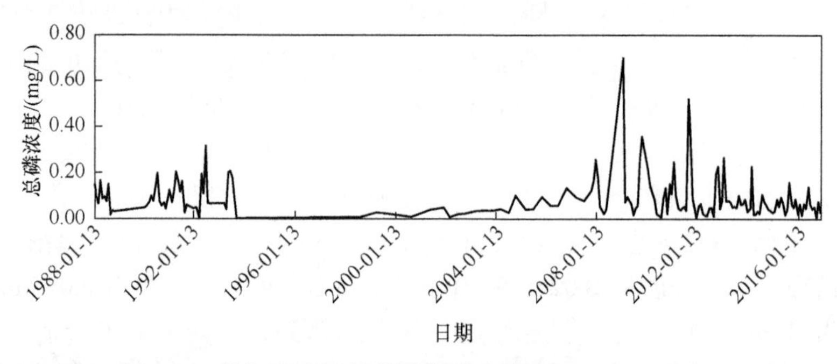

图 4.51　信江西支站总磷浓度波动曲线(1988～2016 年)

为了进一步揭示氨氮、总磷序列的变化趋势，引入 Mann-Kendall 法检验氨氮、总磷序列是否存在上升与下降的趋势。取置信水平 α=0.05，查正态分布表的临界值为 1.96，分析可得氨氮序列：从 1991 年下半年～2000 年下半年，2002 年上半年～2016 年底，$|UF_k|>1.96$，其余时间$|UF_k|<1.96$，因为在 $UF_k<U_{\alpha}/2$ 时，接受原假设，即趋势不显著，所以在置信水平 0.05 下；2002 年至 2016 年信江西支站监测断面氨氮序列趋势未达到显著的水平。但是，尽管趋势未达到显著水平，1989～2001 年以来，UF_k 一直都小于 0，表明在此期间信江西支站监测断面氨氮序列呈持续性下降现象；2001 年上半年开始 $UF_k>0$，一直持续至 2016 年，表明

2001 年开始信江西支站监测断面氨氮序列呈现出持续性上升现象。总磷序列：1999 年上半年至 2000 年下半年$|UF_k|>1.96$，其余时间$|UF_k|<1.96$，1992 年以来，UF_k一直都小于 0，表明在此期间信江西支站监测断面总磷序列呈持续性下降现象；其他时间开始大于 0，一直持续至 2016 年，表明 1993 年开始信江西支站监测断面总磷序列呈现出持续性上升现象。

为进一步预测信江西支站监测断面氨氮、总磷时间序列变化趋势，现采用 R/S 分析法计算序列的 Hurst 指数，以 1988～2016 年的氨氮月监测值以及 1988～2016 年的总磷月监测值进行分析。采用 MATLAB 实现$\lg\frac{R(n)}{S(n)}$和$\lg n$的计算可知，信江西支站监测断面 1988～2016 年氨氮序列的 Hurst 指数为 0.9961，1988～2016 年总磷序列的 Hurst 指数为 0.7362，二者均大于 0.5，故信江西支站监测断面氨氮、总磷序列表现为一种强持续性序列，即未来信江西支站监测断面氨氮、总磷与过去具有相同的变化趋势。

11. 棠荫站

根据实测结果，棠荫站水质过程线如图 4.52 和图 4.53 所示。结果表明：1988～2016 年，棠荫站断面氨氮浓度整体波动幅度显著，183 个水质样本标准偏差为 0.380mg/L，年际氨氮平均浓度波动幅度标准偏差为 0.225mg/L。氨氮月均浓度最高值发生在 2014 年 1 月、最低值在 2016 年 3 月，分别为 3.57mg/L、0.0125mg/L。2002 年，氨氮年均浓度值最高，约 0.9mg/L；1998 年年均浓度最低，约 0.02mg/L。1988～2016 年，氨氮月均浓度约 0.27mg/L，但其年内波动特征显著，丰水期水质浓度普遍低于枯水期；2004～2015 年，氨氮的年内波动幅度最为显著；以 2011 年为例，全年峰值达 1.71mg/L，而谷值为 0.05mg/L，仅为峰值的 2.9%，全年氨氮浓度波动标准偏差达 0.734mg/L。

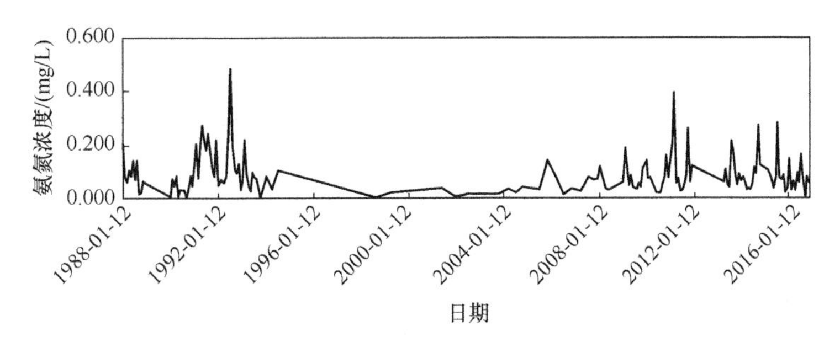

图 4.52　棠荫站断面氨氮浓度波动曲线(1988～2016 年)

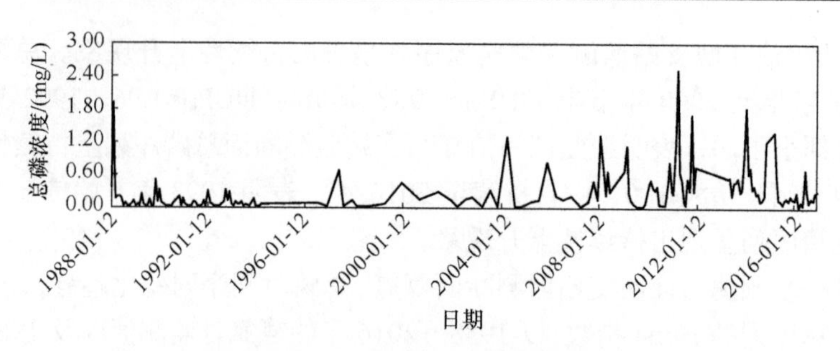

图 4.53　棠荫站断面总磷浓度波动曲线(1988～2016 年)

1988～2016 年，棠荫站断面总磷浓度整体波动幅度较弱，164 个水质样本标准偏差为 0.073mg/L，年际总磷平均浓度波动幅度标准偏差为 0.041mg/L。1988～2016 年，总磷月均浓度最高值发生在 1992 年 7 月、最低值在 1990 年 9 月，分别为 0.485mg/L、0.005mg/L。1991 年，总磷年均浓度最高，约 0.18mg/L；1998 年年均浓度最低，约 0.005mg/L。1988～2016 年，总磷月均浓度约 0.086mg/L，但其年内波动特征显著，丰水期水质浓度普遍低于枯水期；2006～2016 年，总磷的年内波动幅度最为显著；以 2010 年为例，全年峰值达 0.161mg/L，而谷值为 0.023mg/L，仅为峰值的 14.3%，全年总磷浓度波动标准偏差达 0.043mg/L。

为了进一步揭示氨氮、总磷序列的变化趋势，引入 Mann-Kendall 法检验氨氮、总磷序列是否存在上升与下降的趋势。取置信水平 α=0.05，查正态分布表的临界值为 1.96，分析可得，氨氮序列：1988～2009 年，$UF_k<0$，并且 1990 年 5 月～2002 年 3 月，$|UF_k|>1.96$；2009 年，$UF_k>0$；2010 年，$UF_k<0$；从 2011～2016 年，$UF_k>0$，其中 2013 年下半年到 2016 年，$|UF_k|>1.96$。即从 1988 年到 2009，棠荫站监测断面氨氮序列在持续性下降，其中从 1990 年 5 月至 2002 年 3 月，氨氮序列下降趋势显著；2009 年氨氮序列出现短暂上升趋势，随后 2010 年氨氮序列出现短暂下降趋势；2011～2016 年，棠荫站监测断面氨氮序列持续上升。总磷序列：1988～1990 年上半年，$UF_k<0$；从 1990 年下半年～1993 年上半年，$UF_k>0$；1993 年下半～2013 年 8 月，$UF_k<0$；从 2013 年 9 月份到 2016 年，$UF_k>0$。即从 1988 年到 1990 年上半年，棠荫站监测断面总磷序列在持续性下降，随后从 1990 年下半年到 1993 年上半年，总磷序列呈现短暂的上升趋势；从 1993 年下半年到 2013 年 8 月份，总磷序列总体呈现下降的趋势，从 2013 年 9 月到 2016 年，棠荫站监测断面总磷序列在持续性上升。不过趋势性均比较弱。

为进一步预测棠荫站监测断面氨氮、总磷时间序列变化趋势，现采用 *R*/*S* 分析法计算序列的 Hurst 指数，以 2011～2016 年氨氮月监测值以及 2013 年 9 月～2016 年的总磷月监测值进行分析。采用 MATLAB 实现 $\lg\frac{R(n)}{S(n)}$ 和 $\lg n$ 的计算可知，棠荫站监测断面 2011～2006 年氨氮序列的 Hurst 指数为 0.8266，2013 年 9 月～2016 年总磷序列的 Hurst 指数为 0.6876，二者均大于 0.5，故棠荫站监测断面氨氮、总磷序列表现为一种强持续性序列，即未来棠荫站监测断面氨氮、总磷与过去具有相同的变化趋势。由此可以推测，未来棠荫站监测断面氨氮浓度呈上升状态，总磷浓度呈现轻微上升的趋势。

12. 都昌站

根据实测结果，都昌站水质过程线如图 4.54 和图 4.55 所示。结果表明：1988 年至 2016 年，都昌站断面氨氮浓度整体波动幅度显著，197 个水质样本标准偏差为 0.500mg/L，年际氨氮平均浓度波动幅度标准偏差为 0.261mg/L。氨氮月均浓度最高值发生在 2014 年 2 月、最低值在 2012 年 5 月，分别为 3.41mg/L、0.02mg/L。2014 年，氨氮年均浓度最高，约 0.87mg/L；1994 年年均浓度最低，约 0.02mg/L。1988～2016 年，氨氮月均浓度约 0.32mg/L，但其年内波动特征显著，丰水期水质浓度普遍低于枯水期；2002～2015 年，氨氮的年内波动幅度最为显著；以 2014 年为例，全年峰值达 3.41mg/L，而谷值为 0.12mg/L，仅为峰值的 3.5%，全年氨氮浓度波动标准偏差达 1.094mg/L。

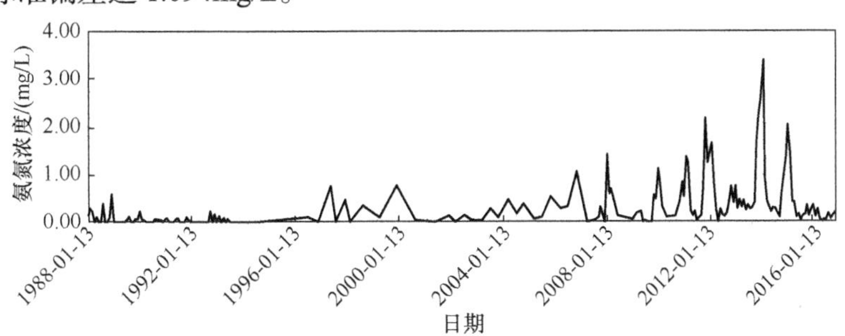

图 4.54　都昌站氨氮浓度波动曲线(1988～2016 年)

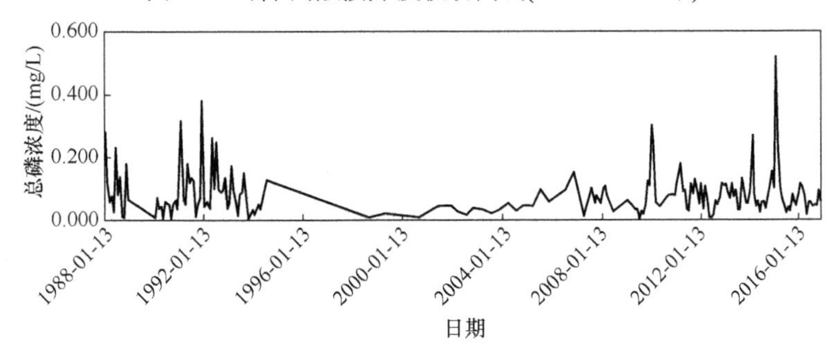

图 4.55　都昌站总磷浓度波动曲线(1988～2016 年)

1988～2016年，都昌站断面总磷浓度整体波动幅度较弱，178个水质样本标准偏差为0.071mg/L，年际总磷平均浓度波动幅度标准偏差为0.036mg/L。1988～2016年间，总磷月均浓度最高值发生在2015年2月、最低值在2009年7月，分别为0.520mg/L、0.005mg/L。1991年，总磷年均浓度最高，约0.138mg/L；1998年年均浓度最低，约0.011mg/L。1988～2016年，总磷月均浓度约0.083mg/L，但其年内波动特征显著，丰水期水质浓度普遍低于枯水期；2004～2015年，总磷浓度的年内波动幅度最为显著；以2014年为例，全年峰值达0.271mg/L，而谷值为0.027mg/L，仅为峰值的10.0%，全年总磷浓度波动标准偏差达0.067mg/L。

为了进一步揭示氨氮、总磷序列的变化趋势，引入Mann-Kendall法检验氨氮、总磷序列是否存在上升与下降的趋势。取置信水平α=0.05，查正态分布表的临界值为1.96，分析可得，氨氮序列：1988年1～3月，$UF_k>0$；从1998年3月到2010年7月，$UF_k<0$，其中1992年2月～2004年1月，$|UF_k|>1.96$。从2004年1月到2016年，$UF_k>0$，其中2013年9月～2016年，$|UF_k|>1.96$。即1988年1～3月，都昌站氨氮序列呈现短暂上升的趋势。从1988年3月到2010年7月，都昌站监测断面氨氮序列在持续性下降，其中从1992年2月至2004年1月，氨氮序列下降趋势显著；从2004年1月到2016年，都昌站监测断面氨氮序列在持续性上升，其中2013年9月到2016年，氨氮序列上升趋势显著。总磷序列：从1988年到1992年6月，$UF_k<0$，从1992年6月到1993年10月，$UF_k>0$，从1993年11月到2011年9月，$UF_k<0$，2011年10到2012年6月，$UF_k>0$，2012年7～12月，$UF_k<0$。2013年到2016年，$UF_k>0$；即，从1988年到1992年6月，都昌站监测断面总磷序列在持续性下降，从1992年6月到1993年10月，总磷序列出现短暂的上升趋势。从1993年11月到2011年9月，总磷序列呈现持续下降的趋势。不过，从2011年10月到2012年6月，总磷序列又短暂上升，随后，2012年7～12月，总磷序列又短暂下降。最终，从2013年到2016年，总磷序列又在缓慢上升。

为进一步预测都昌站监测断面氨氮、总磷时间序列变化趋势，现采用R/S分析法计算序列的Hurst指数，以2014年1月～2016年氨氮月监测值以及2013～2016年的总磷月监测值进行分析。采用MATLAB实现$\lg\frac{R(n)}{S(n)}$和$\lg n$的计算可知，都昌站监测断面氨氮序列的Hurst指数为0.7403，总磷序列的Hurst指数为0.6853，二者均大于0.5，故都昌站监测断面氨氮、总磷序列表现为一种强持续性序列，即未来都昌站监测断面氨氮、总磷与过去具有相同的变化趋势。由此可以推测，未来都昌监站测断面氨氮、总磷浓度均呈上升状态。

13. 渚溪口站

根据实测结果，渚溪口站水质过程线如图 4.56 和图 4.57 所示。结果表明：1988～2016 年，渚溪口站断面氨氮浓度整体波动幅度显著，199 个水质样本标准偏差为 0.458mg/L，年际氨氮平均浓度波动幅度标准偏差为 0.243mg/L。氨氮月均浓度最高值发生在 2014 年 3 月、最低值在 2010 年 7 月，分别为 3.32mg/L、0.02mg/L。2014 年，氨氮年均浓度最高，约 1.02mg/L；2000 年，年均浓度最低，约 0.02mg/L。1988～2016 年，氨氮月均浓度约 0.29mg/L，但其年内波动特征显著，丰水期水质浓度普遍低于枯水期；2009～2015 年，氨氮的年内波动幅度最为显著；以 2014 年为例，全年峰值达 3.32mg/L，而谷值为 0.18mg/L，仅为峰值的 5.4%，全年氨氮浓度波动标准偏差达 1.213mg/L。

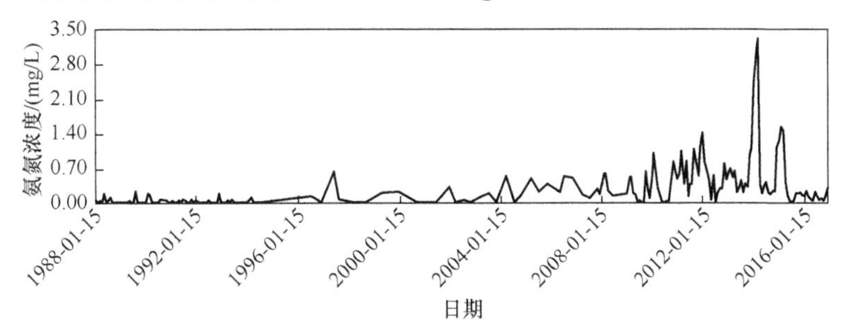

图 4.56　渚溪口站断面氨氮浓度波动曲线(1988～2016 年)

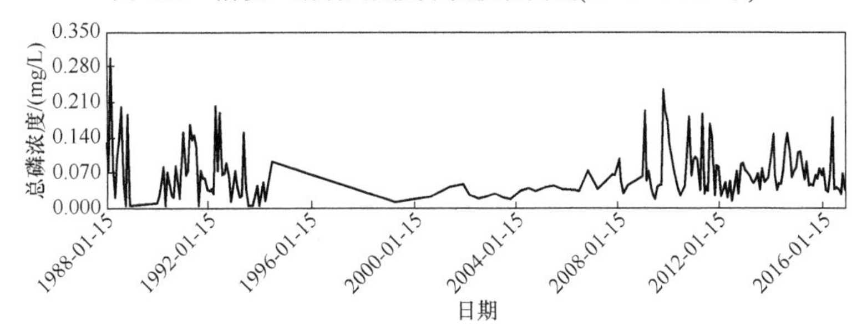

图 4.57　渚溪口站断面总磷浓度波动曲线(1988～2016 年)

1988～2016 年，渚溪口站断面总磷浓度整体波动幅度较弱，181 个水质样本标准偏差为 0.05mg/L，年际总磷平均浓度波动幅度标准偏差为 0.026mg/L。1988～2016 年，总磷月均浓度最高值发生在 1988 年 3 月、最低值在 1994 年 1 月，分别为 0.297mg/L、0.005mg/L。1988 年，总磷年均浓度最高，约 0.107mg/L；1999 年均浓度最低，约 0.012mg/L。1988～2016 年，总磷月均浓度约 0.068mg/L，但其年内波动特征显著，丰水期水质浓度普遍低于枯水期；2008～2016 年，总磷的年内波动幅度最为显著；以 2009 年为例，全年峰值达 0.235mg/L，而谷值为 0.018mg/L，仅为峰值的 7.7%，全年总磷浓度波动标准偏差达 0.075mg/L。

为了进一步揭示氨氮、总磷序列的变化趋势，引入 Mann-Kendall 法检验氨氮、总磷序列是否存在上升与下降的趋势。取置信水平 α=0.05，查正态分布表的临界值为 1.96，分析可得氨氮序列：从 1988 年到 2009 年 3 月，UF_k<0，并且 1992 年 10 月～2003 年 11 月，$|UF_k|$>1.96。从 2009 年 4 月到 2016 年，UF_k>0，其中 2013 年 4 月到 2016 年，$|UF_k|$>1.96。即从 1988 年到 2009 年 4 月，渚溪口站监测断面氨氮序列在持续性下降，其中从 1992 年 10 月至 2003 年 11 月，氨氮序列下降趋势显著；从 2009 年 4 月到 2016 年，渚溪口站监测断面氨氮序列在持续性上升，其中 2013 年 4 月到 2016 年，氨氮序列上升趋势显著。总磷序列：1988～2013 年 3 月，UF_k 基本上小于 0，并且 1998 年 8 月～2008 年，$|UF_k|$>1.96。2013 年 4 月～2016 年，UF_k>0。即 1988～2013 年 4 月，渚溪口站监测断面总磷序列总体上呈下降趋势，其中，从 1988 年 8 月～2008 年，总磷序列下降趋势显著。从 2013 年 4 月到 2016 年，总磷序列呈现上升的趋势。

为进一步预测渚溪口站监测断面氨氮、总磷时间序列变化趋势，现采用 R/S 分析法计算序列的 Hurst 指数，以 2009 年 4 月～2016 年氨氮月监测值以及 2013 年 4 月～2016 年总磷月监测值进行分析。采用 MATLAB 实现 $\lg\frac{R(n)}{S(n)}$ 和 $\lg n$ 的计算可知，渚溪口站监测断面氨氮序列的 Hurst 指数为 0.7561，总磷序列的 Hurst 指数为 0.8488，二者均大于 0.5，故渚溪口站监测断面氨氮、总磷序列均表现为一种强持续性序列，即未来渚溪口站监测断面氨氮、总磷与过去具有相同的变化趋势。由此可以推测，未来渚溪口站监测断面氨氮、总磷浓度呈上升状态。

14. 蚌湖站

根据实测结果，蚌湖站水质过程线如图 4.58 和图 4.59 所示。结果表明：1988～2016 年，蚌湖站断面氨氮浓度整体波动幅度显著，202 个水质样本标准偏差为 0.333mg/L，年际氨氮平均浓度波动幅度标准偏差为 0.191mg/L。氨氮月均浓度最高值发生在 2014 年 12 月，最低值在 2010 年 7 月，分别为 1.91mg/L、0.02mg/L。2014 年，氨氮年均浓度值最高，约 0.77mg/L；1989 年，年均浓度最低，约 0.03mg/L。1988～2016 年，氨氮月均浓度约 0.25mg/L，但其年内波动特征显著，丰水期水质浓度普遍低于枯水期；2004～2016 年，氨氮的年内波动幅度最为显著；以 2014 年为例，全年峰值达 1.91mg/L，而谷值为 0.16mg/L，仅为峰值的 8.4%，全年氨氮浓度波动标准偏差达 0.673mg/L。

1988 年至 2016 年，蚌湖站断面总磷浓度整体波动幅度较弱，185 个水质样本标准偏差为 0.067mg/L，年际总磷平均浓度波动幅度标准偏差为 0.025mg/L。1988～2016 年，总磷月均浓度最高值发生在 2016 年 1 月，最低值在 2016 年 7 月，分别为 0.604mg/L、0.005mg/L。1988 年，总磷年均浓度最高，约 0.109mg/L；

2000 年均浓度最低，约 0.012mg/L。1988～2016 年，总磷月均浓度约 0.063mg/L，但其年内波动特征显著，丰水期水质浓度普遍低于枯水期；1988～1994 年，总磷的年内波动幅度最为显著；以 1990 年为例，全年峰值达 0.466mg/L，而谷值为 0.010mg/L，仅为峰值的 2.1%，全年总磷浓度波动标准偏差达 0.129mg/L。

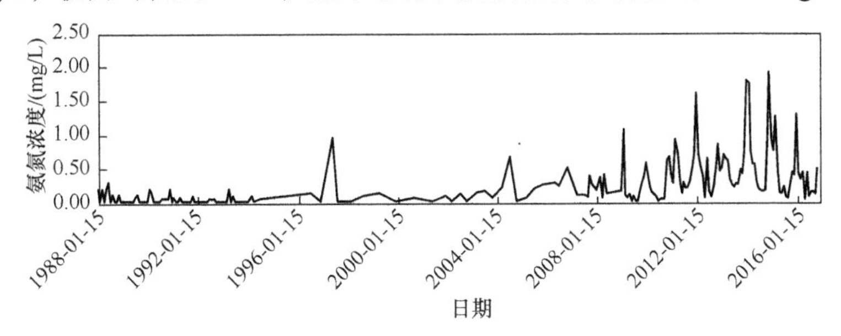

图 4.58　蚌湖站断面氨氮浓度波动曲线(1988～2016 年)

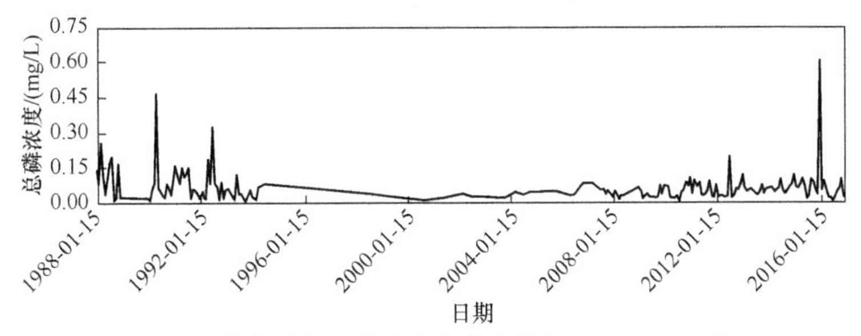

图 4.59　蚌湖站断面总磷浓度波动曲线(1988～2016 年)

为了进一步揭示氨氮、总磷序列的变化趋势，引入 Mann-Kendall 法检验氨氮、总磷序列是否存在上升与下降的趋势。取置信水平 α=0.05，查正态分布表的临界值为 1.96，分析可得氨氮序列：从 1988 年到 2010 年 3 月，$UF_k<0$，并且 1991 年至 2005 年，$|UF_k|>1.96$。从 2010 年 4 月到 2016 年，$UF_k>0$，其中 2013～2016 年，$|UF_k|>1.96$。即从 1988 年到 2010 年 3 月，蚌湖站监测断面氨氮序列在持续性下降，其中从 1991 年至 2005 年，氨氮序列下降趋势显著；从 2010 年 4 月到 2016 年，蚌湖站监测断面氨氮序列在持续性上升，其中 2013～2016 年，氨氮序列上升趋势显著。总磷序列：1988 年 1～10 月，在此期间，$|UF_k|<1.96$。从 1988 年 11 月到 1991 年 7 月，$UF_k<0$；1991 年 8～10 月，$UF_k>0$。从 1991 年 11 月到 2015 年 9 月，$UF_k<0$；并且从 1996 年到 2013 年 6 月，$|UF_k|>1.96$。2015 年 10 月～2016 年 5 月，$UF_k>0$，2016 年 6 月以后 $UF_k<0$。即 1988 年 1～10 月，蚌湖站监测断面总磷序列趋势不显著。从 1988 年 11 月到 1991 年 7 月，总磷序列呈现下降的趋势；而在 1991 年 8 月至 10 月期间，总磷序列呈现上升的趋势。从 1991 年 11 月到 2015 年 9 月，总磷序列呈现下降的趋势，其中 1996 年到 2013 年 6 月，总磷序列下降趋势显著。从 2015 年 10 月到 2016 年 6 月，总磷浓度又逐渐上升；到 2016

年 6 月以后，蚌湖站监测断面总磷序列逐渐下降。

为进一步预测蚌湖站监测断面氨氮时间序列变化趋势，现采用 R/S 分析法计算序列的 Hurst 指数，以 2010 年 4 月～2016 年氨氮月监测值进行分析。采用 MATLAB 实现 $\lg\frac{R(n)}{S(n)}$ 和 $\lg n$ 的计算可知，蚌湖站监测断面氨氮序列的 Hurst 指数为 0.6540，其值大于 0.5，故蚌湖站监测断面氨氮序列表现为一种强持续性序列，即未来蚌湖站监测断面氨氮与过去具有相同的变化趋势。由此可以推测，未来蚌湖站监测断面氨氮浓度呈上升状态。

由于 2016 年总磷序列变化趋势不显著，故不用 R/S 分析法进行预测。

15. 赣江主支站

根据实测结果，赣江主支站水质过程线如图 4.60 和图 4.61 所示。结果表明：1988～2016 年，赣江主支站断面氨氮浓度整体波动幅度显著，197 个水质样本标准偏差为 0.389mg/L，年际氨氮平均浓度波动幅度标准偏差为 0.312mg/L。氨氮月均浓度最高值发生在 2006 年 11 月、最低值在 2010 年 7 月，分别为 3.5mg/L、0.02mg/L。2006 年，氨氮年均浓度值最高，约 1.54mg/L；1998 年年均浓度最低，约 0.02mg/L。1988～2016 年，氨氮月均浓度约 0.26mg/L，但其年内波动特征显著，丰水期水质浓度普遍低于枯水期；2003～2015 年，氨氮的年内波动幅度最为显著；以 2014 年为例，全年峰值达 1.91mg/L，而谷值为 0.14mg/L，仅为峰值的 7.3%，全年氨氮浓度波动标准偏差达 0.650mg/L。

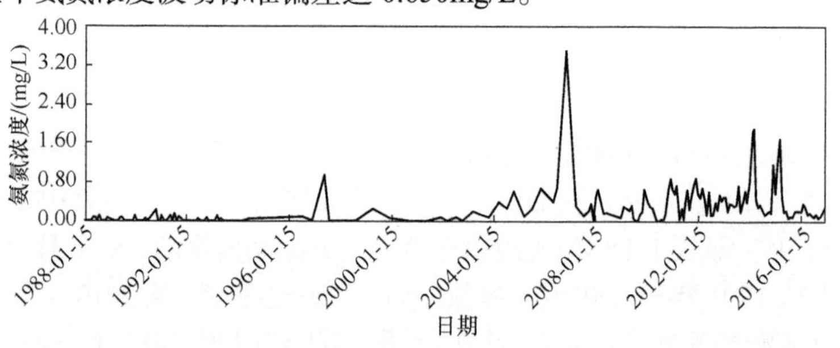

图 4.60　赣江主支站断面氨氮浓度波动曲线(1988～2016 年)

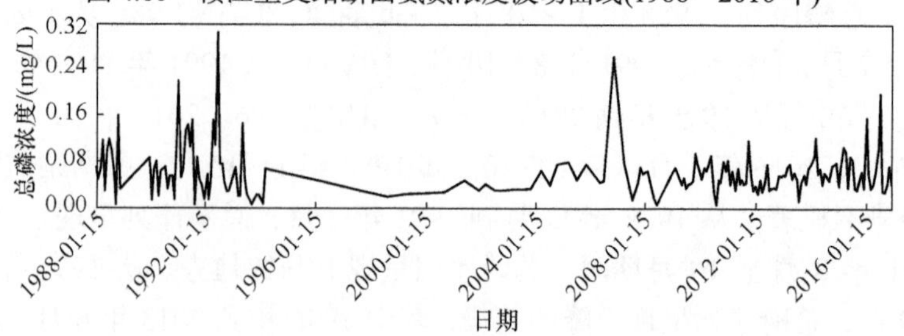

图 4.61　赣江主支站断面总磷浓度波动曲线(1988～2016 年)

1988～2016 年，赣江主支站断面总磷浓度整体波动幅度较弱，179 个水质样本标准偏差为 0.042mg/L；年际总磷平均浓度波动幅度标准偏差为 0.022mg/L。1988～2016 年，总磷月均浓度最高值发生在 1992 年 7 月、最低值在 2010 年 8 月，分别为 0.303mg/L、0.005mg/L。2006 年，总磷年均浓度最高，约 0.117mg/L；1998 年均浓度最低，约 0.019mg/L。1988～2016 年，总磷月均浓度约 0.06mg/L，但其年内波动特征显著，丰水期水质浓度普遍低于枯水期。2005～2016 年，总磷的年内波动幅度最为显著；以 2006 年为例，全年峰值达 0.262mg/L，而谷值为 0.044mg/L，仅为峰值的 16.8%，全年总磷浓度波动标准偏差达 0.125mg/L。

为了进一步揭示氨氮、总磷序列的变化趋势，引入 Mann-Kendall 法检验氨氮、总磷序列是否存在上升与下降的趋势。取置信水平 α=0.05，查正态分布表的临界值为 1.96，分析可得氨氮序列：从 1988 年到 2008 年，$UF_k<0$，并且 1992 年至 2005 年 3 月，$|UF_k|>1.96$。从 2009 年到 2016 年，$UF_k>0$，其中 2012～2016 年，$|UF_k|>1.96$。即从 1988 年到 2008 年，赣江主支站监测断面氨氮序列在持续性下降，其中从 1992 年至 2005 年 3 月，氨氮序列下降趋势显著；从 2009 年到 2016 年，赣江主支站监测断面氨氮序列在持续性上升，其中 2012～2016 年，氨氮序列上升趋势显著。总磷序列：1988～1989 年，$|UF_k|<1.96$。1990～2014 年，UF_k 基本上小于 0，并且从 1993 年 12 月到 2005 年 6 月，$|UF_k|>1.96$。2015～2016 年，$UF_k>0$。即 1988～1989 年，赣江主支站监测断面总磷序列趋势不显著。从 1990 年到 2014 年，总磷序列呈现下降的趋势，其中 1993 年 12 月到 2005 年 6 月，总磷序列下降趋势显著。从 2015 年到 2016 年末，赣江主支站监测断面总磷序列持续性上升，但趋势性均比较弱。

为进一步预测赣江主支站监测断面氨氮、总磷时间序列变化趋势，现采用 R/S 分析法计算序列的 Hurst 指数，以 2010～2016 年氨氮月监测值以及 2015～2016 年的总磷月监测值进行分析。采用 MATLAB 实现 $\lg\dfrac{R(n)}{S(n)}$ 和 $\lg n$ 的计算可知，赣江主支站监测断面氨氮序列的 Hurst 指数为 0.7721，2015～2016 年总磷序列的 Hurst 指数为 0.5499，二者均大于 0.5，故赣江主支站监测断面氨氮、总磷序列表现为一种强持续性序列，即未来赣江主支站监测断面氨氮、总磷与过去具有相同的变化趋势。由此可以推测，未来赣江主支站监测断面氨氮、总磷浓度均呈上升状态。

16. 修河口站

根据实测结果，修河口站水质过程线如图 4.62 和图 4.63 所示。结果表明：1988 年至 2016 年，修河口站断面氨氮浓度整体波动幅度显著，197 个水质样本标准偏差为 0.168mg/L，年际氨氮平均浓度波动幅度标准偏差为 0.107mg/L。氨氮月均浓度最高值发生在 2014 年 3 月、最低值在 2012 年 5 月，分别为 1.01mg/L、0.02mg/L。2014 年，氨氮年均浓度值最高，约 0.33mg/L；1994 年年均浓度最低，约 0.02mg/L。1988～2016 年，氨氮月均浓度约 0.14mg/L，但其年内波动特征显著，丰水期水质浓度普遍低于枯水期；2006～2014 年，氨氮的年内波动幅度最为显著；以 2014 年为例，全年峰值达 1.01mg/L，而谷值为 0.03mg/L，仅为峰值的 3.0%，全年氨氮浓度波动标准偏差达 0.260mg/L。

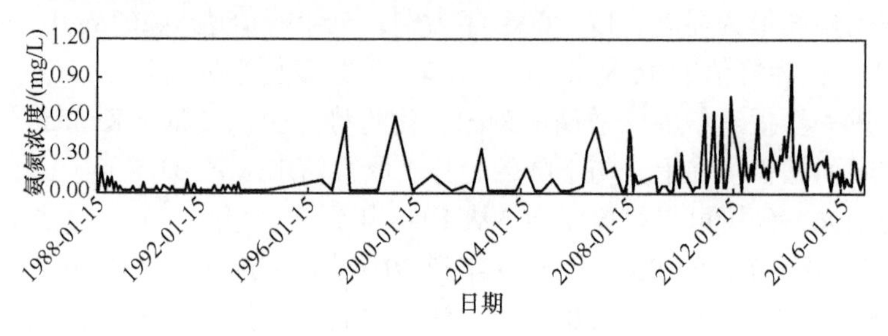

图 4.62　修河口站断面氨氮浓度波动曲线(1988～2016 年)

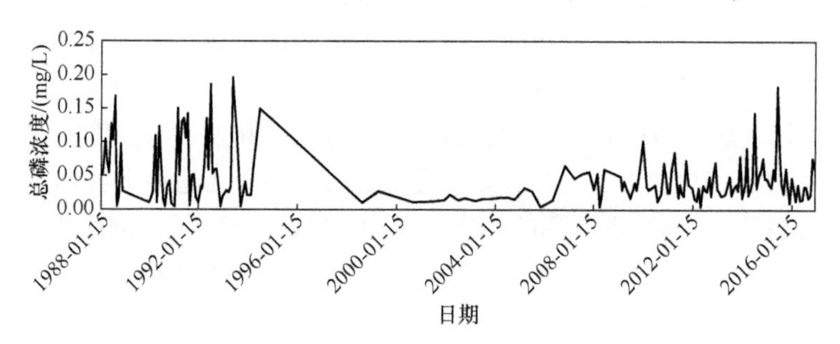

图 4.63　修河口站断面总磷浓度波动曲线(1988～2016)

1988～2016 年，修河口断面总磷浓度整体波动幅度较弱，180 个水质样本标准偏差为 0.038mg/L；年际总磷平均浓度波动幅度标准偏差为 0.020mg/L。1988～2016 年，总磷月均浓度最高值发生在 1993 年 6 月、最低值在 1988 年 5 月，最高值和最低值分别为 0.197mg/L、0.005mg/L。1991 年，总磷年均浓度最高，约 0.078mg/L；1998 年年均浓度最低，约 0.011mg/L。1988～2016 年，总磷月均浓度约 0.039mg/L，但其年内波动特征显著，丰水期水质浓度普遍低于枯水期；1988～1996 年，总磷的年内波动幅度最为显著；以 1992 年为例，全年峰值达 0.187mg/L，而谷值为 0.005mg/L，仅为峰值的 2.7%，全年氨氮浓度波动标准偏差达 0.052mg/L。

为了进一步揭示氨氮、总磷序列的变化趋势，引入 Mann-Kendall 法检验氨氮、总磷序列是否存在上升与下降的趋势。取置信水平 α=0.05，查正态分布表的临界值为 1.96，分析可得，氨氮序列：从 1988 年到 2012 年上半年 $UF_k<0$，其中从 1989 年到 2011 年，$|UF_k|>1.96$；从 2012 年下半年到 2016 年，$UF_k>0$，其中 2014～2016 年，

$|UF_k|>1.96$。即从 1988 年到 2012 年上半年，修河口站监测断面氨氮序列在持续性下降，其中 1989～2011 年，氨氮序列下降趋势显著；从 2012 下半年到 2016 年，修河口站监测断面氨氮序列在持续性上升，其中 2014 年到 2016 年，氨氮序列上升趋势显著。总磷序列：1988 年 1～10 月，$UF_k>0$；从 1988 年 11 月到 1992 年 3 月，$UF_k<0$；1992 年 4～8 月以及 1993 年 2～5 月，$UF_k>0$，1992 年 9 月～1993 年 1 月，$UF_k<0$；从 1993 年 6 月到 2014 年 1 月，$UF_k<0$：2014 年 2～10 月，$UF_k>0$；从 2014 年 11 月到 2016 年，$UF_k<0$。即 1988 年 1～10 月，修河口站监测断面总磷序列在持续性上升，随后从 1988 年 11 月到 1992 年 3 月，总磷序列呈现短暂的下降趋势；1992 年的 4～8 月以及 1993 年的 2～5 月总磷序列又呈现上升的趋势，不过从 1992 年 9 月到 1993 年 1 月，总磷序列呈现下降的趋势；从 1993 年 6 月到 2014 年 1 月，修河口站监测断面总磷序列总体上呈现下降的趋势。之后 2014 年 2～10 月，总磷序列又有所上升；最后，从 2014 年 11 月到 2016 年，总磷序列又呈现下降的趋势。

为进一步预测修河口站监测断面氨氮、总磷时间序列变化趋势，现采用 R/S 分析法计算序列的 Hurst 指数，以 2012 年 6 月～2016 年氨氮月监测值以及 2014 年 10 月～2016 年的总磷月监测值进行分析。采用 MATLAB 实现 $\lg\dfrac{R(n)}{S(n)}$ 和 $\lg n$ 的计算可知，修河口站监测断面 2012 年 6 月～2006 年氨氮序列的 Hurst 指数为 0.8406，2014 年 11 月～2016 年总磷序列的 Hurst 指数为 0.8498，二者均大于 0.5，故修河口站监测断面氨氮、总磷序列表现为一种强持续性序列，即未来修河口站监测断面氨氮、总磷与过去具有相同的变化趋势。由此可以推测，未来修河口站监测断面氨氮浓度呈上升状态，总磷浓度呈现轻微下降的趋势。

17. 星子站

根据实测结果，星子站水质过程线如图 4.64 和图 4.65 所示。结果表明：1988～2016 年，星子站断面氨氮浓度整体波动幅度显著，198 个水质样本标准偏差为 0.115mg/L，年际氨氮平均浓度波动幅度标准偏差为 0.183mg/L。1988～2016 年，氨氮月均浓度最高值发生在 2014 年 3 月，最低值在 2014 年 2 月，分别为 1.79mg/L、0.0125mg/L。2014 年，氨氮年均浓度最高，约 0.62mg/L；2000 年，年均浓度最低，约 0.02mg/L。1988～2016 年，氨氮月均浓度约 0.258mg/L，但其年内波动特征显著，丰水期水质浓度普遍低于枯水期；1996～2015 年，氨氮浓度的年内波动幅度最为显著；以 2014 年为例，全年峰值达 1.79mg/L，而谷值为 0.08mg/L，仅为峰值的 4.5%，全年氨氮浓度波动标准偏差达 0.568mg/L。

1988 年至 2016 年，星子站断面总磷浓度整体波动幅度较弱，179 个水质样本标准偏差为 0.052mg/L，年际总磷平均浓度波动幅度标准偏差为 0.031mg/L。1988～2016 年，总磷月均浓度最高值发生在 2015 年 2 月，最低值在 1990 年 5

月，分别为 0.354mg/L、0.005mg/L。1991 年，总磷年均浓度最高，约 0.149mg/L；2000 年年均浓度最低，约 0.005mg/L。1988～2016 年，总磷月均浓度约 0.071mg/L，但其年内波动特征显著，丰水期水质浓度普遍低于枯水期；1988～1994 年，总磷的年内波动幅度最为显著；以 1992 年为例，全年峰值达 0.118mg/L，而谷值为 0.01mg/L，仅为峰值的 8.5%，全年总磷浓度波动标准偏差达 0.06mg/L。

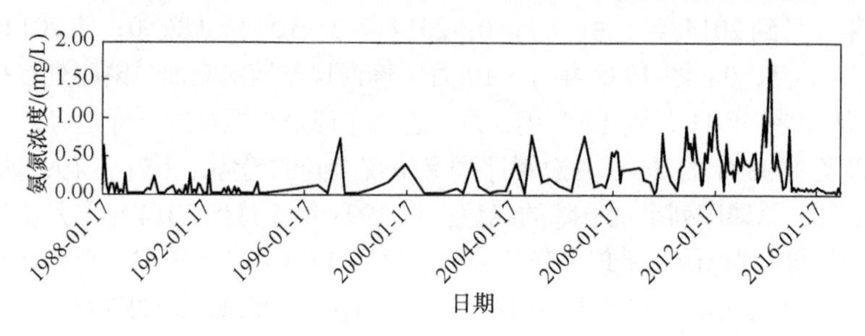

图 4.64　星子站断面氨氮浓度波动曲线(1988～2016 年)

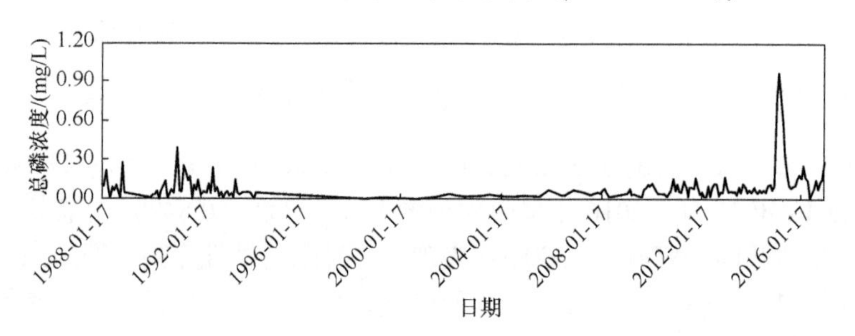

图 4.65　星子站断面总磷浓度波动曲线(1988～2016 年)

为了进一步揭示氨氮、总磷序列的变化趋势，引入 Mann-Kendall 法检验氨氮、总磷序列是否存在上升与下降的趋势。取置信水平 α=0.05，查正态分布表的临界值为 1.96，分析可得，氨氮序列：从 1988 年到 2007 年 9 月，UF_k 基本小于 0，并且 1992～2003 年，$|UF_k|>1.96$。从 2007 年 10 月到 2016 年，UF_k 一直大于 0，其中 2010 年下半年到 2016 年，$|UF_k|>1.96$。即从 1988 年到 2007 年 9 月，星子站监测断面氨氮序列在持续性下降，其中从 1992 年至 2003 年，氨氮序列下降趋势显著；从 2007 年 10 月到 2016 年，星子站监测断面氨氮序列在持续性上升，其中 2010 年下半年到 2016 年，氨氮序列上升趋势显著。总磷序列：从 1988 年到 2012 年，$UF_k<0$。从 2012 到 2016 年，UF_k 一直大于 0，没有出现 $UF_k>1.96$ 的情况。即从 1988 年到 2012 年，星子站监测断面总磷序列在持续性下降，从 2012～2016 年，星子站监测断面总磷序列在持续性上升，不过趋势性均比较弱。

为进一步预测星子站监测断面氨氮、总磷时间序列变化趋势，现采用 *R/S* 分析法计算序列的 Hurst 指数，以 2010～2016 氨氮月监测值以及 2012～2016 年的总磷月监测值进行分析。采用 MATLAB 实现$\lg\frac{R(n)}{S(n)}$和$\lg n$的计算可知，星子站监测断面 2010～2006 年氨氮序列的 Hurst 指数为 0.9555，2012～2016 年总磷序列的 Hurst 指数为 0.9993，二者均大于 0.5，故星子站监测断面氨氮、总磷序列表现为一种强持续性序列，即未来星子站监测断面氨氮、总磷与过去具有相同的变化趋势。由此可以推测，未来星子站监测断面氨氮浓度呈上升状态，总磷浓度呈现轻微上升的趋势。

18. 蛤蟆石站

根据实测结果，蛤蟆石站水质过程线如图 4.66 和图 4.67 所示。结果表明：1988～2016 年，蛤蟆石站断面氨氮浓度整体波动幅度显著，185 个水质样本标准偏差为 0.311mg/L，年际氨氮平均浓度波动幅度标准偏差为 0.212mg/L。氨氮月均浓度最高值发生在 2012 年 1 月、最低值在 2009 年 1 月，分别为 1.43mg/L、0.02mg/L。1999 年，氨氮年均浓度最高，约 0.83mg/L；1998 年年均浓度最低，约 0.02mg/L。1988～2016 年，氨氮月均浓度约 0.25mg/L，但其年内波动特征显著，丰水期水质浓度普遍低于枯水期；2001～2015 年，氨氮的年内波动幅度最为显著；以 2012 年为例，全年峰值达 1.43mg/L，而谷值为 0.10mg/L，仅为峰值的 7.0%，全年氨氮浓度波动标准偏差达 0.390mg/L。

1988～2016 年，蛤蟆石站断面总磷浓度整体波动幅度较弱，166 个水质样本标准偏差为 0.081mg/L；年际总磷平均浓度波动幅度标准偏差为 0.034mg/L。1988～2016 年，总磷月均浓度最高值发生在 1993 年 2 月、最低值在 1990 年 12 月，分别为 0.750mg/L、0.005mg/L。1993 年，总磷年均浓度值最高，约 0.141mg/L；2000 年年均浓度最低，约 0.012mg/L。1988～2016 年，总磷月均浓度约 0.086mg/L，但其年内波动特征显著，丰水期水质浓度普遍低于枯水期；1988～1994 年，总磷的年内波动幅度最为显著；以 1993 年为例，全年峰值达 0.750mg/L，而谷值为 0.022mg/L，仅为峰值的 2.9%，全年总磷浓度波动标准偏差达 0.217mg/L。

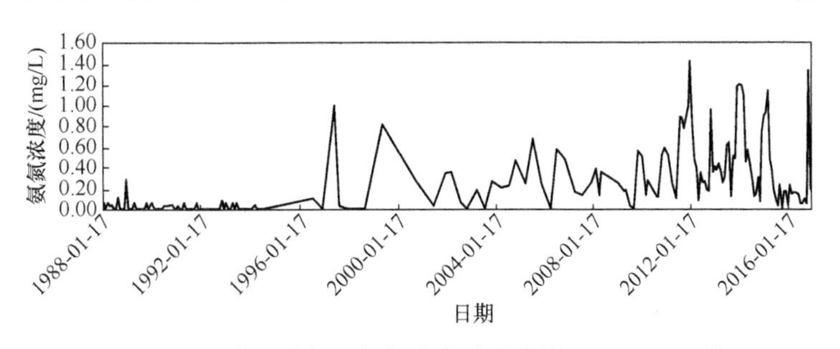

图 4.66　蛤蟆石站断面氨氮浓度波动曲线(1988～2016 年)

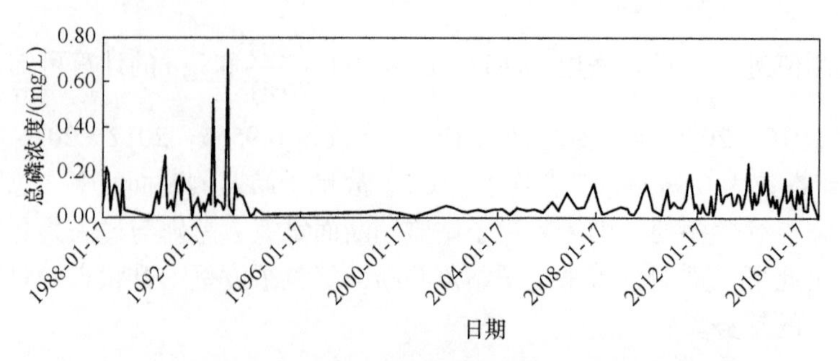

图 4.67　蛤蟆石站断面总磷浓度波动曲线(1988～2016 年)

为了进一步揭示氨氮、总磷序列的变化趋势，引入 Mann-Kendall 法检验氨氮、总磷序列是否存在上升与下降的趋势。取置信水平 α=0.05，查正态分布表的临界值为 1.96，分析可得氨氮序列：从 1988 年到 2009 年 11 月，$UF_k<0$，并且 1991 年 7 月～2004 年 3 月，$|UF_k|>1.96$。从 2009 年 12 月到 2016 年，$UF_k>0$，其中 2013 年到 2016 年，$|UF_k|>1.96$。即从 1988 年～2009 年 11 月，蛤蟆石站监测断面氨氮序列在持续性下降，其中从 1991 年 7 月至 2004 年 3 月，氨氮序列下降趋势显著；从 2009 年 12 月到 2016 年，蛤蟆石站监测断面氨氮序列在持续性上升，其中 2013 年下半年到 2016 年，氨氮序列上升趋势显著。总磷序列：1988 年 1～10 月，$UF_k>0$。从 1988 年 11 月到 2014 年，$UF_k<0$，并且从 1994 年到 2013 年上半年，$|UF_k|>1.96$。2015 年到 2016 年，$UF_k>0$。即，1988 年 1～10 月，蛤蟆石站监测断面总磷序列在持续性上升。从 1988 年 11 月到 2014 年，总磷序列呈现下降的趋势，其中 1994 年到 2013 年上半年，总磷序列下降趋势显著。从 2015 年到 2016 年，蛤蟆石站监测断面总磷序列在持续性上升，不过趋势性均比较弱。

为进一步预测蛤蟆石站监测断面氨氮、总磷时间序列变化趋势，现采用 R/S 分析法计算序列的 Hurst 指数，以 2013 年 7 月～2016 年氨氮月监测值以及 2015～2016 年的总磷月监测值进行分析。采用 MATLAB 实现 $\lg\dfrac{R(n)}{S(n)}$ 和 $\lg n$ 的计算可知，蛤蟆石站监测断面氨氮序列的 Hurst 指数为 0.7945，总磷序列的 Hurst 指数为 0.6363，二者均大于 0.5，故蛤蟆石站监测断面氨氮、总磷序列表现为一种强持续性序列，即未来蛤蟆石站监测断面氨氮、总磷与过去具有相同的变化趋势。由此可以推测，未来蛤蟆石站监测断面氨氮、总磷浓度均呈上升状态。

19. 湖口站

根据实测结果，湖口站水质过程线如图 4.68 和图 4.69 所示。结果表明：1988～2016 年，湖口站氨氮浓度整体波动幅度显著，325 个水质样本标准偏差为

0.287mg/L；但年际氨氮平均浓度波动幅度较弱，标准偏差仅为 0.279mg/L。氨氮月均浓度最高值发生在 2014 年 3 月、最低值在 2010 年 6 月，分别为 1.77mg/L、0.02mg/L。2014 年，氨氮年均浓度最高，约 0.69mg/L；1989 年年均浓度最低，约 0.02mg/L。氨氮月均浓度约 0.25mg/L，但其年内波动特征显著，丰水期水质浓度普遍低于枯水期；1997～2014 年，氨氮的年内波动幅度最为显著。以 2013 年为例，全年峰值达 0.84mg/L，而谷值为 0.16mg/L，仅为峰值的 19%。2015～2016 年，虽然氨氮年内波动幅度有所减缓，平均标准偏差约 0.42，但枯季浓度仍普遍高于洪季浓度。虽然氨氮年均浓度波动幅度较弱，但也基本可划分为三个变化阶段。第一阶段为 1988～2000 年，虽然 1993 年浓度较 1994 年下降 0.01mg/L，在此区间氨氮浓度总体呈现增加趋势，年均浓度从 0.10mg/L 升至 0.29mg/L，年平均增幅为 0.0158mg/L；第二阶段为 2000～2009 年，氨氮浓度呈现较下降趋势，年均值由 0.29mg/L 下降至 0.22mg/L，氨氮负荷减少了 24.14%。第三阶段为 2009～2014 年，这五年氨氮浓度又呈现逐年增加趋势，2015 与 2016 两年均值分别为 0.42mg/L、0.159mg/L。

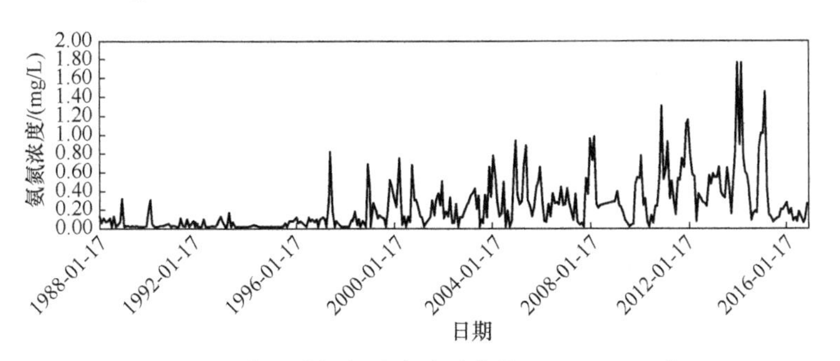

图 4.68　湖口站氨氮浓度波动曲线(1988～2016 年)

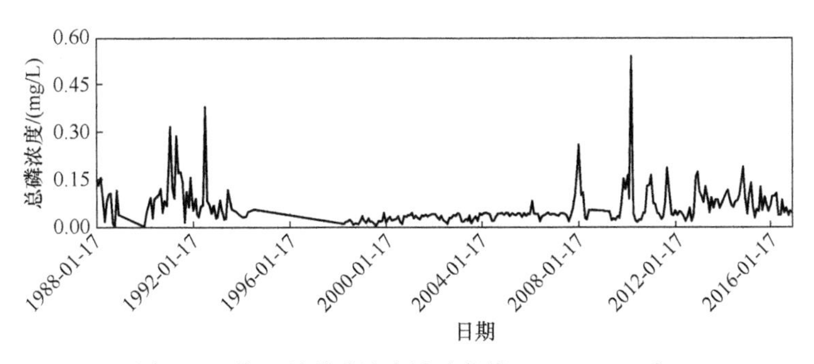

图 4.69　湖口站总磷浓度波动曲线(1988～2016 年)

1988～2016 年，湖口站总磷浓度整体波动幅度显著，281 个水质样本标准偏差为 0.057mg/L；但年际总磷平均浓度波动幅度较强，标准偏差为 0.087mg/L。总磷月均浓度最高值发生在2010年3月、最低值在1988年10月,分别为0.544mg/L、0.005mg/L。1991年,总磷年均浓度最高,约0.154mg/L;1998年年均浓度最低,约0.019mg/L。总磷月均浓度约0.066mg/L,但其年内波动特征显著,丰水期水质浓度普遍低于枯水期;1990～2010年,总磷的年内波动幅度最为显著;以2010年为例,全年峰值达0.544mg/L,而谷值为0.02mg/L,仅为峰值的3.68%。2010～2016年,虽然总磷年内波动幅度有所减缓,平均标准偏差约0.068,但枯季浓度仍普遍高于洪季浓度。总磷年均浓度波动总体可划分为三个变化阶段。第一阶段为1988～1998年,虽然1990年浓度较1989年上升0.082mg/L,在此区间总磷浓度总体呈现下降趋势,年均浓度从0.087mg/L降至0.019mg/L,年平均降幅为0.0068mg/L;第二阶段为1998～2010年,总磷浓度呈现较上升趋势,年均值由0.025mg/L上升至0.109mg/L,总磷负荷增加了336%。第三阶段为2010～2016年,总磷浓度又呈现逐年下降趋势,2015年与2016年两年均值分别为0.077mg/L、0.068mg/L。

为了进一步揭示氨氮、总磷序列的变化趋势,引入Mann-Kendall法检验氨氮、总磷序列是否存在上升与下降的趋势。取置信水平α=0.05,查正态分布表的临界值为1.96,分析可得氨氮序列:从1992年下半年至1996年可以看出,2003年上半年～2016年底,$|UF_k|>1.96$,其余时间$|UF_k|<1.96$,由于在$UF_k<U_\alpha/2$时,接受原假设,即趋势不显著,所以在置信水平0.05下;1995年至2016年湖口站监测断面氨氮序列趋势未达到显著的水平。但是,尽管趋势未达到显著水平,1988～2010年以来,UF_k一直都小于0,表明在此期间湖口站监测断面氨氮序列呈持续性下降现象;2000年上半年开始$UF_k>0$,一直持续至2016年,表明2000年开始湖口站监测断面氨氮序列呈现出持续性上升现象。总磷序列:1997年上半年～2008年底,2015年下半年$|UF_k|>1.96$,其余时间$|UF_k|<1.96$,1993～2012年以来,UF_k一直都小于0,表明在此期间湖口站监测断面总磷序列呈持续性下降现象;2012年上半年开始UF_k大于0,一直持续至2016年,表明2012年开始湖口站监测断面总磷序列呈现持续性上升现象。

为进一步预测湖口站监测断面氨氮、总磷时间序列变化趋势,现采用R/S分析法计算序列的Hurst指数,以1998～2016年的氨氮月监测值以及1998～2016年的总磷月监测值进行分析。采用MATLAB实现$\lg\frac{R(n)}{S(n)}$和$\lg n$的计算可知,湖口站监测断面1988～2016年氨氮序列的Hurst指数为0.9923,1988～2016年总磷序列的Hurst指数为0.9806,二者均大于0.5,故湖口站监测断面氨氮、总磷序列表现为一种强持续性序列,即未来湖口站监测断面氨氮、总磷与过去具有相同的变化趋势。

4.2.4　入湖河流及湖区水质现状分析

1. 入湖河流水质现状分析

流入鄱阳湖的八条主要河流均设有水位控制站，分别为赣江外洲站、抚河李家渡站、信江梅港站、修河王家河站、昌江渡峰坑站、乐安河石镇街站、西河石门街站、博阳河梓坊站。根据江西省水文局提供的 2016 年入湖河流水质监测数据，对监测点位的氨氮、总磷、COD 进行分析，结果表明：入湖水体总体水质较好，除了石镇街站，其他监测点位全年水质均能达到Ⅲ类水标准；石镇街站在汛期季节水质较好，亦能达到Ⅲ类水标准，非汛期季节水质相对较差，仅能达到Ⅴ类水标准，主要超标污染物为氨氮和总磷。具体信息如图 4.70～图 4.72 所示。

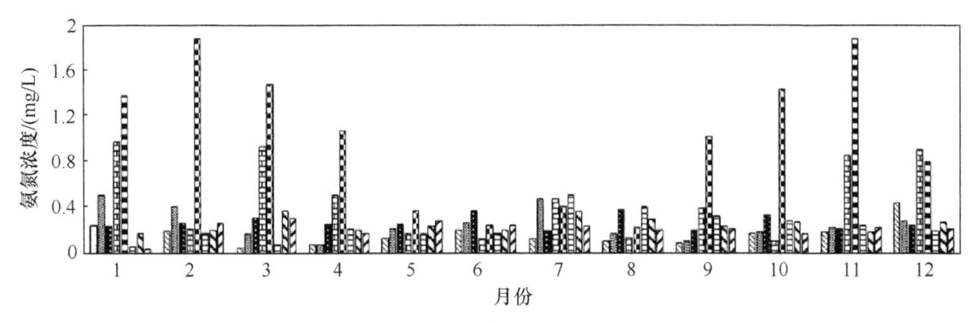

图 4.70　2016 年鄱阳湖入湖河流监测点位氨氮浓度

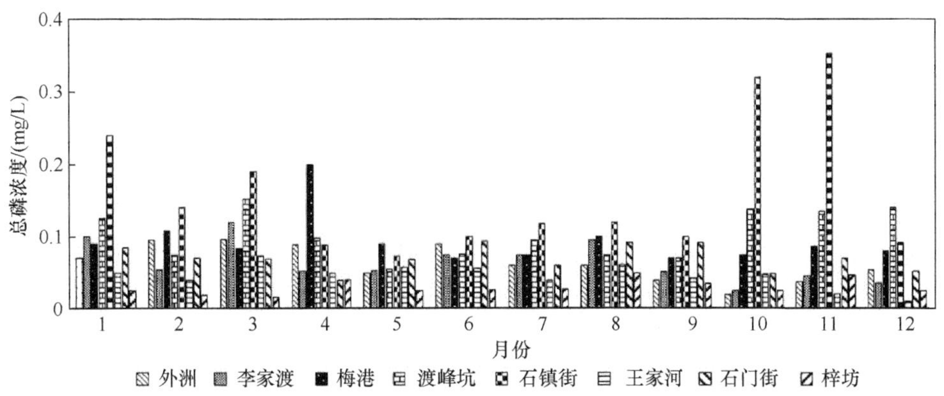

图 4.71　2016 年鄱阳湖入湖河流监测点位总磷浓度

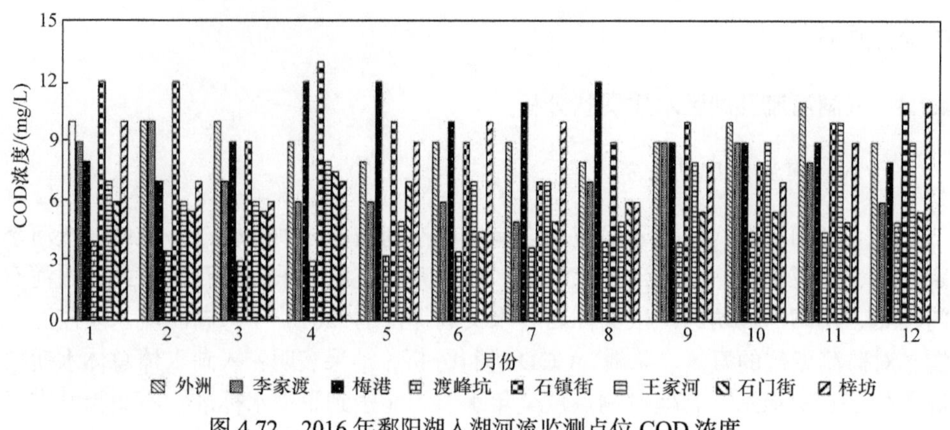

图 4.72　2016 年鄱阳湖入湖河流监测点位 COD 浓度

2. 湖区水质现状分析

鄱阳湖湖区共设 19 个监测点位，分别为昌江口、乐安河口、信江东支、鄱阳、龙口、瓢山、康山、赣江南支、抚河口、信江西支、棠荫、都昌、渚溪口、蚌湖、赣江主支、修河口、星子、蛤蟆石、湖口等 19 个水文站。根据江西省水文局提供的 2016 年湖区水质监测数据，对监测点位的氨氮、总磷、COD 浓度进行分析，结果表明：湖区总体水质较好，汛期季节水质均能达到Ⅲ类水标准，非汛期季节相对较差，基本都能达到Ⅴ类水标准，极个别监测点次会出现超标现象，如乐安河口 2 月与 10 月、信江东支 2 月、蚌湖 1 月出现总磷超标，乐安河口 11 月出现 COD 超标。具体信息如图 4.73～图 4.75 所示。

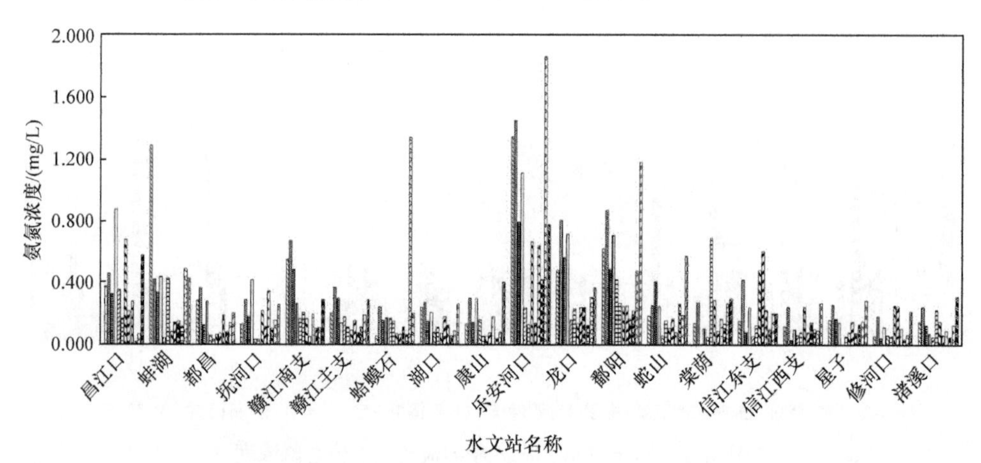

图 4.73　2016 年鄱阳湖湖区 19 个点位氨氮浓度

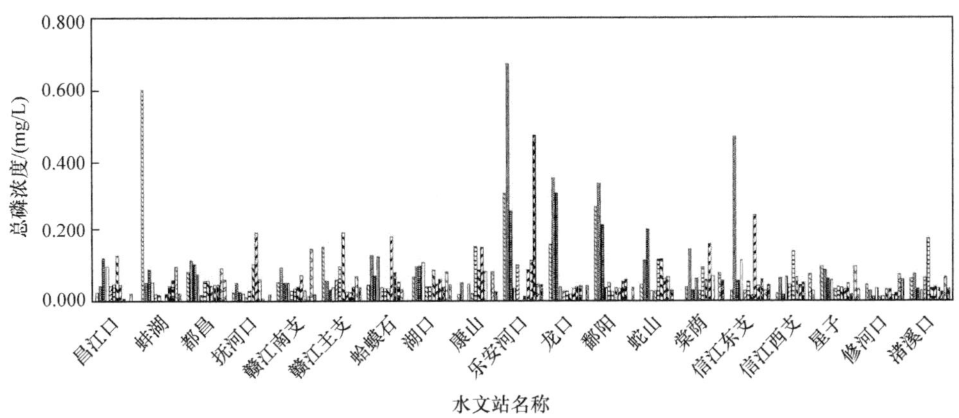

图 4.74　2016 年鄱阳湖湖区 19 个点位总磷浓度

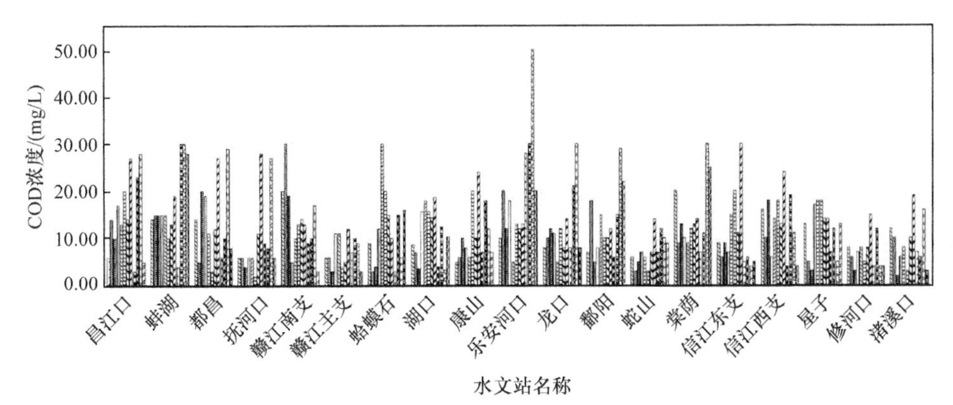

图 4.75　2016 年鄱阳湖湖区 19 个点位 COD 浓度

4.3　鄱阳湖水体透明度分布

湖泊水体透明度能直观反映湖水清澈和混浊程度，是水体能见程度的一个量度，也是评价湖泊营养状况的一个重要指标。水体透明度与太阳辐射、光学衰减、湖水理化性质及水体组分等因素有着密切关系。水体透明度关系到水环境质量及水生态系统的健康与稳定。

根据 2003～2011 年鄱阳湖 19 个点位不定期监测数据，分析透明度(SD)与悬沙浓度(SS)、COD、叶绿素 a(Chl-a)之间的相关性关系。实测数据表明：鄱阳湖水体透明度与 SS、Chl-a、COD 三项因子呈现相对显著的相关性。就 SS 因子而言，当其浓度为 60～90mg/L 时，水体透明度在 35～62cm 波动，相关性不强；但当 SS 增加至 90～150mg/L 时，透明度则显著下降至 12～25cm。Chl-a 浓度对水体透明度的作用基本可分为三个区间，浓度低于 3.5mg/m^3 时，水体透明度基本维持在 50cm 以上；浓度在 3.5～8.0mg/m^3 时，水体透明度有所降低，在 45cm 左右；而当 Chl-a 浓度继续增加至 8.0mg/m^3 以上时，水体透明度则显著削减至 30cm 水平。水体 COD 浓度低于 5.0mg/L，鄱阳湖水体透明度也维持在较高水平，平均可达 60cm；当 COD 浓度增加至 8.0mg/L 以上时，透明度则削减至 20～30cm。总氮、总磷、pH 三项因子与鄱阳湖水体透明度相关性不太明显。总氮与总磷两项因子与水体透明度有一定反比关系，但相关性较弱；鄱阳湖 pH 基本维持在 6.5～8.5，对应水体透明度在 15～100cm 间宽幅波动，基本没有相关规律。

以透明度为因变量，SS、COD、Chl-a 为自变量，建立透明度与三个因素之间的多元回归方程：

$$\mathrm{SD}=\frac{21.54}{\mathrm{SS}}+\frac{0.385}{\mathrm{COD}}-0.209\mathrm{Chl\text{-}a}-0.059 \quad (R=0.833, P<0.001) \tag{4.3}$$

多元回归结果表明，鄱阳湖水体透明度与 SS 倒数、COD 倒数呈正线性关系，与 Chl-a 呈负线性关系。多元回归效果较好，复相关系数达到 0.833，所建方程能较好地描述鄱阳湖水体透明度与 SS、COD、Chl-a 三项因子关系，可用于进行湖区透明度模拟预测。

鄱阳湖的透明度平均值丰水期最大、平水期为过渡期，透明度变幅较大，枯水期透明度急剧减小。中部湖区顺主航道往下至都昌后，受城市工农业和采砂活动的影响，透明度急剧下降，修河水和赣江北支共同作用下的水体入湖后，透明度有所上升，由于星子至湖口段存在采砂活动透明度减小。4 月和 5 月是湖区范围迅速扩大的过程，五河来水携带的悬浮物质增加，湖区流速增大，湖心的水体悬浮物浓度增加，透明度也随之减少。枯水期透明度明显降低的主要原因是悬浮物浓度的迅速增大。总之，鄱阳湖丰水期、平水期、枯水期透明度变化较大，呈逐渐减小的趋势。

4.4　鄱阳湖富营养化水平分析

4.4.1　评价方法

鄱阳湖营养状态评价，根据《地表水资源质量评价技术规程》(SL 395—2007) 规定的评价标准及分级方法(表 4.7)，选取 TP、TN、$\mathrm{COD_{Mn}}$、Chl-a、SD 等评价项目，采用指数法评价。

采用线性插值法将水质项目浓度转化为赋分值。

营养状态指数 EI 计算式为

$$\mathrm{EI}=\sum_{n=1}^{N}\frac{E_n}{N} \tag{4.4}$$

式中，EI 为营养状态指数；E_n 为评价项目赋分值；N 为评价项目个数。

参照表 4.7，根据营养状态指数确定营养状态分级。

表 4.7　湖泊营养状态评价标准及分级方法

营养状态分级		E_n	TP/(mg/L)	TN/(mg/L)	Chl-a/(mg/L)	COD_{Mn}/(mg/L)	SD/m
贫营养 0≤EI≤20		10	0.001	0.020	0.0005	0.15	10
		20	0.004	0.050	0.0010	0.4	5.0
中营养 20<EI≤50		30	0.010	0.10	0.0020	1.0	3.0
		40	0.025	0.30	0.0040	2.0	1.5
		50	0.050	0.50	0.010	4.0	1.0
富营养	轻度富营养 50<EI≤60	60	0.10	1.0	0.026	8.0	0.5
	中度富营养 60<EI≤80	70	0.20	2.0	0.064	10	0.4
		80	0.60	6.0	0.16	25	0.3
	重度富营养 80<EI≤100	90	0.90	9.0	0.40	40	0.2
		100	1.3	16.0	1.0	60	0.12

4.4.2　湖泊富营养化分析

为了更好地研究鄱阳湖富营养化的情况，选取北部湖区、中部湖区、南部湖区的三个典型点位：星子，棠荫，康山。开展长时间藻类生长数值模拟，如图 4.76 所示，星子、棠荫、康山三个点位全年平均藻类浓度 3.24mg/m^3、6.01mg/m^3、4.52mg/m^3；星子与康山藻类浓度水平相对较低，主要因为这两个点位所在湖区与外部长江及五条入湖河流水沙交换频繁，相对较强的水流扰动及悬沙浓度对藻类细胞增殖产生抑制作用。棠荫位于鄱阳湖中部区域，水流较缓而且悬沙浓度较南部、北部湖区有所降低，这为藻类浓度生长提供相对有利条件。棠荫点位年均藻类浓度较星子与康山点位分别增加了 85.5%与 33.0%；星子、棠荫、康山三个点位年内峰值分别为 4.83mg/m^3、9.13mg/m^3、6.50mg/m^3，分别出现在 7 月、6 月和 8 月；在 1 月，星子与康山藻类浓度降到最低水平，分别约为 2.03mg/m^3 与 2.77mg/m^3。点位藻类浓度谷值出现在 12 月，约 3.70mg/m^3；虽然三个点位藻类浓度水平有显著差异，但其年内波动趋势却基本一致。三个点位藻类浓度基本可分为三个阶段：11 月～次年 2 月衰亡、休眠期，3～5 月复苏期，6～10 月生物量增加积聚期。以棠荫点位为例，其三个阶段藻类平均浓度分别约 3.81mg/m^3、

5.75mg/m³、7.91mg/m³，积聚期藻类水平较休眠期与复苏期分别增加了107.7%与37.6%。星子与康山点位增殖期藻类浓度分别为3.99mg/m³与5.59mg/m³，分别是同期棠荫点位藻类水平的50.5%与70.7%。就各点位藻类浓度年内波动水平而言，棠荫点位振幅最大，标准偏差约1.988mg/m³；星子与康山点位藻类波动程度相当，标准偏差约0.97mg/m³。

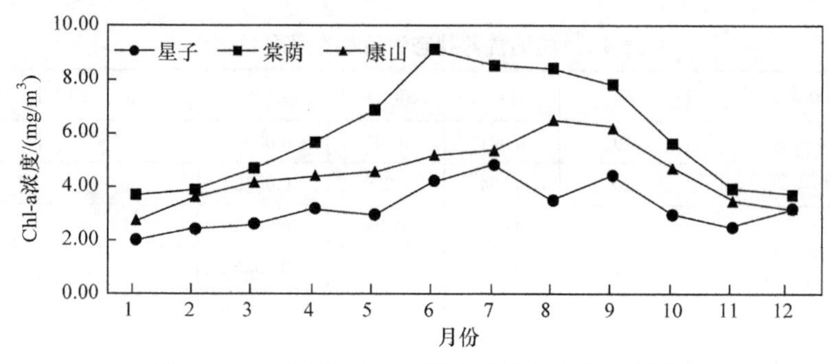

图 4.76 三个典型点位藻类浓度全年变化过程图

鄱阳湖是中国最大的淡水湖，也是长江中游地区最为典型的通江湖泊。由于入湖营养盐负荷不断增加，鄱阳湖富营养化水平逐步增加，所以开展湖泊藻类生长动力学研究非常必要。由于上游五条大河，修河、赣江、抚河、饶河、信江入湖，下游又与长江相通，鄱阳湖与外部江河水沙交换频繁；由于水流交换，悬沙沉降充分，鄱阳湖中部区域藻类水平较高；南部湖区与北部湖区由于与外部江河水沙交换频繁，水流扰动及悬沙浓度对藻类生长过程有一定抑制作用。研究成果对于鄱阳湖水华暴发预警及生态系统保护具有重要指导意义。同时，为了调控鄱阳湖与长江之间的交换水量，一项重大方案“在湖口区建造水利枢纽”正在论证，因为枢纽建成后为鄱阳湖藻类增殖创造了更好条件，一些水域可能会发生水华暴发。

4.5 鄱阳湖水环境承载力分析

4.5.1 研究背景

水环境承载力(water environmental carrying capacity，WECC)是指基于特定水文情势及水质目标水体所能容纳污染物质的最大负荷。准确计算水环境承载力对于保护水环境质量，维持健康稳定的水生生态系统具有重要意义[1-3]。诸多学者已围绕河流、湖泊、水库及近岸海域开展了相关研究，并针对不同水体环境特征提出了相应的水环境承载力计算方法[4-6]。然而，针对通江湖泊这类特殊水体所开展的水环境承载力研究尚不多见。这类湖泊与一般湖泊不同，其与外部江河有着复杂的水力联系，从而形成独特的江湖复合系统。江湖之间频繁而复杂的水量及物质交换导致通江湖泊环境特征波动显著，水环境承载力定量计算更为复杂。鄱阳湖是中国第一大淡水湖，也是长江中下游地区最典型的大型通江湖泊，在维系区域生态安全方面具有重要作用。关于鄱阳湖水环境保护已开展了大量工作[7-9]，但围绕水环境承载力所开展的研究仍较缺乏。少数学者曾进行一些初步探讨，但仅是一些简单估算，均未考虑其通江特征所引起的承载力时空分布不均性，计算结果与湖泊实际值偏差较大，不适合指导水环境保护实践工作[10]。故以鄱阳湖为研究区域，考虑污染负荷空间分布不均性及其与外部江河复杂交换过程，提出了基于非均匀分布系数的通江湖泊水环境承载力计算公式；选择 2010 年平水年水文情势作为研究典型工况，基于水环境数值模拟及野外监测数据，综合考虑湖泊水动力条件及水生植被分布，确定鄱阳湖逐月分区水质降解系数与非均匀分布系数，从而定量评估平水年水文条件下，鄱阳湖水环境承载力波动特征。

4.5.2　研究方法

鄱阳湖与上游五条主要河流及下游长江相通，复杂的江河湖交换关系引起鄱阳湖水量及水动力条件变化频繁，水环境承载波动显著；另外，由于污染物质主要通过入湖河流输运，湖泊形态及其与河流的区位关系导致污染物不能在全湖区均匀混合，而只能在入湖河口区域形成混合带。为了避免过高或过低地估算湖泊水环境承载力，应同时考虑随时间波动性及污染物混合不均性，故提出基于非均匀分布系数的鄱阳湖动态水环境承载力计算公式如下：

$$W_{ij} = \sum_{k=1}^{n} Q_{ik}\left(C_{sj} - C_{ij}^{k}\right) + \sum_{i=1}^{m} \alpha_i^l K_{ij}^l V_i^l C_{sj} + Q_{ir}\left(C_{sj} - C_{ij}^{y}\right) + \Delta w_{ij} \tag{4.5}$$

式中，W_{ij} 为第 i 月 j 项指标的环境承载力；m、n 分别表示鄱阳湖分区数及入湖主要河流数；Q_{ik} 为第 k 条入湖河流第 i 月入湖总水量；C_{ij}^{k} 表示第 k 条河流，j 项指标 i 月平均入湖水质浓度；C_{sj} 为鄱阳湖 j 指标水质控制标准；α_i^l 为第 i 月鄱阳湖第 l 分区非均匀分布系数；K_{ij}^l 为鄱阳湖 i 月 j 指标在 l 区的降解系数；V_i^l 为鄱阳湖 i 月 l 湖区平均库容；Q_{ir} 为 i 月长江倒灌入鄱阳湖总水量；C_{ij}^{y} 为第 i 月长江倒灌鄱阳湖 j 指标水质浓度；Δw_{ij} 为第 i 月 j 指标承载力修订值，主要修正未概化河道及降水对湖泊水环境承载力的影响。

4.5.3　参数确定

1. 二维非稳态水流水质模型

构建鄱阳湖二维非稳态水流水质模型的主要目的是实现江湖系统的水流及

污染物质过程模拟；基于野外实测资料，运用试算法对鄱阳湖逐月水质降解参数及非均匀分布系数进行求解。模型计算公式如下所示[11-13]：

$$
\begin{cases}
\dfrac{\partial h}{\partial t}+\dfrac{\partial (hu)}{\partial x}+\dfrac{\partial (hv)}{\partial y}=0 \\
\dfrac{\partial (hu)}{\partial t}+\dfrac{\partial (hu^2+gh^2/2)}{\partial x}+\dfrac{\partial (huv)}{\partial y}=gh(s_{0x}-s_{fx}) \\
\dfrac{\partial (hv)}{\partial t}+\dfrac{\partial (huv)}{\partial x}+\dfrac{\partial (hv^2+gh^2/2)}{\partial y}=gh(s_{0y}-s_{fy}) \\
\dfrac{\partial (hC)}{\partial t}+\dfrac{\partial (huC)}{\partial x}+\dfrac{\partial (hvC)}{\partial y}=\dfrac{\partial}{\partial x}\left(D_x h\dfrac{\partial C}{\partial x}\right)+\dfrac{\partial}{\partial y}\left(D_y h\dfrac{\partial C}{\partial y}\right)-KhC+S
\end{cases}
\tag{4.6}
$$

式中，h 为水深；t 为时间；g 为重力加速度；u 和 v 分别为 x 和 y 方向的垂线平均水平流速分量；s_{0x} 和 s_{fx} 为 x 向的水底底坡和摩擦坡度；s_{0y} 和 s_{fy} 为 y 向的水底底坡和摩擦坡度；D_x 和 D_y 为动态条件下 x 和 y 向的污染物扩散系数；K 为降解系数；C 为泥沙污染物浓度；S 为污染物源汇项。

2. 水质降解系数确定

鄱阳湖水质降解系数是物理、化学、生物综合作用的体现。特殊的江湖交换关系导致了鄱阳湖水质降解系数时空变化复杂。为了定量确定不同区域及不同时期湖区水质降解参数，采用野外实测与数值模拟相结合的研究方法。选择平水年 2010 年鄱阳湖区 19 个监测点位的全年水质数据作为研究样本，其中北部湖区 4 个、中部湖区 12 个、南部湖区 3 个，具体分布如图 4.77 所示。运用所建鄱阳湖二维非稳态水流水质模型对 2010 年对应水文情势下全年水质过程进行分月数值模拟；根据地形资料，应用 Gambit 软件将其划分为 6239 个四边形单元网格，共 7533 个节点，平均网格尺寸为 700m×700m。模型计算入流边界为上游长江、修河、赣江、抚河、信江、饶河、出湖边界为下游长江断面；长江及五河来水和水质边界数据根据长江水文局与江西水文局实测数据给定。模型糙率 n 根据地形取为 0.01～0.035；风拖曳系数取 1.0×10^{-3}；水平涡动黏滞系数取 $0.5\times10^{5}\mathrm{cm^2/s}$。鄱阳湖湖区全年以北风出现频率最高，数值计算过程中，风速取 10m 高程的平均风速 3.01m/s[14,15]。考虑计算稳定性及精度，取时间步长Δt 为 1s。在给定水文及水质边界条件下，对水质降解系数进行调试测验，当全湖所有监测点位数值计算与野外实测结果误差小于 10%时，模型参数值可作为鄱阳湖综合水质降解系数。选择常规的 COD、总氮、总磷三项水质进行研究。根据计算结果，平水年水文条件下，鄱阳湖水质降解系数见表 4.8。结果表明：鄱阳湖水质降解系数时空分布差异较大，洪季(5～10 月)水质降解能力高于枯季(11～4 月)；南部与北部湖区由于与外部河流水量交换较强，水质降解系数高于中部湖区。

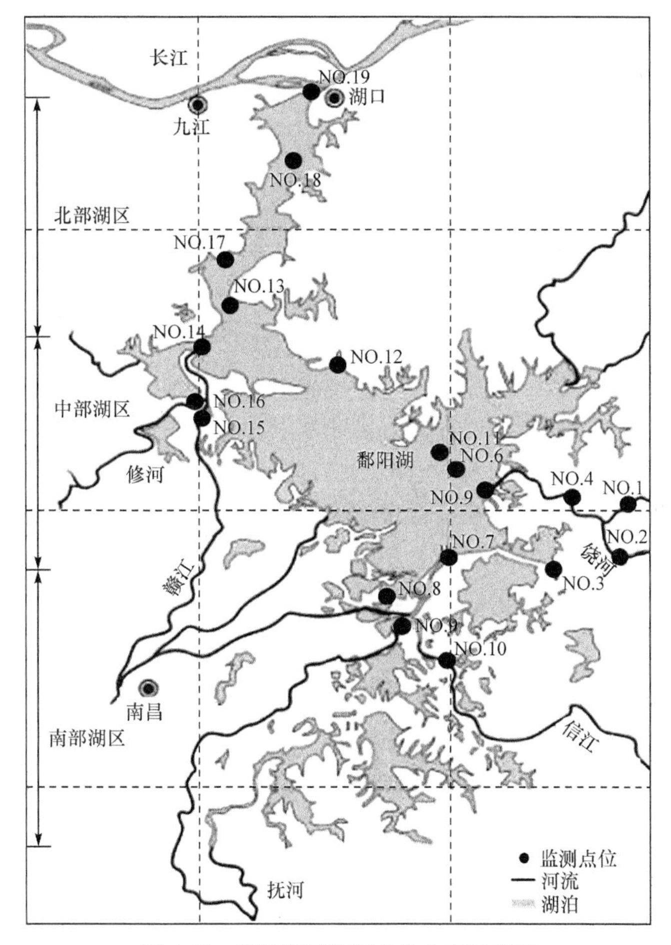

图 4.77　鄱阳湖区监测点位分布示意图

表 4.8　平水年水文情势下鄱阳湖水质降解系数结果

指标	区域	1 月	2 月	3 月	4 月	5 月	6 月	7 月	8 月	9 月	10 月	11 月	12 月
COD	北部	0.028	0.031	0.063	0.081	0.088	0.096	0.102	0.105	0.100	0.102	0.066	0.029
	中部	0.015	0.017	0.052	0.072	0.080	0.088	0.087	0.097	0.092	0.095	0.055	0.016
	南部	0.025	0.028	0.066	0.087	0.095	0.105	0.104	0.115	0.109	0.112	0.069	0.026
总氮	北部	0.011	0.012	0.038	0.053	0.059	0.066	0.065	0.072	0.068	0.070	0.041	0.012
	中部	0.010	0.011	0.029	0.040	0.044	0.048	0.048	0.053	0.050	0.052	0.031	0.011
	南部	0.012	0.013	0.045	0.064	0.070	0.078	0.077	0.086	0.082	0.084	0.048	0.013

续表

指标	区域	1月	2月	3月	4月	5月	6月	7月	8月	9月	10月	11月	12月
总磷	北部	0.006	0.007	0.018	0.025	0.027	0.030	0.030	0.033	0.031	0.032	0.019	0.006
	中部	0.005	0.006	0.014	0.019	0.021	0.023	0.023	0.025	0.024	0.024	0.015	0.005
	南部	0.007	0.008	0.020	0.026	0.029	0.032	0.032	0.035	0.033	0.034	0.021	0.007

3. 非均匀分布系数确定

非均匀分布系数反映了污染物质进入水体后的混合程度，其与水动力条件，地形条件及水域规模密切相关。针对鄱阳湖与上游五河及下游长江的水量交换特征，采用排污混合带控制法计算鄱阳湖非均匀分布系数。将上游赣江、抚河、信江、饶河及修河五条主要入湖河流假定为鄱阳湖污染负荷输入边界，通过调试各输入边界污染物干物质量，在同样水文条件下进行试算。根据鄱阳湖水质控制标准，计算各污染负荷方案下，各入湖污染通道形成的混合带面积，从而可以建立各污染通道干物质量与排污混合带响应关系曲线。如图 4.78 所示：2010 年洪季 8 月水文条件鄱阳湖 COD、总氮、总磷三项因子混合程度分布图，表明三项因子在湖区的混合程度均呈现显著空间不均性。

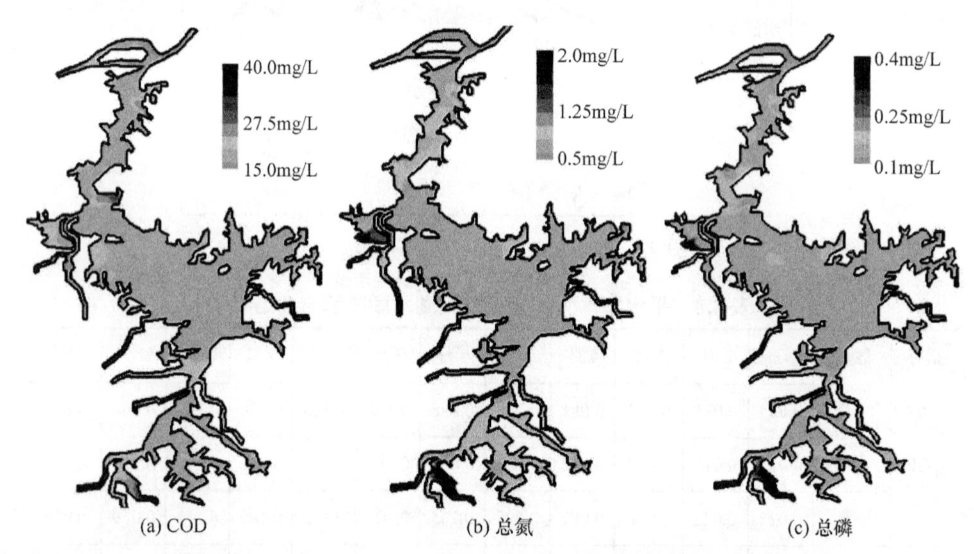

图 4.78　2010 年洪季 8 月典型水文条件下鄱阳湖污染空间分布

当各污染通道形成的混合带面积及全湖混合带总面积均能达到控制标准时，各污染通道最大干物质量和即为鄱阳湖允许接纳的最大污染负荷 W_0。定义 W_0 除以未考虑水资源分布不均的完全混合容量 W 为鄱阳湖非均匀分布系数。具体公式如下：

$$\begin{cases} \alpha_{ij}^{l} = \dfrac{\sum\limits_{t=1}^{p} \max\left(W_{0ij}^{t}\right)}{K_{ij}^{l} V_{i}^{l} C_{sj}} \\ f\left(W_{0ij}^{t}\right) \leqslant f_{s}, \quad \sum\limits_{l=1}^{m} \sum\limits_{t=1}^{p} \max\left(W_{0ij}^{t}\right) \leqslant f_{ts} \end{cases} \tag{4.7}$$

式中，α_{ij}^{l} 为第 i 月 j 因子第 l 分区非均匀分布系数；p 为 l 分区内污染通道数；W_{0ij}^{t} 从 i 月 j 因子从 t 通道入鄱阳湖的最大允许负荷；f 为根据数值计算结果构建的污染负荷与排污混合带面积相关性函数；K_{ij}^{l} 为鄱阳湖 i 月 j 指标在 l 区的降解系数；V_{i}^{l} 为鄱阳湖 i 月 l 湖区平均库容；C_{sj} 为鄱阳湖 j 指标水质控制标准。f_{s}、f_{ts} 分别为单个污染通道排污混合带及全湖总混合带控制标准。

计算过程中，参考 2012 年 12 月江西省水文局所开展的“鄱阳湖水环境变化及其机理研究”成果，确定各排污通道排污混合带控制面积及全湖总控制面积如下[16,17]：

$$\begin{cases} f_{s} \leqslant 5\text{km}^{2} (D \leqslant 150\text{m}) \\ f_{s} \leqslant 7\text{km}^{2} (D > 150\text{m}) \\ f_{ts} \leqslant A \times 2.5\% \end{cases} \tag{4.8}$$

式中，D 为污染通道宽度；A 为给定水位条件下，湖泊水面面积。

基于式(4.8)中确定的水质降解系数，运用上述公式对鄱阳湖各因子分区非均匀分布系数进行计算，结果见表 4.9。

表 4.9　平水年水文情势下鄱阳湖非均匀分布系数结果

指标	区域	1 月	2 月	3 月	4 月	5 月	6 月	7 月	8 月	9 月	10 月	11 月	12 月
COD	北部	0.203	0.134	0.131	0.133	0.063	0.062	0.059	0.058	0.065	0.132	0.140	0.162
	中部	0.182	0.120	0.117	0.119	0.057	0.055	0.053	0.052	0.058	0.119	0.119	0.146
	南部	0.214	0.141	0.137	0.140	0.067	0.065	0.062	0.061	0.068	0.139	0.140	0.171
总氮	北部	0.168	0.111	0.108	0.110	0.052	0.051	0.048	0.048	0.054	0.109	0.110	0.134
	中部	0.151	0.099	0.097	0.099	0.047	0.046	0.043	0.043	0.048	0.098	0.099	0.120
	南部	0.182	0.120	0.117	0.119	0.057	0.055	0.053	0.052	0.058	0.119	0.119	0.146
总磷	北部	0.123	0.081	0.079	0.080	0.038	0.037	0.035	0.035	0.039	0.080	0.080	0.098
	中部	0.112	0.074	0.072	0.073	0.035	0.034	0.032	0.032	0.036	0.073	0.073	0.090
	南部	0.140	0.092	0.090	0.092	0.044	0.043	0.040	0.040	0.045	0.091	0.092	0.112

4.5.4 结果分析

选择 2010 平水年作为研究时段，根据鄱阳湖全年实测水位数据及水位-库容关系曲线，确定全湖逐月分区库容变化过程。根据江西省水环境功能区划，确定鄱阳湖全湖区水质控制标准为我国《地表水环境质量标准》(GB 3838—2002) Ⅲ类；COD、总氮、总磷三项因子控制浓度分别为 20mg/L、1.0mg/L、0.2mg/L。基于所确定的水质降解系数与非均匀分布系数，结合鄱阳湖上游五河入湖流量过程及长江倒灌水量过程，运用公式对鄱阳湖平水年水文条件下 COD、总氮、总磷三项指标逐月水环境承载力进行计算，计算结果如图 4.79 所示。结果表明：鄱阳湖 COD、总氮、总磷三项指标全年承载力分别为 181.9×10^4t、33.3×10^4t、1.86×10^4t；三项指标承载力年内随季节波动显著，洪季(5～10 月)三项指标承载力分别达 123.8×10^4t、23.9×10^4t、1.22×10^4t，约占全年总量的 68.1%、71.7%、65.6%。枯季(11 月～次年 4 月)水量较低、水体自净能力减弱，COD、总氮、总磷承载力分别为 58.1×10^4t、9.41×10^4t、0.64×10^4t，平均仅为全年总量的 31.5%；洪季，鄱阳湖处于高水位状态，水体非均匀分布系数较低，但由于水量较大且水体自净能力较强，水环境承载力显著高于枯季。就逐月承载力而言，COD、总氮、总磷三项指标均在 8 月达到峰值，分别为 35.1×10^4t、5.67×10^4t、0.35×10^4t；对应谷值基本发生在 12 月与 1 月，因为这一阶段虽然污染物混合程度较高、非均匀分布系数较大，但湖泊水位较低且自净能力较弱。三项指标最低月承载力平均仅为最高月的 23.4%。5 月与 10 月鄱阳湖水环境承载力平均分别 12.45×10^4t、3.07×10^4t、0.15×10^4t，基本可以代表全年月平均承载水平。鄱阳湖 COD、总氮、总磷承载力年内相对波动程度基本一致，COD 与总氮波动水平率高，平均年变异系数 58.5%；总磷承载力波动程度略低，平水年水文情势下，年内变异系数约 52.9%。

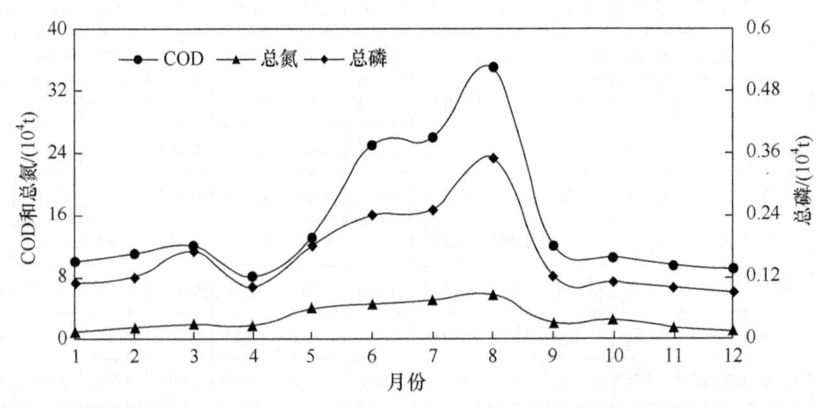

图 4.79 鄱阳湖平水年水文条件下 COD、总氮、总磷三项指标逐月水环境承载力变化

4.5.5 结论

以我国最大的通江淡水湖-鄱阳湖为研究区域，针对其特殊地理位置及复杂水文情势，提出了基于非均匀分布系数的水环境承载力计算方法。首先基于野外实测与数值模拟，确定了鄱阳湖不同季节不同空间的水质自净系数与非均匀分布系数，从而定量计算了平水年水文条件下，鄱阳湖 COD、总氮、总磷三项指标逐月水环境承载力。通过研究发现，鄱阳湖水环境承载力年内波动显著，洪季(5～10 月)湖泊维持高水位，非均匀分布系数较低，但由于水量较大，且湖泊水动力条件、水生生态系统稳定，水质自净较强，水环境承载力显著高于枯季(11～4 月)。全年承载力峰值出现在 8 月，谷值基本在 12 月与 1 月。平水年水文情势下，COD、总氮、总磷三项指标承载力波动特征基本一致，COD 与总氮波动程度略高于总磷。定量评估了鄱阳湖年内常规指标水环境承载力波动特征，对于研究区域污染控制、水环境保护工作具有重要指导作用，同时也为类似大型浅水湖泊开展水环境承载力研究提供了一定参考。

参考文献

[1] Wang Y M, Zhou X D, Feng C H, et al. Research on theory of water environment carrying capacity in lake[J]. Journal of Soil Water Conservation, 2004, 18 (1): 179-184.

[2] Zhang J, Geng Y N, Zhou Q, et al. assessment of water environmental carrying capacity in Xi'An, China[J]. Environmental Enginreeing and Management Journal, 2013, 12, (7):1481-1486.

[3] Kang P, Xu L Y. Water environmental carrying capacity assessment of an industrial park[J]. Procedia Environmental Sciences, 2012, 13:879-890.

[4] Yan B Y, Xing J S, Tan H R, et al. Analysis on water environment capacity of the Poyang Lake[J]. Procedia Environmental Sciences, 2011, 10:2754-2759.

[5] 余进祥，刘娅菲，钟小兰. 鄱阳湖水环境承力及主要污染源研究[J]. 江西农业学报，2009, 21(3):90-93, 106.

[6] Miller N W, Shao M, Venkataraman S, et al. Frequency response of California and WECC under high wind and solar conditions[C]// Power and Energy Society General Meeting, San Diego, 2012.

[7] Bao W J, Tao J S. Analysis and comprehensive treatment of aquatic environment in Poyang Lake[J]. Water Resources Protection, 2006, 22 (3): 24-27.

[8] 陈美球，魏晓华. 鄱阳湖水环境保护的经验与启示[J]. 鄱阳湖学刊, 2010, (4): 78-82.

[9] Wu Z, He H, Cai Y J, et al. Spatial distribution of chlorophyll *a* and its relationship with the environment during summer in Lake Poyang: A Yangtze-connected lake[J]. Hydrobiologia, 2014, 732(1):61-70.

[10] Fang Y, Xing J S, Tan Y J. Research on water environmental capacity and management of Poyang Lake[J]. Jiangxi Science, 2008, 26 (6): 977-981.

[11] Huang A M, Temam R. The nonlinear 2D subcritical inviscid shallow water equations with periodicity in one direction[J]. communications on pure and applied analysis, 2014, 13 (5): 2005-2038.

[12] Yoshioka H, Unami K, Fujihara M. A finite element volume method model of the depth-averaged horizontally 2D shallow water equations[J]. International Journal for Numerical Methods in Fluids, 2014, 75(1):23-41.
[13] Sun C P, Young D L, Shen L H, et al. Application of localized meshless methods to 2D shallow water equation problems[J]. Engineering Analysis with Boundary Elements, 2013, 37(11):1339-1350.
[14] He Z M, Nie Q S, Zeng H. Numerical simulation of wind energy over Poyang Lake region[J]. Acta Agriculturae Universitatis Jiangxiensis, 2008, 30(1): 169-173.
[15] Gang Y, Hua L S, Zhu R, et al. Numerical simulation of features of boundary-layer over Poyang Lake area[J]. Chinese Journal of Geophysics, 2011, 54(4):896-908.
[16] Sharma H, Ahmad Z. Transverse mixing of pollutants in streams: A review[J]. Canadian Journal of Civil Engineering, 2014, 41(5):472-482.
[17] Luo J, Pang Y. Study on constituents of pollutant flux of river channels joining to Taihu Lake in Southern Jiangsu[C]//International Conference on Bioinformatics & Biomedical Engineering, Singapore, 2009: 5970-5973.

第 5 章　鄱阳湖水环境数学模型构建

鄱阳湖是长江中游典型的大型通江湖泊，其上游与赣江、修河、饶河、抚河及信江五条大型河流相通，又在下游汇入长江。在外部江、河共同作用下，鄱阳湖生境因子较一般独立性湖泊变化更为复杂，如水位年际、年内变幅较大，与外部江河水量及泥沙交换时空分布不均，湖泊内部水动力条件时空变化频繁等。掌握鄱阳湖生境因子的变化特征有不同的途径与方法，如收集历史资料、现场实测等。这些方法均能获得鄱阳湖生境特征数据，但不够完善。历史资料数据的收集可以定量分析湖泊的相关环境要素特征，但其时效性欠佳，不能较好地反映外部因素变化对湖泊生境条件的影响。现场实测是获得湖泊最确切环境数据的方法，但其人力、物力、财力需求较大，且现场实测只能是在特定时间、特定空间所开展的有限测定，数据结果的长序列特征偏弱，具有一定随机性。因此，本章针对鄱阳湖生境因子复杂多变的特征，构建鄱阳湖水环境耦合数学模型，主要包括鄱阳湖水动力模型、水质模型、泥沙输运模型及水龄模型；模型在有限体积法(finite volume method，FVM)框架下构建，并基于历史资料收集与现场实测数据开展了率定验证。通过数值模拟研究，获得鄱阳湖长序列生境因子特征数据，从而为揭示鄱阳湖环境因子动态波动特征，实现湖泊河-湖两相合理判别奠定了重要基础。

5.1　基本控制方程

5.1.1　水动力方程

采用二维浅水方程描述水流过程，其守恒形式见式(5.1)：

$$\begin{cases} \dfrac{\partial h}{\partial t}+\dfrac{\partial (hu)}{\partial x}+\dfrac{\partial (hv)}{\partial y}=0 \\ \dfrac{\partial (hu)}{\partial t}+\dfrac{\partial \left(hu^2+\dfrac{gh^2}{2}\right)}{\partial x}+\dfrac{\partial (huv)}{\partial y}=gh\left(s_{0x}-s_{fx}\right)+hfv+hF_x \\ \dfrac{\partial (hv)}{\partial t}+\dfrac{\partial (huv)}{\partial x}+\dfrac{\partial \left(hv^2+\dfrac{gh^2}{2}\right)}{\partial y}=gh\left(s_{0y}-s_{fy}\right)-hfu+hF_y \end{cases} \tag{5.1}$$

式中，s_{fx}、s_{fy}分别为x、y向的摩阻底坡；s_{0x}、s_{0y}分别为x、y向的河底底坡；F_x、F_y分别为摩擦力在x、y方向上的分量，风应力即通过F_x、F_y起作用；h为水深；u、v分别为x、y方向垂线平均水平流速分量；g为重力加速度；f为科氏参数。

相关计算表达式如下：

$$s_{fx}=\frac{\rho u\sqrt{u^2+v^2}}{hc^2}=\frac{\rho n^2 u\sqrt{u^2+v^2}}{h^{4/3}},\quad s_{fy}=\frac{\rho v\sqrt{u^2+v^2}}{hc^2}=\frac{\rho n^2 v\sqrt{u^2+v^2}}{h^{4/3}} \tag{5.2}$$

$$s_{0x}=-\frac{\partial Z_{\mathrm{b}}}{\partial x},\quad s_{0y}=-\frac{\partial Z_{\mathrm{b}}}{\partial y} \tag{5.3}$$

$$F_x=\frac{1}{\rho h}\rho_{\mathrm{a}}C_{\mathrm{D}}u_{\mathrm{a}}\sqrt{u_{\mathrm{a}}^2+v_{\mathrm{a}}^2},\quad F_y=\frac{1}{\rho h}\rho_{\mathrm{a}}C_{\mathrm{D}}v_{\mathrm{a}}\sqrt{u_{\mathrm{a}}^2+v_{\mathrm{a}}^2} \tag{5.4}$$

式中，Z_{b}为湖底高差；n为河床糙率；c为谢才系数；ρ、ρ_{a}分别为水和空气的密度；C_{D}为风拖曳系数；u_{a}、v_{a}分别为风速在x、y方向上的分量。

5.1.2 水质方程

采用二维对流-扩散方程描述污染物迁移转化过程，其守恒形式见式(5.5)。

$$\frac{\partial(hC_i)}{\partial t}+\frac{\partial(huC_i)}{\partial x}+\frac{\partial(hvC_i)}{\partial y}=\frac{\partial}{\partial x}\left(D_x^i h\frac{\partial C_i}{\partial x}\right)+\frac{\partial}{\partial y}\left(D_y^i h\frac{\partial C_i}{\partial y}\right)-K_i hC_i+W_i \tag{5.5}$$

式中，C_i为污染物(总氮、总磷、COD等)垂线平均浓度，mg/L；D_x^i、D_y^i分别为污染物在x、y向扩散系数，$\mathrm{m^2/s}$；K_i为污染物降解系数，$\mathrm{d^{-1}}$；W_i为污染物源汇项，根据鄱阳湖生境特性，污染物源汇项主要是湖泊沉积物起悬引起的污染释放以及大气干湿沉降。

5.1.3 泥沙输运方程

综合考虑泥沙在水流作用下的迁移扩散与沉降起悬，二维泥沙输运方程见式(5.6)。

$$\frac{\partial(hs)}{\partial t}+\frac{\partial(huS)}{\partial x}+\frac{\partial(hvS)}{\partial y}=\frac{\partial}{\partial x}\left(E_x h\frac{\partial S}{\partial x}\right)+\frac{\partial}{\partial y}\left(E_y h\frac{\partial S}{\partial y}\right)+F_{\mathrm{s}} \tag{5.6}$$

式中，S为水体泥沙浓度；E_x、E_y为水流作用下泥沙纵向、横向扩散系数；F_{s}为泥沙源汇项，即泥沙起悬与沉降净通量。

采用切应力概念，源汇项可表达为

$$F_{\mathrm{s}}=-A\alpha\omega_{\mathrm{s}}S\left(1-\frac{u^2}{u_{\mathrm{d}}^2}\right)+BM\left(\frac{u^2}{u_{\mathrm{e}}^2}-1\right),\quad A=\begin{cases}1, & u\leqslant u_{\mathrm{d}}\\ 0, & u>u_{\mathrm{d}}\end{cases},\quad B=\begin{cases}1, & u\geqslant u_{\mathrm{e}}\\ 0, & u<u_{\mathrm{e}}\end{cases} \tag{5.7}$$

式中，α 为泥沙的沉降概率；ω_s 为泥沙沉降速度；M 为泥沙起动系数；u_d 为临界不淤流速；u_e 为临界起动流速。

当 $u \leqslant u_d$ 时，泥沙发生沉降；当 $u \geqslant u_e$ 时，泥沙发生再悬浮。根据内江泥沙基本特性，临界起动流速和临界不淤流速分别选用武汉水利电力学院公式和沙玉清公式，表达式分别为

$$u_e = \left[\frac{h}{d_{50}}\right]^{0.14}\left[17.6\frac{\gamma_s-\gamma}{\gamma}d_{50}+0.000000605\frac{10+h}{d_{50}{}^{0.72}}\right]^{0.5} \tag{5.8}$$

$$u_d = 0.812 d_{50}^{0.4}\left(\omega_s h\right)^{0.2} \tag{5.9}$$

式中，d_{50} 为悬浮颗粒物的中值粒径；γ_s、γ 分别为悬浮颗粒物和水的重度，N/L；ω_s 为悬浮物的沉降速度，用以下公式计算

$$\omega_s = \sqrt{\left[13.95\frac{\nu}{d_{50}}\right]^2 + 1.09\frac{\gamma_s-\gamma}{\gamma}g d_{50}} - 13.95\frac{\nu}{d_{50}} \tag{5.10}$$

式中，ν 为水的运动黏滞系数。

5.1.4　水龄计算方程

水龄最初被定义成某一个粒子在一个规定区域内由开始时间为 0 运动直至离开所经过的时间。更为科学地讲，水龄在湖泊的河流入湖口为 0，任何位置的水龄代表水体粒子从边界入口处到这个位置的时间。为方便研究，可以假定没有其他源汇项情况下唯一示踪物进入水体，基于示踪物浓度和时间浓度用对流弥散-反应扩散方程计算水龄，其方程如下：

$$\frac{\partial c(t,x)}{\partial t} + \nabla(uc(t,x) - K\nabla c(t,x)) = 0 \tag{5.11}$$

$$\frac{\partial \alpha(t,x)}{\partial t} + \nabla(u\alpha(t,x) - K\nabla \alpha(t,x)) = c(t,x) \tag{5.12}$$

式中，$c(t,x)$ 为示踪物浓度；$\alpha(t,x)$ 为时间浓度；u 为流速矢量；K 为扩散常量；t 为时间；x 为位置坐标。平均水龄 a 可以按照下述方程计算：

$$\alpha(t,x) = \frac{\alpha(t,x)}{c(t,x)} = \frac{\int_0^\infty \tau c(t,x,\tau)\,\mathrm{d}\tau}{\int_0^\infty c(t,x,\tau)\,\mathrm{d}\tau} \tag{5.13}$$

式中，$\alpha(t,x)$ 和 $c(t,x)$ 为对应示踪物浓度分布功能模块；$c(t,x,\tau)$ 为时间 t、位置坐标 x 和时间尺度 τ 的表达函数。

5.2 模型数值解法

上述方程除水龄方程单独求解外，水流、水质、泥沙控制方程可以进行联合求解。式(5.1)、式(5.5)及式(5.6)可统一写为

$$\frac{\partial q}{\partial t}+\frac{\partial f(q)}{\partial x}+\frac{\partial g(q)}{\partial y}=b(q) \tag{5.14}$$

式中，q 为守恒物理量；$f(q)$、$g(q)$ 分别为 x、y 方向通量；$b(q)$ 为源汇项。

$$q=\left(h,hu,hv,hC_i,hs\right)^{\mathrm{T}} \tag{5.15}$$

$$f(q)=\left(hu,hu^2+\frac{gh^2}{2},huv,huC_i,huS\right)^{\mathrm{T}} \tag{5.16}$$

$$g(q)=\left(hv,huv,hv^2+\frac{gh^2}{2},hvC_i,hvS\right)^{\mathrm{T}} \tag{5.17}$$

$$\begin{aligned}b(q)=(0,gh(S_{0x}-S_{fx})+hfv+hF_x,gh(S_{0y}-S_{fy})-hfu+hF_y,\nabla(D_i\nabla(hC_i)\\-K_ihC_i+W_i,\nabla(E_i\nabla(hs))+F_{\mathrm{s}})^{\mathrm{T}}\end{aligned} \tag{5.18}$$

在 FVM 框架下对方程进行离散求解。定义矩阵

$$F(q)=\left[f(q),g(q)\right]^{\mathrm{T}} \tag{5.19}$$

在任意形状的单元 Ω 上对式(5.14)积分。利用散度定理，可得 FVM 基本方程

$$\iint_{\Omega}\frac{\partial q}{\partial t}\mathrm{d}\omega=-\int_{\partial\omega}F(q)\cdot n\mathrm{d}l+\iint_{\Omega}b(q)\mathrm{d}\omega \tag{5.20}$$

式中，n 为单元边界 $\partial\Omega$ 的单位外法向量；$\mathrm{d}\omega$ 及 $\mathrm{d}l$ 为面积分及线积分的微元。

$F(q)\cdot n$ 为 n 方向的通量，记为 $f_n(q)$。对于一阶精度离散，在每单元中 q 是以常数近似的(即假设单元内的 q 为定值)，因此利用散度定理，式(5.20)的左项及右边第二项可写成 $A\frac{\mathrm{d}q}{\mathrm{d}t}$ 及 $A\cdot b(q)$，A 为 Ω 的面积。这样离散后的式(5.20)即可变为

$$A\frac{\mathrm{d}q}{\mathrm{d}t}=-\sum_{j=1}^{m}f_n^j(q)L^j+A\cdot b(q) \tag{5.21}$$

式中，L^j 为单元第 j 边的长度。

对于控制体 i，可写出显式 FVM 方程为

$$A_i\left(q_i^{n+1}-q_i^n\right)=\Delta t\left[-\sum_{j=1}^{m}f_n^j(q)L^j+A_ib_i\right] \tag{5.22}$$

式中，左边表示控制体内守恒变量在Δt时段内的变化，右边第一项表示沿各边法向输出的通量之和，第二项表示控制体内源汇项在Δt时段内的作用。

FVM 方程反映了守恒物理量的守恒原理：守恒物理量$q=(h,hu,hv,hC_i,h\Delta T,hS)^{\mathrm{T}}$在控制体内随时间变化等于各边法向数值通量的和再加上源汇项。不含源汇项时，可以参照图 5.1(a)所示的 FVM 物理量的守恒。

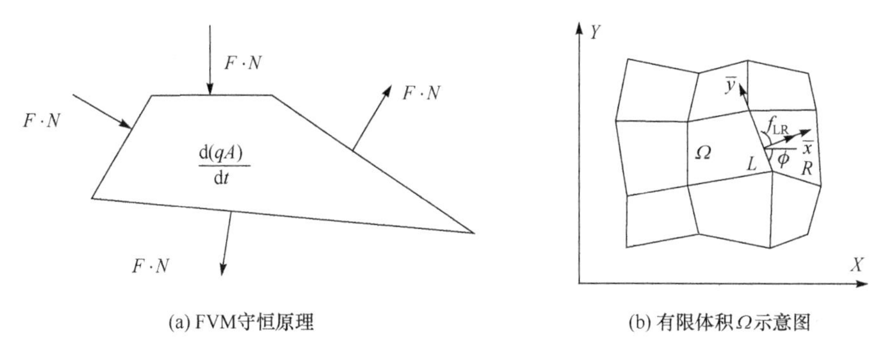

(a) FVM守恒原理　　(b) 有限体积Ω示意图

图 5.1　方程离散计算示意图

如图 5.1(b)所示，基于某有限体积Ω，设n与x轴的夹角为Φ(由x轴起逆时针量度)则

$$f_n(q)=\cos\Phi\cdot f(q)+\sin\Phi\cdot g(q) \tag{5.23}$$

Spekreijse 证明，f与g具有旋转不变性，满足

$$T(\Phi)f_n(q)=f\left[T(\Phi)q\right]=f(\bar{q})\text{ 或 }f_n(q)=T(\Phi)^{-1}f(\bar{q}) \tag{5.24}$$

式中，$T(\Phi)$为坐标轴旋转角度Φ的变换矩阵；$T(\Phi)^{-1}$为逆变换矩阵。

$$T(\Phi)=\begin{bmatrix}1 & 0 & 0\\ 0 & \cos\Phi & -\sin\Phi\\ 0 & \sin\Phi & \cos\Phi\end{bmatrix},\quad T(\Phi)^{-1}=T(\Phi)^{\mathrm{T}}=\begin{bmatrix}1 & 0 & 0\\ 0 & \cos\Phi & \sin\Phi\\ 0 & -\sin\Phi & \cos\Phi\end{bmatrix} \tag{5.25}$$

守恒物理量的向量q在此旋转变换下成为$\bar{q}=T(\Phi)q$，$\bar{q}$为沿单元边界外法向的向量，其中h不变而流速分别变换为法向n及切向τ的流速。式(5.23)和式(5.24)表示：$f(q)$及$g(q)$的投影，可转变为先投影q到$\bar{q}$，然后代入$f(q)$得到$f(\bar{q})$，再经过一个坐标逆变换就可求得$f_n(q)$，由于此二者等效，$g(q)$得以消去，也正因为这个特性，使原来的二维问题可转化为一维问题来处理，即只需计算$f(\bar{q})$，大大简化计算并提高效率。将式(5.24)代入式(5.21)中，则 FVM 基本方程的最终形式为

$$A\frac{\mathrm{d}q}{\mathrm{d}t}=-\sum_{j=1}^{m}T(\Phi)^{-1}f(\overline{q})L^{j}+A\cdot b(q) \tag{5.26}$$

由于在单元各边两侧的 q (或 $\overline{q}$)的值可能不同，也就是说单元界面上有 q 或 $\overline{q}$ 值不连续的现象，此时即以一维黎曼问题来求解法向通量 $f(\overline{q})$ 。局部一维黎曼问题是一个初值问题，控制方程为

$$\frac{\partial\overline{q}}{\partial t}+\frac{\partial f(\overline{q})}{\partial\overline{x}}=0,\overline{q}=\overline{q}_{\mathrm{L}}\quad(\overline{x}<0,t=0),\quad\overline{q}=\overline{q}_{\mathrm{R}}\quad(\overline{x}>0,t=0) \tag{5.27}$$

式中，变换后的向量为

$$\overline{q}=(h,h\overline{u},h\overline{v})^{\mathrm{T}} \tag{5.28}$$

式(5.27)中， $\overline{q}_{\mathrm{L}}$ 和 $\overline{q}_{\mathrm{R}}$ 分别为向量 $\overline{q}$ 在单元界面左右的状态； $\overline{x}$ 轴的原点位于单元某一边上并沿外法向。通过解算此黎曼问题，可得到 $t=0^{+}$ 时坐标原点处沿边界外法向的通量在 $\overline{x}$ - $\overline{y}$ 坐标系内的表达式，记为 $f_{\mathrm{LR}}(\overline{q}_{\mathrm{L}},\overline{q}_{\mathrm{R}})$ ，对其作逆旋转变换 $T(\Phi)^{-1}$ ，就可以计算出 x-y 坐标系下的单元边通量 $f_{n}(q)$ 。

问题归结为如何估计算 f_{LR} ，有多种方法可供选择，主要如下。

(1) 取

$$f_{\mathrm{LR}}=\frac{[f(\overline{q}_{\mathrm{L}})+f(\overline{q}_{\mathrm{R}})]}{2}\text{或}f[\frac{\overline{q}_{\mathrm{L}}+\overline{q}_{\mathrm{R}}}{2}] \tag{5.29}$$

即取该边内外侧通量的平均，或由两侧平均状态来计算通量。

(2) 采取全变差缩小(total variation diminishing，TVD)、通量校正输运(flux corrected transport，FCT)等单调性保持格式的数值通量公式。

(3) 采用以特征分解为基础的通量向量分裂(flux-vector splitting，FVS)、通量差分裂(flux difference splitting，FDS)和 Oshe 等高性能格式的数值通量公式。

以上第一类格式太简单，其余 TVD、FVS、FDS、FCT 及 Osher 等格式已被应用于浅水流动的计算中。此外，Osher 格式还被用于求解二维恒定气流的欧拉方程组，本模型采用 Osher 格式，通过解近似黎曼问题计算法向数值通量。与浅水方程组类似，方程(5.26)的特征方程为

$$\left|J-\lambda I\right|=0 \tag{5.30}$$

式中，I 为单位矩阵；J 为雅可比矩阵，

$$J=\frac{\mathrm{d}f(\overline{q})}{f\overline{q}}=\begin{bmatrix}0&1&0\\c^{2}-\overline{u}^{2}&2\overline{u}&0\\-\overline{uv}&\overline{v}&\overline{u}\end{bmatrix} \tag{5.31}$$

式中，

$$c = \sqrt{gh} \tag{5.32}$$

可求得特征方程的特征值为

$$\lambda_1 = \overline{u} - c\text{；}\ \lambda_2 = \overline{u}\text{；}\ \lambda_3 = \overline{u} + c \tag{5.33}$$

通过求解

$$J \cdot \gamma_k = \lambda_k \cdot \gamma_k \tag{5.34}$$

得到相应的特征向量

$$\gamma_k (k = 1,2,3)\text{：}\ \gamma_1 = (1, u - c, v)\text{；}\ \gamma_2 = (0,0,1)\text{；}\ \gamma_3 = (1, u + c, v) \tag{5.35}$$

沿特征值 λ_k 和特征向量 γ_k 相应的特征线 Γ_k，黎曼不变量 $\Psi_k(\overline{q})$ 定义见式(5.36)。

$$\nabla \Psi_k(\overline{q}) \cdot \gamma_k(\overline{q}) = 0 \tag{5.36}$$

式中，

$$\nabla \Psi_k = \left(\frac{\partial \Psi_k}{\partial q_1}, \frac{\partial \Psi_k}{\partial q_2}, \frac{\partial \Psi_k}{\partial q_3} \right) \tag{5.37}$$

黎曼不变量沿着相对应特征曲线保持定值。

解式(5.36)可得黎曼不变量的分量：

$$\begin{aligned} &\lambda_1\text{:}\ \Psi_1^{(1)} = u + 2c, \quad \Psi_1^{(2)} = v \\ &\lambda_2\text{:}\ \Psi_2^{(1)} = u, \quad \Psi_2^{(2)} = h \\ &\lambda_3\text{:}\ \Psi_3^{(1)} = u - 2c, \quad \Psi_3^{(2)} = v \end{aligned} \tag{5.38}$$

根据特征值的符号，通量 $f(\overline{q})$ 可分裂成

$$f(\overline{q}) = f^{+}(\overline{q}) + f^{-}(\overline{q}) \tag{5.39}$$

式中，$f^{+}(\overline{q})$ 和 $f^{-}(\overline{q})$ 分别为对应于 J 正负特征值的通量分量。黎曼问题的近似解为

$$f_{\mathrm{LR}}(\overline{q}_{\mathrm{L}}, \overline{q}_{\mathrm{R}}) = f^{+}(\overline{q}) + f^{-}(\overline{q}) = f(\overline{q}_{\mathrm{L}}) + \int_{\overline{q}_{\mathrm{L}}}^{\overline{q}_{\mathrm{R}}} J^{-}(\overline{q}) \mathrm{d}\overline{q} = f(\overline{q}_{\mathrm{R}}) - \int_{\overline{q}_{\mathrm{L}}}^{\overline{q}_{\mathrm{R}}} J^{+}(\overline{q}) \mathrm{d}\overline{q} \tag{5.40}$$

式中，$J^{+}(\overline{q})$ 和 $J^{-}(\overline{q})$ 为相应于 J 正负特征值的雅可比矩阵。

Osher 格式数值方法求解上述黎曼问题的思路为：在 $\overline{q}$ 的状态空间(或称相空间)中，两个已知状态 $\overline{q}_{\mathrm{L}}$ 和 $\overline{q}_{\mathrm{R}}$ 通过相互连接的三段特征线 Γ_k (k=1,2,3)连成连续的积分路径，沿 Osher 格式连续的积分路径计算式(5.40)中的积分项，如图 5.2 所示。

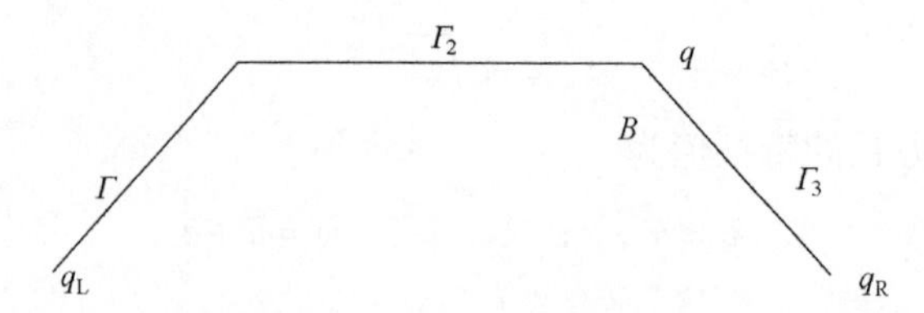

图 5.2　Osher 格式积分路径

由图 5.2 可知积分路径为：从 $\overline{q_L}$ 开始，相继经 $\overline{q_A}$、$\overline{q_B}$，最后以 $\overline{q_R}$ 结束。图 5.2 中每一段弧线的积分可表示如下：

$$\int_{\bar{q}[0]}^{\bar{q}[\zeta]} J^{\pm}(\bar{q})\mathrm{d}\bar{q} = \int_0^{\zeta} J^{\pm}(\bar{q})\frac{\mathrm{d}\bar{q}}{\mathrm{d}\xi} = \int_0^{\zeta} J^{\pm}(\bar{q})\gamma(\bar{q})\mathrm{d}\xi = \int_0^{\zeta} \lambda^{\pm}(\bar{q})\gamma(\bar{q})\mathrm{d}\xi \tag{5.41}$$

式中，$\bar{q}[0]$ 和 $\bar{q}[\zeta]$ 为每一特征线 Γ_k 两端的状态，ζ 是 Γ_k 的长度。$\bar{q}_A$ 和 $\bar{q}_B$ 根据黎曼不变量的性质所建立的方程组求解：

$$\bar{u}_L + 2\bar{c}_L = \bar{u}_A + 2\bar{c}_A;\quad \bar{v}_L = \bar{v}_A \tag{5.42}$$

$$\bar{u}_A = \bar{u}_B;\quad h_A = h_B \tag{5.43}$$

$$\bar{u}_R - 2\bar{c}_R = \bar{u}_B - 2\bar{c}_B;\quad \bar{v}_R = \bar{v}_B \tag{5.44}$$

由此解出

$$\bar{u}_A = \bar{u}_B = \frac{\psi_L + \psi_R}{2};\quad h_A = h_B = \frac{1}{g}\left(\frac{\psi_L - \psi_R}{4}\right)^2 \tag{5.45}$$

式中，

$$\Psi_L = \bar{u}_L + 2c_L,\quad \Psi_R = \bar{u}_R - 2c_R \tag{5.46}$$

对每一段 Γ_k 而言，其黎曼近似解为式(5.40)和式(5.41)的结合，并根据特征值 λ_k 的正负而变。

$$f_{LR}(\bar{q}_L, \bar{q}_R) = \begin{cases} f(\bar{q}[\zeta]) - f(\bar{q}[s]) + f(\bar{q}[0]), & \lambda_k(\bar{q}[0]) > 0,\quad \lambda_k(\bar{q}[\zeta]) < 0 \\ f(\bar{q}[s]), & \lambda_k(\bar{q}[0]) < 0, \lambda_k(\bar{q}[\zeta]) > 0 \\ f(\bar{q}[0]), & \lambda_k(\bar{q}[0]) \geqslant 0, \lambda_k(\bar{q}[\zeta]) \geqslant 0 \\ f(\bar{q}[\zeta]), & \lambda_k(\bar{q}[0]) \leqslant 0, \lambda_k(\bar{q}[\zeta]) \leqslant 0 \end{cases} \tag{5.47}$$

式中，$\bar{q}[s]$ 代表临界流时的 $\bar{q}$ 值，点 s 即为临界点，在 s 点上，有

$$\lambda(\bar{q}[s]) = 0 \tag{5.48}$$

经过临界点 λ 改变符号。临界点仅存在于 Γ_1 及 Γ_3，分别代表不同的水力变量 $\overset{-1}{q_s}$ 及 $\overset{-3}{q_s}$，其分量为

$$u_s^1 = \frac{1}{3}\Psi_L,\quad u_s^3 = \frac{1}{3}\Psi_R \tag{5.49}$$

$$h_s^1 = \left[u_s^1\right]^2 / g, \quad h_s^3 = \left[u_s^3\right]^2 / g \tag{5.50}$$

利用式(5.47)来计算跨单元某边的外法向通量 f_{LR}，见表 5.1，有 16 种可能的解。最后再由式(5.24)将 f_{LR} 逆转换为 $f_n(q)$。

表 5.1 给定水力条件黎曼问题 Osher 格式通量 f_{LR} 的估算

f_{LR}	$u_L < c_L$ $u_R > -c_R$	$u_L > c_L$ $u_R > -c_R$	$u_L < c_L$ $u_R < -c_R$	$u_L > c_L$ $u_R < -c_R$
$c_A < u_A$	$f(q_s^1)$	$f(q_L)$	$f(q_s^1)-f(q_s^3)$ $+f(q_R)$	$f(q_L)-f(q_s^3)+f(q_R)$
$0 < u_A < c_A$	$f(q_A)$	$f(q_L)-f(q_s^1)+f(q_A)$	$f(q_A)-f(q_s^3)$ $+f(q_R)$	$f(q_L)-f(q_s^3)-f(q_s^1)+f(q_R)$ $+f(q_A)$
$-c_B < u_A < 0$	$f(q_B)$	$f(q_L)-f(q_s^1)+f(q_B)$	$f(q_B)-f(q_s^3)$ $+f(q_R)$	$f(q_L)-f(q_s^1)-f(q_s^3)+f(q_R)$ $+f(q_B)$
$u_A < -c_B$	$f(q_s^3)$	$f(q_L)-f(q_s^1)+f(q_s^3)$	$f(q_R)$	$f(q_L)-f(q_s^1)+f(q_R)$

5.3 模型边界条件

模型设有三种不同形态的边界，分别为陆地边界、开边界及内边界。这三种边界条件均可使用在单元体的任一交界面上。

1) 陆地边界

陆地边界又称为闭边界。两单元体间的交界面若为陆地边界，则表示两单元间不会有水流通过。可表示为

$$u_R = -u_L, \quad h_R = h_L \tag{5.51}$$

式中，h_L、u_L 分别为已知状态边界控制体形心处的水位、局部坐标系中的法向流速；h_R、u_R 分别为未知状态边界控制体形心处的水位、局部坐标系的法向流速。

2) 开边界

当单元体任一边界属于开边界时，根据 Osher 数值方法，q_R 可由区域内的已知解确定。q_R 即边界点的未知解，可根据局部流态(亚临界流或临界流)选择输出的关系式，并利用给定的物理边界条件加以确定。在亚临界流时有三种可能的物理边界条件如下。

(1) 给定水位 h_R。

h_R 为已知的水位，根据

$$u_R + 2\sqrt{gh_R} = u_L + 2\sqrt{gh_L} \tag{5.52}$$

得

$$u_{\mathrm{R}} = u_{\mathrm{L}} + 2\sqrt{g}\left(\sqrt{h_{\mathrm{L}}} - \sqrt{h_{\mathrm{R}}}\right), \quad v_{\mathrm{R}} = v_{\mathrm{L}} \tag{5.53}$$

式中，v_{L} 为已知状态边界控制体形心处局部坐标系中的切向流速；v_{R} 为未知状态边界控制体形心处局部坐标系中的切向流速。

(2) 给定单宽流量 Q_{R}。

求解方程组

$$\begin{cases} Q_{\mathrm{R}} = h_{\mathrm{R}} u_{\mathrm{R}} \\ u_{\mathrm{R}} = u_{\mathrm{L}} + 2\sqrt{g}\left(\sqrt{h_{\mathrm{L}}} - \sqrt{h_{\mathrm{R}}}\right) \end{cases} \tag{5.54}$$

得到相应的 h_{R} 和 u_{R} 值。

$$v_{\mathrm{R}} = v_{\mathrm{L}} \tag{5.55}$$

(3) 给定边界处的水位流量关系。

已知边界处的水位流量关系

$$Q_{\mathrm{R}} = f(h_{\mathrm{R}}) \tag{5.56}$$

求解方程组

$$\begin{cases} Q_{\mathrm{R}} = f(h_{\mathrm{R}}) \\ u_{\mathrm{R}} = u_{\mathrm{L}} + 2\sqrt{g}\left(\sqrt{h_{\mathrm{L}}} - \sqrt{h_{\mathrm{R}}}\right) \end{cases} \tag{5.57}$$

得到相应的 h_{R} 和 u_{R} 值。

$$v_{\mathrm{R}} = v_{\mathrm{L}} \tag{5.58}$$

对于超临界流的边界条件，无论是水位、流量还是水位–流量关系，都必须同时给定在入流边界处。

3) 内边界

计算域内有时会存在水工建筑物，如堰、闸、堤、桥墩和涵洞等。当单元边界与之重合时，单元边上的法向数值通量的计算就属于内边界问题。对物理边界上法向通量的计算要根据各种物理边界类型的不同区别对待。

当计算域中存在随洪水或潮流涨落变化的陆地动边界时，假设在有水区域之外的干床区域存在一个极薄的水层，这就将一个动边界问题变为固定边界问题来处理。但应强调指出，正是由于本模型所用格式具有的无振荡性可保证数值解在小水深(可取一个很小的数值，如 1cm 或 0.1cm)情况下不会出现负水深而导致计算失稳。

5.4　模型率定验证

5.4.1　率定数据来源

基于 2012 年 1～9 月鄱阳湖 10 个站点同步监测资料对鄱阳湖水环境数学模型进行率定验证。10 个站点分布位置如图 5.3 所示。

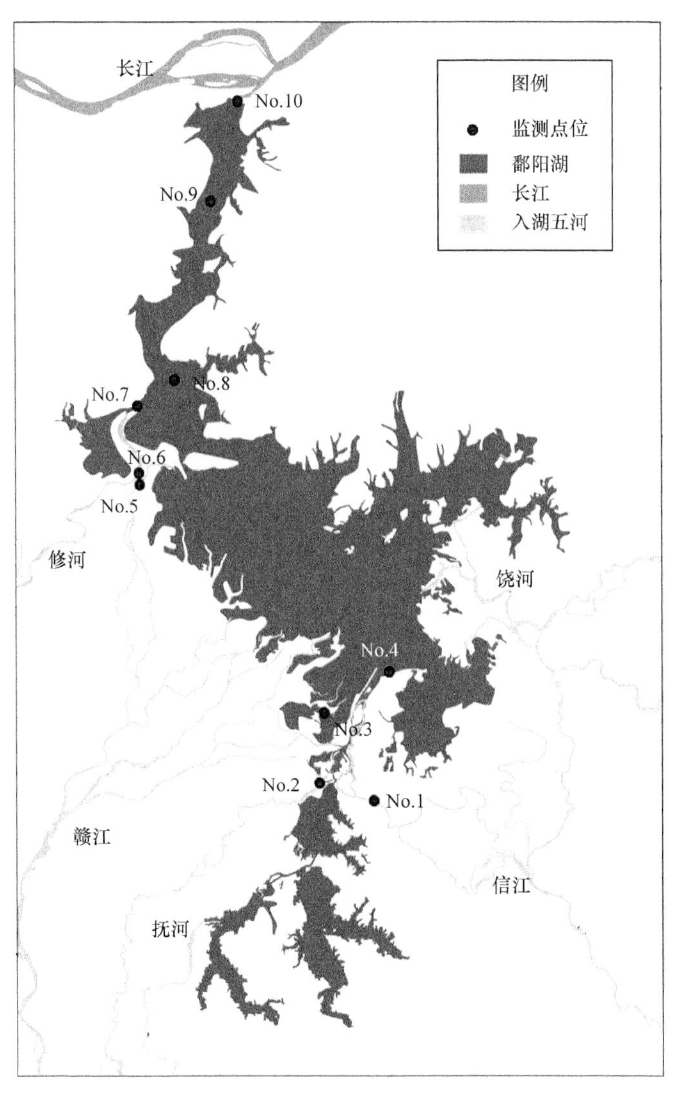

图 5.3　水文监测点位分布示意图

5.4.2　率定验证结果

基于 2012 年鄱阳湖区 10 个点位 1～9 月连续野外监测结果对模型进行率定验证。10 个点位分别是信江西支(No.1)、抚河口(No.2)、赣江南支(No.3)、康山(No.4)、棠荫(No.5)、赣江主支(No.6)、蚌湖(No.7)、渚溪口(No.8)、蛤蟆石(No.9)及湖口(No.10)(图 5.3)。水质模块选择康山、蚌湖、湖口三点位作为典型点位，对 COD、氨氮、总磷三个水质因子进行率定验证；计算区域为鄱阳湖区。根据地形资料，应用 Gambit 软件将其划分为 6239 个四边形单元网格，共 7533 个节点，平均网格尺寸为 700m×700m。模型计算入流边界为上游长江、修河、赣江、抚河、信江、饶河，出湖边界为下游长江断面；长江及五河来水和泥沙边界数据根据长江水文局与江西水文局实测数据给定。水和悬浮颗粒容重分别取为 1000kg/m^3、2650kg/m^3；运动黏滞系数取 1.0×10^{-6}m^2/s；糙率 n 根据地形取为 0.01～0.035；风拖曳系数取 1.0×10^{-3}；悬沙纵向扩散系数取为 1.0m^2 · s；横向扩散系数取 0.1m^2 · s；水平涡动黏滞系数 0.5×10^5cm^2/s。考虑计算稳定性及精度，取时间步长Δt 为 1s。结果表明：计算值与实测值拟合效果较好，平均相对误差为 16%～21%。所建模型能较准确地反映鄱阳湖水动力与悬沙浓度的动态变化特征。图 5.4～图 5.7 为部分率定验证结果。

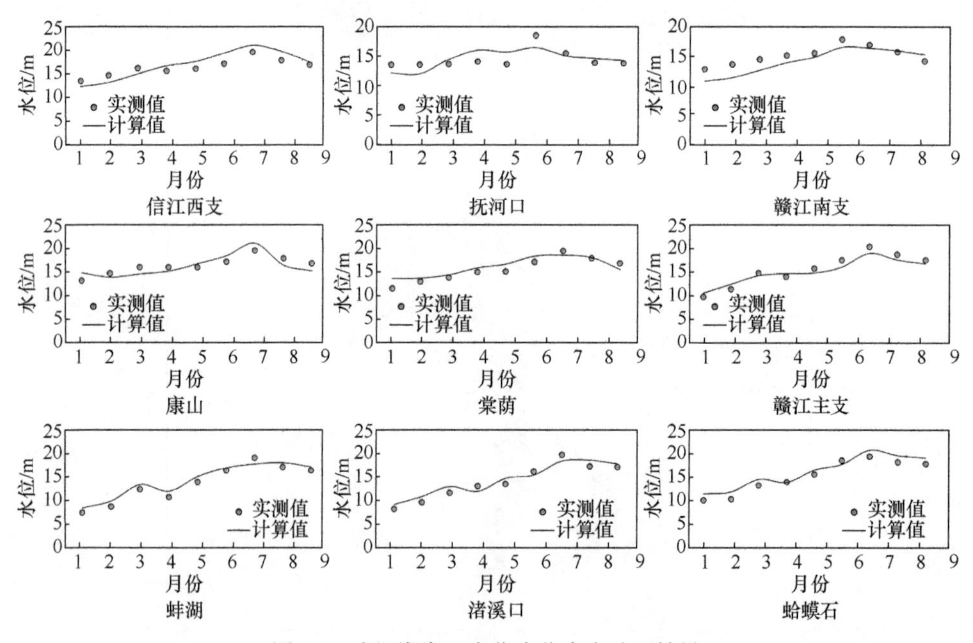

图 5.4　鄱阳湖湖区点位水位率定验证结果

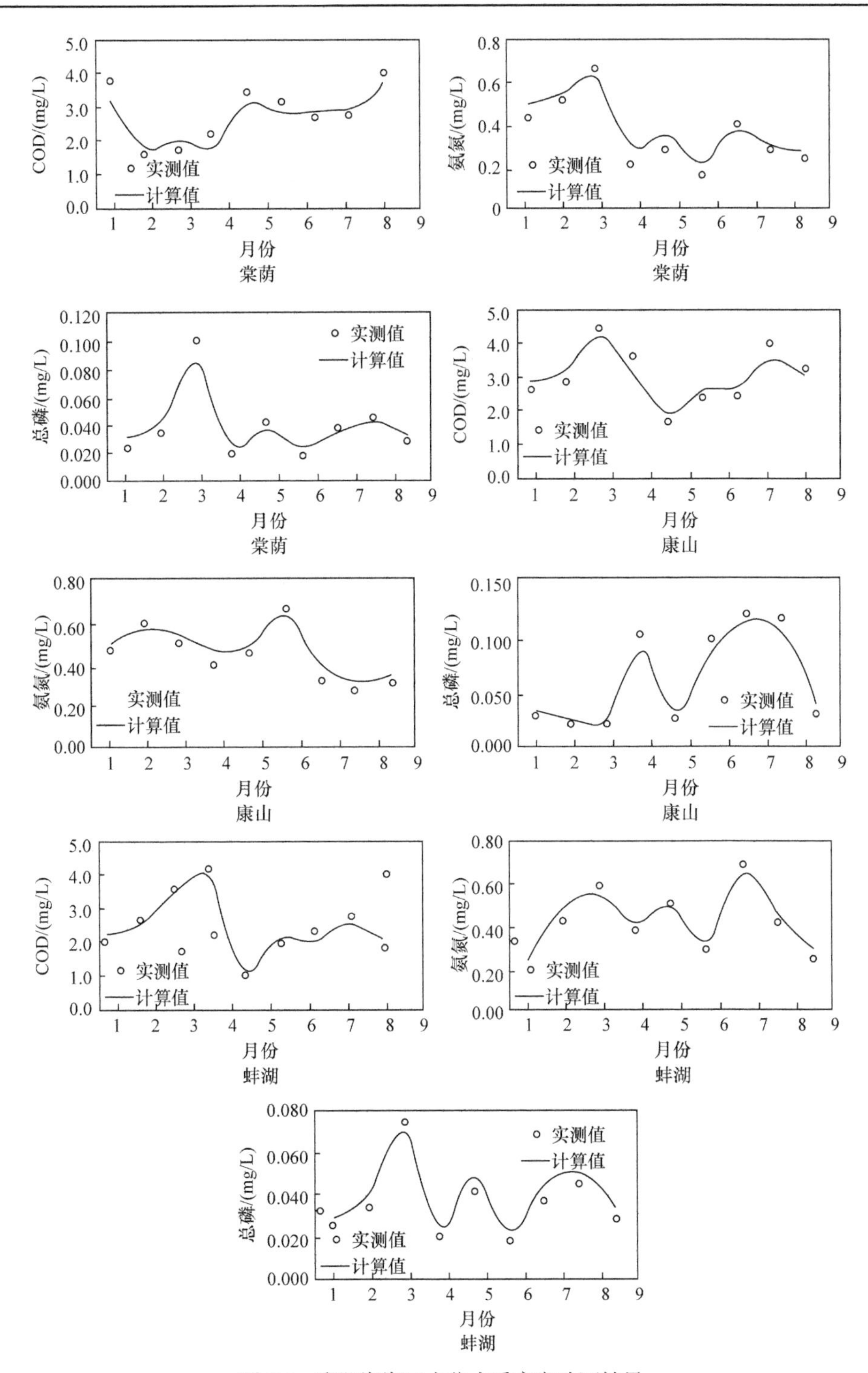

图 5.5　鄱阳湖湖区点位水质率定验证结果

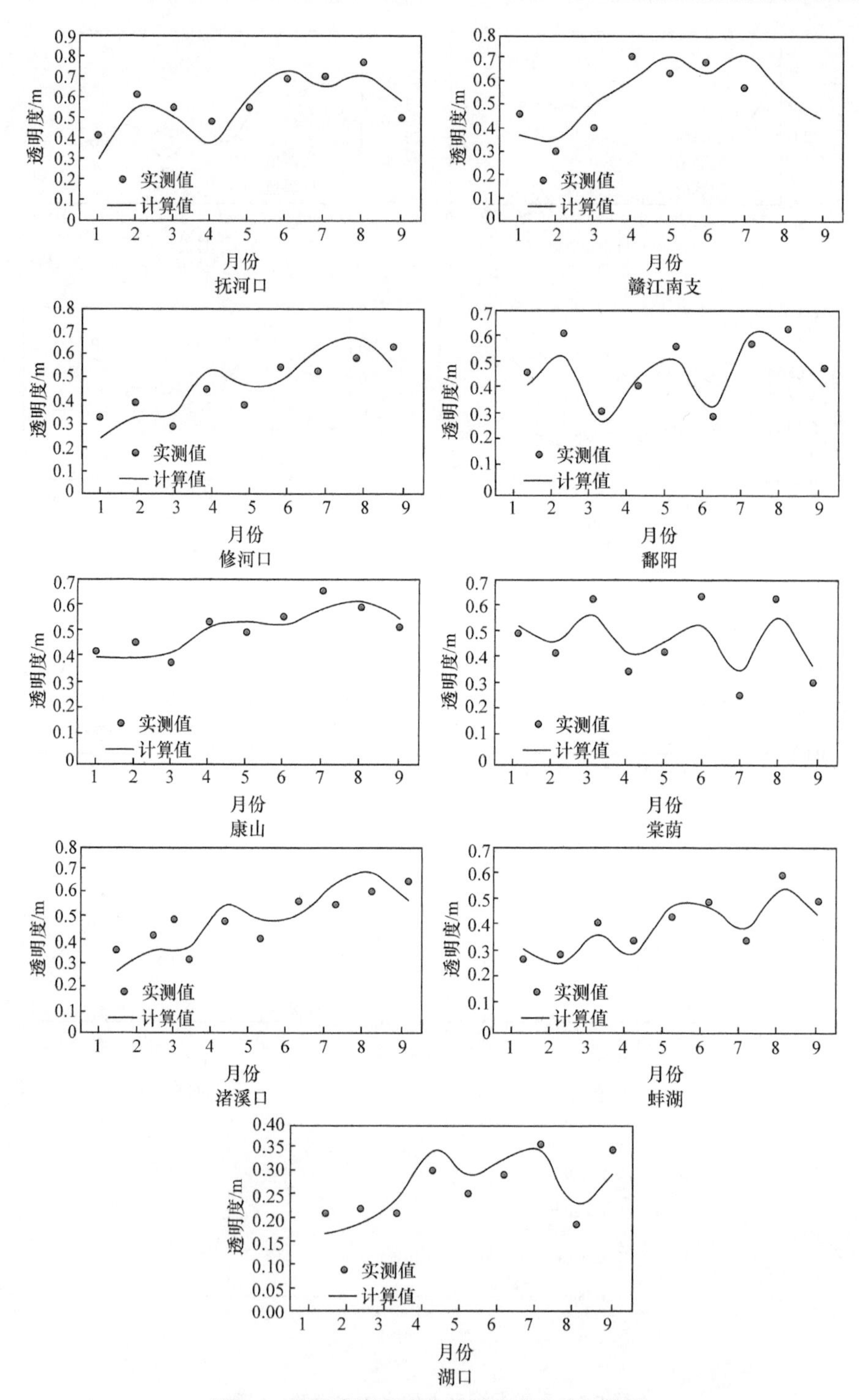

图 5.6　鄱阳湖湖区点位透明度率定验证结果

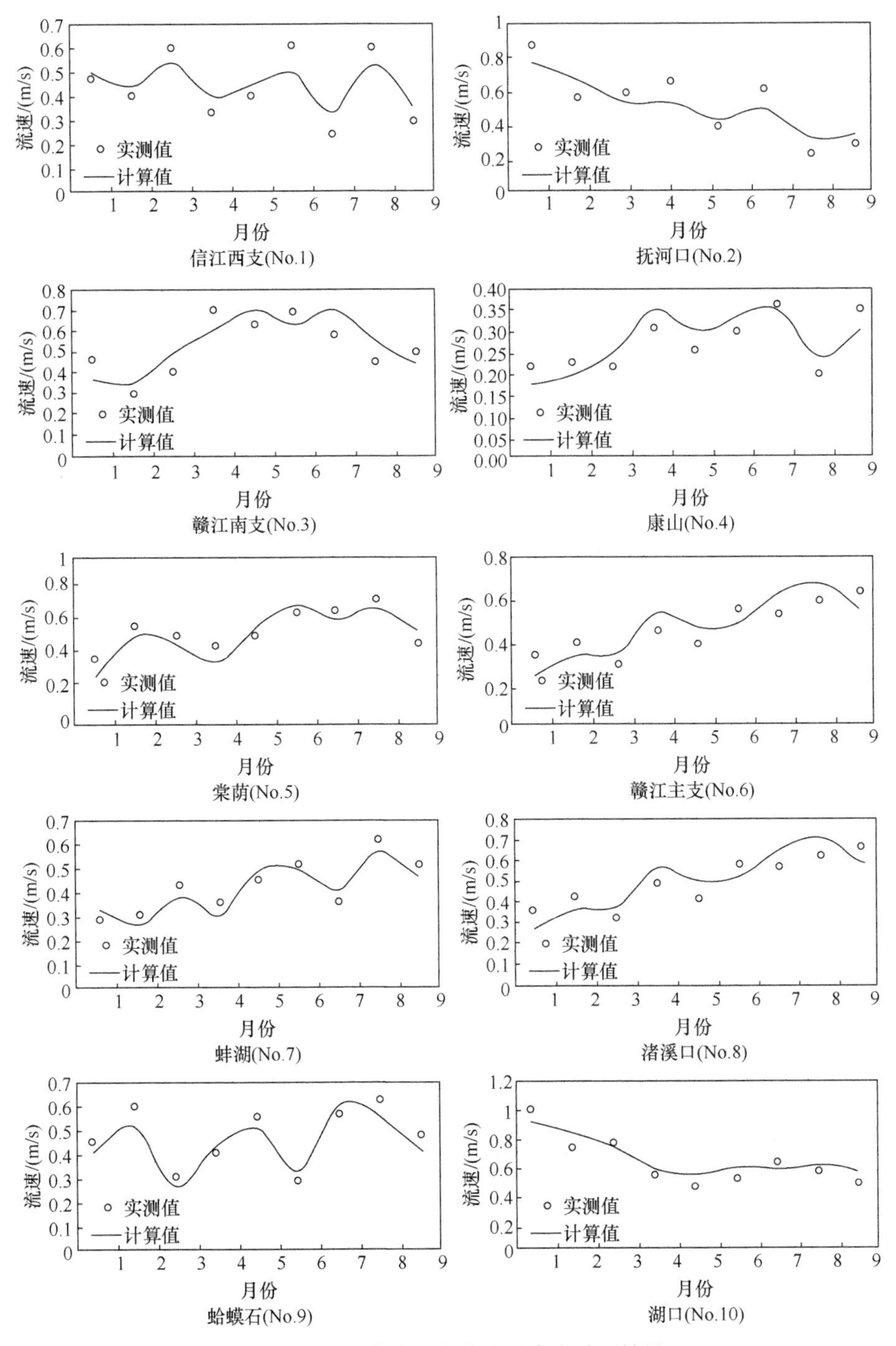

图 5.7　鄱阳湖湖区点位流速率定验证结果

第 6 章　鄱阳湖河-湖两相判别研究

6.1　鄱阳湖河-湖两相判别的总体思路

受外部五河及长江综合作用，鄱阳湖季节性特征显著，高水湖相，低水河相，换水周期短，与相对独立湖泊有显著的环境差异。根据江西省水文系统多年水资源动态监测结果：汛期高水时，鄱阳湖呈湖泊形态，湖面面积、库容及水体环境容量显著增加，大多数环境监测点水质都能达Ⅲ类及Ⅲ类以上标准；枯季低水时，湖面缩小、在流速及形态上体现出河流的特征。在这种条件下，若仍然按照湖库水质标准进行评价，多数测点的相关指标，如总氮、总磷均会出现劣于Ⅲ类，甚至存在劣Ⅴ类评价结果；而同样水体若按照河流水质标准进行评价则结果提高1～2 个等级。针对鄱阳湖低水位条件下湖相特征不显著，其水文情势及相关环境要素与典型湖泊特征相差较大的情形，若完全运用湖泊水质标准来控制水体水质目标则不尽合理，也不利于准确计算水体环境承载力，同时严重制约了鄱阳湖水资源管理及后续的流域环境规划与污染负荷削减分配研究，所以开展鄱阳湖河-湖两相判别研究非常必要。然而，鄱阳湖属于典型的大型通江湖泊，上游还受五河来水影响，在外部江河共同作用下，鄱阳湖环境特征复杂多变，如何针对湖泊水位、库容、水动力的频繁波动，提出科学、合理的河-湖两相判别方法则是研究的重点与难点。基于大量前期研究，本书提出的鄱阳湖河-湖两相判别的总体思路如下。

(1) 基于鄱阳湖水环境数学模型，选择典型水文年(丰水年、平水年、枯水年)，分别开展鄱阳湖长序列水环境数值模拟计算，定量分析不同水平年，鄱阳湖水深、水动力、水龄年内波动特征。

(2) 基于数值模拟连续数据结果及历史监测数据，以星子站水位作为判别基准水位，判定鄱阳湖基本河相的上限水位 H_R 与基本湖相的下限水位 H_L，以及需要细化判别的水位区间 H_R～H_L。

(3) 基于数值模拟结果及历史监测数据，对基本河相条件下($H \leqslant H_R$)，特殊区域湖相特征进行判别；对基本湖相条件下($H \geqslant H_L$)，特殊区域河相特征进行判别。

(4) 当湖泊水位在区间 H_R～H_L 时，按照特定研究点位逐一判别。结合鄱阳湖边界特征，水动力条件等要素，对鄱阳湖进行空间分区，综合数值模拟数据与野外实测数据为研究样本，运用数学统计方法，针对各点位提出考虑水深条件、流速条件、水龄特征的河-湖两相判别依据；基于所提出的判别标准，给出各点位全年逐月河-湖两相特征判别的总体结果。

(5) 基于湖泊空间分区，对鄱阳湖内碟形湖河-湖两相开展判别研究，从而提出鄱阳湖河-湖两相判别研究总结论。总体思路如图 6.1 所示。

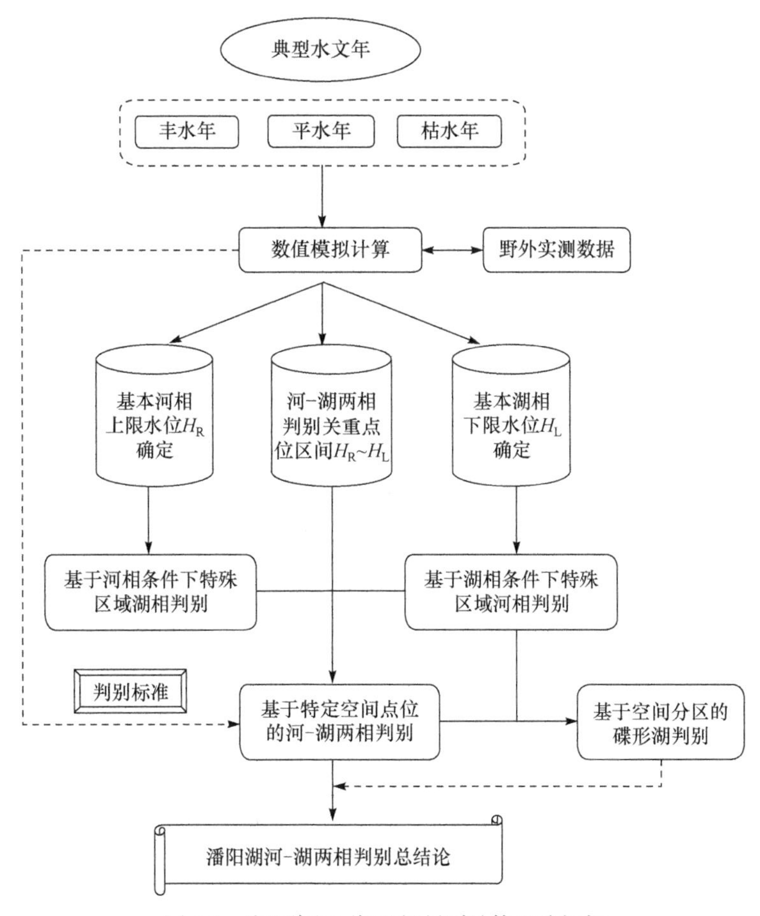

图 6.1　鄱阳湖河-湖两相判别总体思路框架

6.2　鄱阳湖河-湖两相判别的数学方法

河流与湖泊是陆地最常见的两种主要水体。根据“科普中国”百科科学词条编写与应用工作项目确定的定义：河流通常是指陆地经常或间歇地沿着狭长凹地流动的水流；湖泊则指地表相对封闭可蓄水的天然洼池及其承纳的水体。这两个定义定性地阐述了河流与湖泊的基本特征，而针对两类水体的水文特征差异尚没有定量界定。因此，提出科学、合理的河-湖两相判别数学方法是研究的重点。

鄱阳湖河-湖两相判别的主要任务是基于特定环境点位的判别。不同水体环境特征不同，同一水体的不同空间点位环境特征也会有所差异。故本书河-湖两相判别的数学方法根据特定点位确定。对于鄱阳湖区任一空间点位 N，均对应存在三个参数值(水深 H、流速 U、水龄 A)；关于河流与湖泊特征虽然没有准确的定量区分标准，但根据河流水动力学及湖泊水动力学研究经验成果，基于给定点位长序列水文数据频率分析，基本可以确定其呈现河流特征与湖泊特征的环境条件。在此前提下，则可以综合考虑点位各项因子，判定该点位河-湖两相的动态变化过程。基于上述考虑，提出的鄱阳湖河-湖两相判别函数 M 为分段函数，由低水位区判别函数 F、重点水位区判别函数 Y 及高水位区判别函数 P 三部分组成，见式(6.1)。

$$M=\begin{cases}F(H_N), & H_N \leqslant H_{RN} \\ Y(H_N), & H_{RN} < H_N < H_{LN} \\ P(H_N), & H_N \geqslant H_{LN}\end{cases} \tag{6.1}$$

式中，M 表示鄱阳湖河-湖两相判别函数；F 为低水位区判别函数；Y 为重点水位区判别函数；P 为高水位区判别函数；H_N 为点位 N 特定条件下水深，m；H_{RN} 为基本河相水位(星子站水位)H_R 条件下，N 点位对应水深值；H_{LN} 为基本湖相水位(星子站水位)H_L 条件下，N 点位对应水深值。

鄱阳湖河-湖两相判别典型水位示意图如图 6.2 所示。

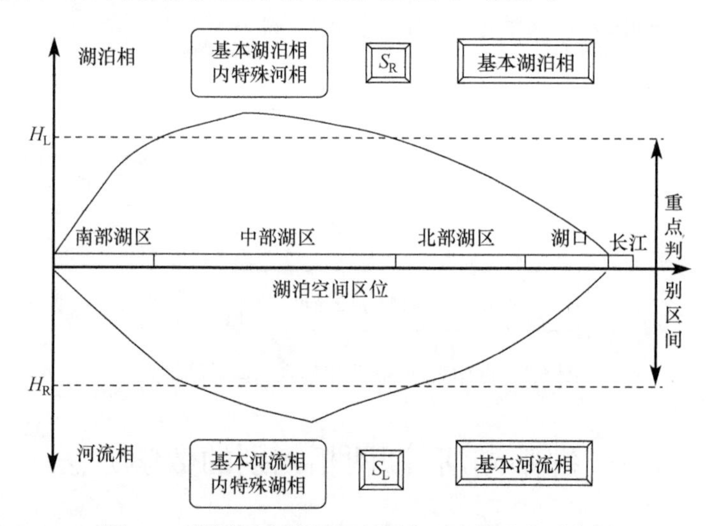

图 6.2　鄱阳湖河-湖两相判别典型水位确定示意图

式(6.1)中，各子函数求解公式如下：

$$F(H_N)=\begin{cases}0, & N \notin S_L \\ 1, & N \in S_L\end{cases},\quad Y(H_N)=\begin{cases}0, & K>50\% \\ 1, & K \leqslant 50\%\end{cases},\quad P(H_N)=\begin{cases}0, & N \in S_R \\ 1, & N \notin S_R\end{cases} \tag{6.2}$$

式中，S_L 表示基本河相条件下的特殊湖相区域；S_R 表示基本湖相条件下的特殊河相区域；K 为重点水位区内考虑水深 H、流速 U、水龄 A 的判别参数，其根据综合判别函数 G 计算确定，其计算公式如下：

$$K=\left|\frac{G_N-G_{LN}}{G_{LN}-G_{RN}}\right| \tag{6.3}$$

式中，G_N 表示 N 点位综合判别函数 $G(H,U,A)$ 的判定值；G_{LN} 表示基本湖相水位条件下，N 点位综合判别函数 G 的判定值；G_{RN} 表示基本河相水位条件下，N 点位综合判别函数 G 的判定值。

根据函数计算结果，当判别函数 $M=1$ 时，主要呈现湖相特征；当 $M=0$ 时，则以河相特征为主。基于特定点位 N 的河-湖两相判别函数如图 6.3 所示。

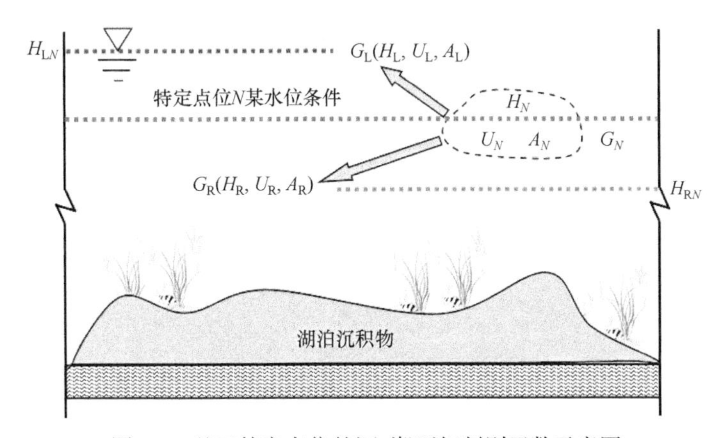

图 6.3　基于特定点位的河-湖两相判别函数示意图

鄱阳湖河-湖两相判别函数求解过程中，低水位区判别函数 F 与高水位区判别函数 P 可直接求解，确定重点水位区考虑水深、流速、水龄三项因子的综合判别函数 G，是整个判别过程的关键。一般而言，每个独立影响因素就是一个独立参数，系统若受 n 个独立因素的影响与制约，就可以认为此系统处于 n 维空间。本书选取水深、流速、水龄作为鄱阳湖河-湖两相判别的主要因子，求解函数 G 是处理一个复杂的三维空间问题。

为了科学、客观地将这一高维多指标问题综合成一个低维单指标形式，本书采用国际统计界兴起的投影寻踪技术。投影寻踪是一种直接由样本数据驱动的探索性数据分析方法，特别适用于分析和处理非线性、非正态高维数据，其基本思路是：将高维数据通过某种组合投影到低维子空间上，对于得到的构形，采用投影指标函数来衡量投影暴露某种结构可能性的大小，找出使投影指标函数达到最优的投影值(即能反映高维数据结构或特征)，然后根据该投影值来分析高维数据的结构特征。投影指标函数的构造及其优化问题是投影寻踪的核心。以研究水域 A 为例，具体计算过程如下。

1) 样本指标集归一化

假设特定研究点位 N 可归纳 e_1、e_2、e_3、…、e_n 共 n 组环境特征数据，各因子指标样本集为 $P=\left\{x^*(i,j)\middle|i=1,2,\cdots,n;j=1,2,3\right\}$，其中 $x^*(i,j)$ 为第 i 组数据第 j 个指标值；同时假设该点位在鄱阳湖基本河相水位 H_R 与基本湖相水位 H_L 条件下，环境因子指标集分别为 $T=\left\{x^*_{\min}(j)\middle|j=1,2,3\right\}$、$S=\left\{x^*_{\max}(j)\middle|j=1,2,3\right\}$。以样本集 P 与指标集 T、S 的并集 Z 作为研究对象，$Z=\left\{z^*(k,j)\middle|k=1,2,\cdots,n+2;j=1,2,3\right\}$，其中 $k=n+1$ 表示鄱阳湖基本河相环境条件，$k=n+2$ 表示鄱阳湖基本湖相环境条件。为消除各指标的量纲和统一各指标的变化范围，首先对各指标进行极值归一化处理，以湖相为目标方向。

对于越大越优指标：

$$z(k,j)=\frac{z^*(k,j)-z_{\min}(k,j)}{z_{\max}(j)-z_{\min}(j)} \tag{6.4}$$

对于越小越优指标：

$$z(k,j)=\frac{z_{\max}(j)-z^*(k,j)}{z_{\max}(j)-z_{\min}(j)} \tag{6.5}$$

式中，$z_{\max}(j)$、$z_{\min}(j)$ 分别表示第 j 个指标的最大值与最小值；$z(k,j)$ 为指标特征值归一化的序列。

2) 构造投影指标函数 $Q(a)$

投影寻踪方法就是将三维数据 $Z=\left\{z(k,j)\middle|j=1,2,3\right\}$ 综合成以 $a=\{a(1),a(2),a(3)\}$ 为投影方向的一维投影值 $d(k)$：

$$d(k)=\sum_{j=1}^{3}a(j)z(k,j),\quad k=1,2,\cdots,n+2 \tag{6.6}$$

式中，a 为单位长度向量。

根据 $\left\{d(k)\middle|k=1,2,\cdots,n+2\right\}$ 的一维散点图进行分类，综合投影指标值，要求投影值 $d(k)$ 的散布特征应为：局部投影点尽可能密集，最好凝聚成若干个点团，而在整体上投影点团之间尽可能散开。因此，投影指标函数可以表达如下：

$$Q(a)=S_zD_z \tag{6.7}$$

式中，S_z 为投影值 $d(k)$ 的标准差，D_z 为投影值 $d(k)$ 的局部密度。

3) 优化投影指标函数

当各指标值的数据集给定时，投影指标函数 $Q(a)$ 只随着投影方向 a 变化而变化。不同投影方向反映不同的数据结构特征，最佳投影方向就是最大可能暴露高维数据某类特征结构的投影方向，因此可以通过求解投影指标函数最大化问题来估计最佳投影方向，即

$$\begin{cases} \max\left[Q(a)\right] = S_z D_z \\ \text{s.t.} \ \sum_{j=1}^{3} a^2(j) = 1 \end{cases} \tag{6.8}$$

求解投影指标函数最大化问题是一个以 $\left\{a(j)\middle| j=1,2,3\right\}$ 为优化变量的复杂非线性优化问题，用传统的处理方法计算量较大，本书应用模拟生物优胜劣汰与群体内部染色体信息交换机制的基于实数编码的加速遗传算法(real-coded accelerating genetic algorithm，RAGA)来解决其高维全局寻优问题，其利用标准遗传算法运行过程中搜索到的优秀个体所囊括的空间来逐步调整优化变量的搜索空间，提高算法寻优速度，即加快收敛速度。以简单优化问题 $\max f(x), \text{s.t.} a(j) \leqslant x(j) \leqslant b(j)$ 为例，其具体过程如下。

优化变量实数编码。采用如下线性变换：

$$x(j) = a(j) + y(j)\left[b(j) - a(j)\right], \quad j = 1, p \tag{6.9}$$

式中，p 为优化变量数目。

式(6.9)将初始变量区间 $[a(j), b(j)]$ 上的第 j 个待优化变量 $x(j)$ 对应到 $[0,1]$ 区间上的实数 $y(j)$，$y(j)$ 即为 RAGA 中的遗传基因。优化问题所有变量对应的基因顺次连在一起构成问题解的编码形式($y(1)$, $y(p)$)，称为染色体。经编码，所有优化变量的取值范围均变为 $[0,1]$ 区间，RAGA 直接对各优化变量基因进行遗传过程的各种操作。

父代群体的初始化。设父代群体规模为 n，生成 n 组 $[0,1]$ 区间上的均匀随机数，每组有 p 个，即 $\left\{u(j,i)\middle|\left(j=1,p; i=1,2,\cdots,n\right)\right\}$，把各 $u(j,i)$ 作为初始群体的父代个体值 $y(j,i)$，将 $y(j,i)$ 代入式(6.9)得优化变量值 $x(j,i)$，并计算相应目标函数值 $f(i)$，把 $\left\{f(i)\middle|\left(i=1,2,\cdots,n\right)\right\}$ 按从大到小排序，对应个体 $\left\{y(j,i)\right\}$ 也随之排序，目标函数值越大则该个体适应能力越强，称排序后最前面的 k 个个体为优秀个体，直接进入下一代。

计算父代群体的适应度评价。评价函数用来对种群中的每个染色体 $\left\{y_1(j,i)\middle|\left(j=1,p\right)\right\}$ 设定一个概率，以使该染色体被选择的可能性及其与种群另外染色体的适应性成比例。染色体的适应性越强，被选择的可能性越大。根据染色

体的序进行再生分配，设参数 $\alpha \in (0,1)$ 给定，定义基于序的评价函数为

$$\text{eval}(y(j,i)) = \alpha(1-\alpha)^{i-1}, \quad i=1,2,\cdots,M \tag{6.10}$$

式中，$\text{eval}(y(j,i))$ 为基于序的评价函数；当 $i=1$ 时，意味着染色体是最好的，$i=M$ 说明是最差的。

进行选择操作，产生第一个子代群体 $\{y_1(j,i)|(j=1,p)\}$。选择过程以旋转轮盘 M 次为基础(把群体中所有染色体适应度的总和看作一个轮盘的圆周，而每个染色体按照其适应度在总和中所占的比例占据轮盘的一个扇区)，每次旋转都为新的种群选择一个染色体，便可得到 M 个复制染色体。

对父代种群进行杂交操作。首先定义杂交参数 p_c 作为交叉操作的概率，此概率说明种群中有 M 个期望值为 p_c 的染色体将进行交叉操作。为确定交叉操作的父代，从 $i=1$ 到 M 重复以下过程：从 $[0,1]$ 中产生随机数 r，如果 $r<p_c$，则选择 $y(j,i)$ 作为一个父代。用 $y_1'(j,i)$、$y_2'(j,i)$、…表示选择的父代，并随机配对得到第二代群体 $\{y_2(j,i)|(j=1,p;i=1,2,\cdots,n)\}$ 进行变异操作。定义变异参数 p_m 作为遗传系统中的变异概率，该概率表明种群中将有 M 个期望值为 p_m 的染色体用来进行变异操作。进行变异的父代选择过程与交叉操作相似，从 i-1 到 M 重复以下过程：从 $[0,1]$ 中产生随机数 r，如果 $r<p_m$，则选择 $y(j,i)$ 作为一个变异的父代，对每一个选择的父代用 $y_3'(j,i)$ 表示。经过变异操作得到新一代种群 $\{y_3(j,i)|(j=1,p;i=1,2,\cdots,n)\}$。

演化迭代。由选择操作、杂交操作、变异操作得到的 $3n$ 个子代个体，按其适应度函数从大到小进行排序，选择最前面的 $n-k$ 个子代个体作为新的父代个体种群。转入适应度评价，进行下一轮演化过程，重新对父代个体进行评价、选择、杂交和变异。根据对遗传算法(genetic algorithm，GA)的选择、杂交、变异三个算子寻优性能的分析和大量数据实验，采用加速方法进行处理，用第一、二次进化所产生的优秀个体变化区间作为下次迭代时优化变量的新的变化空间，重新进行优化变量实数编码，逐步缩小优秀个体变化区间，直到算法结束，将当前群体中最优个体作为 RAGA 的寻优结果。

根据投影指标函数优化结果，确定最佳投影方向 a^*，代入式(6.6)，可求得各样本点的投影值 $\{z^*(k)|(k=1,2,\cdots,n+2)\}$。$z^*(n+1)$、$z^*(n+2)$ 分别表示鄱阳湖基本河相条件下与基本湖相条件下，特定点位 N 对应的投影值，分别用 G_{RN} 与 G_{LN} 表示。当 N 点位任意条件下，其投影值接近 G_{LN} 则认为以湖相为主；反之若接近 G_{RN} 则主要体现为河相。

6.3　鄱阳湖河-湖两相判别数值模拟研究

6.3.1　典型边界形态确定

鄱阳湖属宽浅型湖泊，高水湖相，低水河相，具有“高水是湖，低水是河”、“洪水一片，枯水一线”的独特景观。洪水期和枯水期的湖泊面积、蓄水量相差极大，一般认为鄱阳湖星子站水位 11m(吴淞冻结基面，下同，85 基准=吴淞冻结基面 − 1.86m)以下时为河道特性，11m 以上开始由河道特性转向湖泊特性，水位 16m 以上为湖泊特性。选择星子站水位 16m 下的鄱阳湖边界作为模型典型边界，以研究河湖转换段的不同水位条件下(11～16m)的河-湖两相标准，该站水位-面积(容积)关系曲线如图 6.4 所示。水位高程在 16m 以下时，湖泊水面呈现北低南高，湖面比降大，鄱阳湖的湖流主要呈现重力流为主的流态，流速也相应较大，可达 1.48～2.85m/s，湖泊换水较快。水位高程在 16m 以上时，湖泊水面总体呈现水平状，以风生流和重力流共同形成的混合流流态为主，流速相应较小，一般为 0.10～0.80m/s，湖泊换水较慢。鄱阳湖水位变化受五河和长江来水的双重影响，高水位时间长。4～6 月为五河主汛期，受鄱阳湖流域来水影响，湖区水位逐步抬升，7～8 月为长江主汛期，湖区水位受长江洪水顶托或倒灌影响而壅高，长期维持高水位，湖区年最高水位一般出现在 7～8 月。进入 10 月，受长江稳定退水影响，湖区水位持续下降，湖区年最低水位一般出现在 1～2 月。9 月、10 月和 11 月，在五河入湖流量已明显减小的情况下鄱阳湖星子站仍维持较高的水位，受两个因素的作用：一是此期间长江干流来水流量仍较大，这是最主要因素；二是此期间鄱阳湖水位处于消落过程，对长江干流流量有一定的补充。20 世纪 90 年代后，鄱阳湖天然湖面范围变化趋于稳定。湖面伸缩范围受水位涨落影响，具有季节性变化特征。

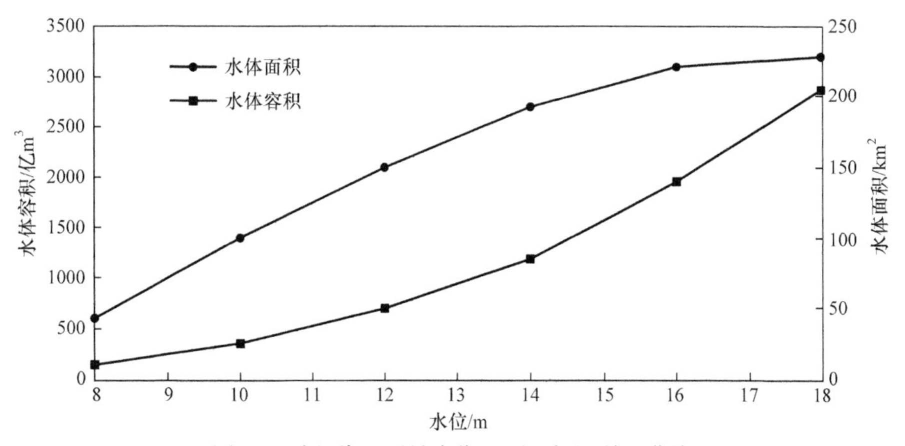

图 6.4　鄱阳湖星子站水位-面积(容积)关系曲线

确定星子站水位 8m、10m、12m、14m、16m、18m 为典型水位。各水位条件下湖体边界范围如图 6.5 所示。

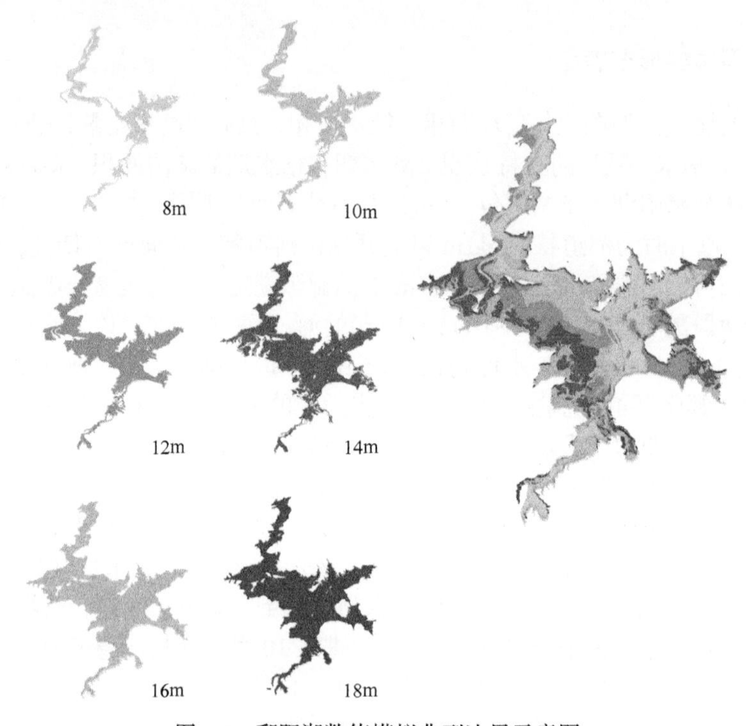

图 6.5　鄱阳湖数值模拟典型边界示意图

6.3.2　数值模拟方案确定

鄱阳湖与上游五条入湖河流及下游长江水沙交换频繁，为了定量分析鄱阳湖水量、泥沙与外部江河交换特征，选择典型水平年开展了长时间数值模拟研究。数值仿真的计算条件如下。①研究时段：通过对区域多个雨量站历年降水资料进行频率分析，确定 2008 年(平水年)、2010 年(丰水年)、2011 年(枯水年)为计算典型年。②网格布置：模型计算区域为鄱阳湖，运用 Gambit 软件，采用无结构网格对计算区域进行剖分；剖分节点数、单元格数及平均网格尺寸与模型率定过程一致。③边界条件：模型计算入流边界为上游长江、修河、赣江、抚河、信江、饶河，出湖边界为下游长江断面；长江及五河来水和泥沙边界数据根据长江水利委员会与江西省水文局实测数据给定。④参数选取：根据野外实测与模型率定结果，水和悬浮颗粒容重分别取为 1000kg/m，2650kg/m；悬浮颗粒中值粒径根据颗粒分析结果取 0.01mm；运动黏滞系数取 $1.0\times10^{-6}m^2/s$；糙率 n 根据地形取 0.01～0.035；

风拖曳系数取 1.0×10^{-3}；悬沙纵向扩散系数取 $1.0m^2/s$；横向扩散系数取 $0.1m^2/s$；水平涡动黏滞系数取 $0.5\times10^5cm^2/s$。鄱阳湖湖区全年以北风出现频率最高，数值计算过程中，风速取 10m 高程的平均风速 3.01m/s。模型计算边界如图 6.6 所示。

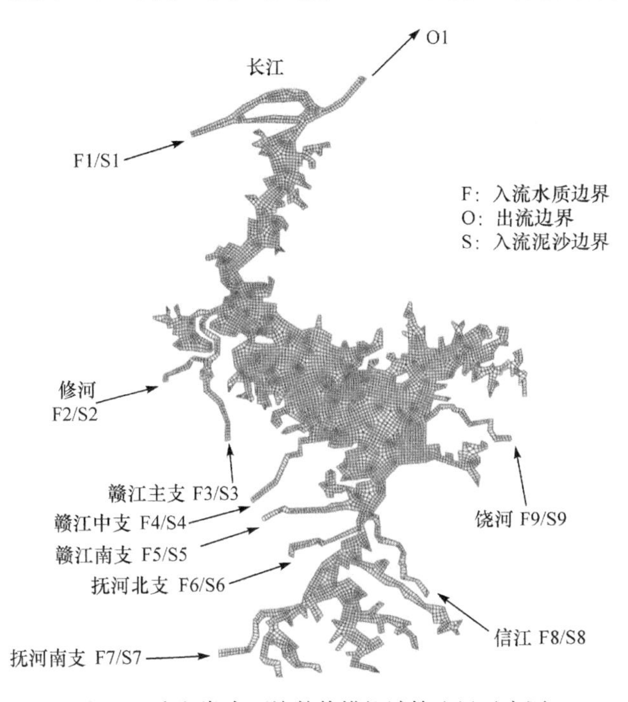

图 6.6　鄱阳湖水环境数值模拟计算边界示意图

6.3.3　数值模拟计算结果

根据不同典型年数值模拟结果，鄱阳湖例行监测点位逐月平均水深、流速、水龄等环境特征数据见表 6.1～表 6.19。不同时间段湖水龄分布、水龄等势线如图 6.7～图 6.12 所示。结果表明：各点位水深基本呈先增大后减小的趋势，随着五河汛期的开始，入湖水量增大，鄱阳湖水位不断上涨，各点位水深也随之增加，一般多在 7～8 月达到最大水深。汛期结束，进入秋冬季节后，五河来水量减小，湖区水位随之减小，此时湖区水量、水面面积、各点位水深也随之减小。水深的大小与五河来水量有较大关系，对各点位而言，丰水年水深最大，平水年次之，枯水年最小。

表 6.1 鄱阳湖昌江口站不同水平年计算结果

月份	丰水年			平水年			枯水年		
	水深/m	流速/(m/s)	水龄/d	水深/m	流速/(m/s)	水龄/d	水深/m	流速/(m/s)	水龄/d
1	2.48	0.387	1.28	2.03	0.336	1.53	0.74	0.257	2.19
2	2.63	0.401	1.14	5.15	0.375	1.28	0.36	0.261	2.07
3	4.39	0.422	0.64	4.95	0.398	0.89	2.71	0.301	1.71
4	6.75	0.567	0.35	5.19	0.443	0.67	4.25	0.366	1.37
5	12.48	0.553	0.49	8.25	0.457	0.81	8.19	0.401	1.55
6	12.05	0.405	0.80	12.21	0.421	1.07	9.81	0.446	1.76
7	14.03	0.474	3.55	10.86	0.402	2.85	11.42	0.458	4.58
8	14.02	0.351	3.34	11.27	0.365	3.66	11.31	0.366	4.47
9	11.70	0.348	2.60	12.25	0.315	3.01	10.56	0.320	3.53
10	6.63	0.285	0.96	8.56	0.231	1.35	7.50	0.254	2.03
11	7.19	0.265	1.02	6.24	0.223	1.42	4.15	0.232	2.04
12	5.88	0.250	1.19	2.72	0.245	1.44	2.57	0.237	2.10

表 6.2 鄱阳湖乐安河口站不同水平年计算结果

月份	丰水年			平水年			枯水年		
	水深/m	流速/(m/s)	水龄/d	水深/m	流速/(m/s)	水龄/d	水深/m	流速/(m/s)	水龄/d
1	2.58	0.472	2.15	2.13	0.359	2.46	0.84	0.358	2.53
2	2.73	0.486	2.01	5.25	0.398	2.21	0.46	0.362	2.41
3	4.49	0.507	1.51	5.05	0.421	1.82	2.81	0.402	2.05
4	6.85	0.652	1.22	5.29	0.466	1.60	4.35	0.467	1.71
5	12.58	0.638	1.36	8.35	0.480	1.74	8.29	0.502	1.89
6	12.15	0.490	1.67	12.31	0.447	2.14	9.91	0.547	2.10
7	14.13	0.559	4.42	10.96	0.425	4.81	11.52	0.559	4.92
8	14.12	0.436	4.20	11.37	0.467	4.59	11.41	0.388	4.81
9	12.04	0.433	3.47	12.47	0.421	3.94	10.67	0.339	3.87
10	6.78	0.370	1.83	8.75	0.355	2.28	7.76	0.254	2.38
11	7.24	0.357	1.89	6.27	0.332	2.35	4.20	0.246	2.41
12	5.98	0.335	1.96	2.82	0.330	2.37	2.67	0.268	2.44

表 6.3　鄱阳湖信江东支站不同水平年计算结果

月份	丰水年			平水年			枯水年		
	水深/m	流速/(m/s)	水龄/d	水深/m	流速/(m/s)	水龄/d	水深/m	流速/(m/s)	水龄/d
1	2.48	0.481	1.45	2.03	0.442	1.79	0.74	0.410	2.35
2	2.64	0.495	1.23	4.98	0.481	1.57	0.28	0.414	2.23
3	4.39	0.516	0.86	4.95	0.504	1.20	2.71	0.454	1.87
4	6.63	0.661	0.52	5.20	0.549	0.86	4.22	0.519	1.53
5	12.48	0.647	0.71	8.25	0.563	1.05	8.19	0.554	1.71
6	11.97	0.599	1.07	12.22	0.527	1.41	9.74	0.479	1.92
7	14.03	0.611	2.83	10.86	0.508	3.17	11.42	0.568	3.74
8	14.02	0.519	2.90	11.27	0.471	3.24	11.31	0.445	3.62
9	12.06	0.473	2.76	12.48	0.421	3.10	10.59	0.424	2.79
10	6.68	0.407	1.04	8.65	0.337	1.38	7.66	0.379	2.17
11	7.25	0.385	1.27	6.29	0.329	1.61	4.17	0.358	2.20
12	5.88	0.390	1.44	2.72	0.351	1.78	2.57	0.344	2.26

表 6.4　鄱阳湖鄱阳站不同水平年计算结果

月份	丰水年			平水年			枯水年		
	水深/m	流速/(m/s)	水龄/d	水深/m	流速/(m/s)	水龄/d	水深/m	流速/(m/s)	水龄/d
1	2.58	0.177	2.28	2.13	0.168	2.53	0.84	0.081	3.19
2	2.74	0.183	2.14	5.08	0.174	2.28	0.38	0.087	3.07
3	4.49	0.244	1.64	5.05	0.235	1.89	2.81	0.148	2.71
4	6.73	0.283	1.35	5.30	0.274	1.67	4.32	0.187	2.37
5	12.58	0.275	1.49	8.35	0.266	1.81	8.29	0.179	2.55
6	12.07	0.238	1.80	12.32	0.229	2.07	9.84	0.142	2.76
7	14.13	0.166	4.55	10.96	0.157	3.88	11.52	0.070	5.58
8	14.12	0.173	4.36	11.37	0.164	4.67	11.41	0.077	5.47
9	12.16	0.247	3.60	12.58	0.238	4.01	10.69	0.151	4.53
10	6.78	0.223	1.96	8.75	0.214	2.35	7.76	0.127	3.03
11	7.35	0.216	2.02	6.39	0.207	2.42	4.27	0.120	3.04
12	5.98	0.201	2.09	2.82	0.193	2.44	2.67	0.105	3.10

表 6.5 鄱阳湖龙口站不同水平年计算结果

月份	丰水年			平水年			枯水年		
	水深/m	流速/(m/s)	水龄/d	水深/m	流速/(m/s)	水龄/d	水深/m	流速/(m/s)	水龄/d
1	2.75	0.382	5.15	2.30	0.304	5.86	1.00	0.377	6.41
2	2.91	0.419	5.01	5.27	0.361	5.57	0.54	0.383	6.28
3	4.68	0.530	4.51	5.24	0.420	5.03	2.98	0.443	5.72
4	6.94	0.525	4.22	5.49	0.461	4.85	4.50	0.418	5.08
5	12.84	0.501	4.36	8.57	0.453	4.92	8.51	0.375	5.86
6	12.32	0.374	4.97	12.57	0.416	5.58	10.08	0.458	5.77
7	14.40	0.402	7.42	11.20	0.340	7.84	11.76	0.376	8.04
8	14.39	0.319	7.20	11.61	0.357	7.93	11.65	0.273	8.28
9	12.41	0.383	6.47	12.83	0.325	6.94	10.93	0.247	7.54
10	6.98	0.459	4.83	8.97	0.401	5.28	7.98	0.423	6.05
11	7.56	0.450	4.89	6.60	0.394	5.65	4.45	0.356	6.08
12	6.18	0.337	5.01	3.00	0.379	5.37	2.84	0.301	6.11

表 6.6 鄱阳湖瓢山站不同水平年计算结果

月份	丰水年			平水年			枯水年		
	水深/m	流速/(m/s)	水龄/d	水深/m	流速/(m/s)	水龄/d	水深/m	流速/(m/s)	水龄/d
1	5.83	0.459	5.28	4.36	0.427	5.89	5.53	0.380	6.53
2	5.98	0.464	5.33	4.58	0.433	6.11	6.81	0.386	7.26
3	6.28	0.525	3.29	5.87	0.494	4.13	6.53	0.447	4.97
4	7.15	0.564	3.67	6.45	0.533	4.89	6.76	0.486	5.05
5	9.36	0.556	5.35	7.25	0.525	6.32	7.73	0.478	6.77
6	8.92	0.519	7.14	7.36	0.488	6.90	9.16	0.441	8.39
7	10.48	0.447	10.08	8.36	0.416	10.11	7.97	0.369	10.85
8	10.45	0.454	8.40	8.39	0.423	8.82	8.26	0.376	10.17
9	9.15	0.528	6.50	7.82	0.497	6.02	9.32	0.450	7.46
10	6.59	0.504	5.78	5.90	0.473	5.95	6.54	0.426	5.92
11	6.99	0.497	6.14	5.08	0.466	6.31	6.01	0.419	6.24
12	6.73	0.482	5.05	4.80	0.451	5.22	5.52	0.404	5.19

表 6.7　鄱阳湖康山站不同水平年计算结果表

月份	丰水年			平水年			枯水年		
	水深/m	流速/(m/s)	水龄/d	水深/m	流速/(m/s)	水龄/d	水深/m	流速/(m/s)	水龄/d
1	4.93	0.406	3.91	3.39	0.367	4.56	4.62	0.356	5.14
2	5.09	0.365	3.96	3.61	0.334	4.78	5.97	0.388	5.87
3	5.40	0.453	1.92	4.97	0.355	2.77	5.67	0.343	3.58
4	6.32	0.492	2.30	5.59	0.396	3.56	5.91	0.401	3.66
5	8.64	0.419	3.98	6.42	0.373	5.01	6.93	0.364	5.38
6	8.19	0.308	5.77	6.54	0.267	5.57	8.44	0.229	7.04
7	9.83	0.271	8.67	7.59	0.278	8.74	7.19	0.241	9.42
8	9.79	0.327	7.01	7.62	0.320	7.45	7.49	0.255	8.72
9	8.43	0.397	5.09	7.02	0.371	4.66	8.60	0.291	6.03
10	5.73	0.417	4.41	5.01	0.339	4.62	5.67	0.306	4.53
11	6.15	0.422	4.77	4.15	0.296	4.98	5.12	0.268	4.85
12	5.87	0.384	3.68	3.85	0.280	3.89	4.61	0.254	3.80

表 6.8　鄱阳湖赣江南支站不同水平年计算结果

月份	丰水年			平水年			枯水年		
	水深/m	流速/(m/s)	水龄/d	水深/m	流速/(m/s)	水龄/d	水深/m	流速/(m/s)	水龄/d
1	3.83	0.458	1.29	2.29	0.335	1.63	3.52	0.303	2.19
2	3.99	0.527	1.07	2.51	0.404	1.41	4.87	0.377	2.07
3	4.30	0.606	0.70	3.87	0.483	1.04	4.57	0.451	1.71
4	5.22	0.620	0.46	4.49	0.497	0.75	4.81	0.465	1.37
5	7.54	0.440	0.55	5.32	0.314	0.89	5.83	0.295	1.55
6	7.09	0.454	0.91	5.44	0.328	1.25	7.34	0.309	1.76
7	8.73	0.475	2.67	6.49	0.349	3.01	6.09	0.330	3.58
8	8.69	0.404	2.74	6.52	0.278	3.08	6.39	0.259	3.47
9	7.33	0.401	2.60	5.92	0.275	2.94	7.50	0.255	2.63
10	4.63	0.548	0.98	3.91	0.403	1.22	4.57	0.390	2.03
11	5.05	0.521	1.11	3.05	0.376	1.45	4.02	0.363	2.14
12	4.77	0.497	1.28	2.75	0.352	1.62	3.51	0.339	2.10

表 6.9　鄱阳湖抚河口站不同水平年计算结果

月份	丰水年			平水年			枯水年		
	水深/m	流速/(m/s)	水龄/d	水深/m	流速/(m/s)	水龄/d	水深/m	流速/(m/s)	水龄/d
1	4.06	0.447	2.06	2.42	0.367	2.67	3.72	0.287	2.44
2	4.23	0.516	1.92	2.66	0.552	2.38	5.15	0.336	2.62
3	4.55	0.595	1.42	4.10	0.501	1.73	4.83	0.414	1.96
4	5.53	0.609	1.13	4.75	0.642	2.23	5.09	0.458	2.01
5	7.99	0.439	1.27	5.63	0.495	1.65	6.17	0.268	1.80
6	7.50	0.453	1.58	5.76	0.414	2.35	7.77	0.223	2.05
7	9.24	0.474	4.33	6.87	0.443	4.42	6.44	0.294	4.83
8	9.20	0.403	4.12	6.91	0.373	4.92	6.76	0.208	5.01
9	7.76	0.414	3.38	6.27	0.370	4.01	7.94	0.246	3.78
10	4.90	0.534	1.74	4.14	0.412	2.09	4.84	0.371	2.29
11	5.34	0.507	1.80	3.22	0.391	2.46	4.25	0.310	2.32
12	5.05	0.483	1.87	2.91	0.387	2.08	3.71	0.326	2.35

表 6.10　鄱阳湖信江西支站不同水平年计算结果

月份	丰水年			平水年			枯水年		
	水深/m	流速/(m/s)	水龄/d	水深/m	流速/(m/s)	水龄/d	水深/m	流速/(m/s)	水龄/d
1	3.46	0.455	1.34	1.82	0.357	2.21	3.12	0.234	2.28
2	3.63	0.537	1.47	2.06	0.426	2.34	4.55	0.303	2.95
3	3.95	0.600	0.87	3.50	0.505	1.04	4.23	0.382	1.12
4	4.93	0.704	0.71	4.15	0.519	0.92	4.49	0.396	0.90
5	7.39	0.566	0.90	5.03	0.336	1.29	5.57	0.216	1.95
6	6.90	0.558	1.26	5.16	0.350	1.65	7.17	0.230	2.16
7	8.64	0.519	3.02	6.27	0.371	3.41	5.84	0.251	3.98
8	8.60	0.494	3.09	6.31	0.300	3.48	6.16	0.180	3.87
9	7.16	0.509	2.95	5.67	0.295	3.34	7.34	0.177	3.03
10	4.30	0.560	1.23	3.54	0.425	1.28	4.24	0.324	1.62
11	4.74	0.577	1.46	2.62	0.400	1.51	3.65	0.297	1.85
12	4.45	0.515	1.63	2.31	0.374	1.68	3.11	0.273	2.02

表 6.11　鄱阳湖棠荫站不同水平年计算结果

月份	丰水年			平水年			枯水年		
	水深/m	流速/(m/s)	水龄/d	水深/m	流速/(m/s)	水龄/d	水深/m	流速/(m/s)	水龄/d
1	5.37	0.387	5.80	4.93	0.366	6.14	2.82	0.257	6.72
2	5.45	0.422	5.33	6.58	0.375	7.01	3.18	0.261	6.75
3	5.93	0.401	3.23	6.35	0.398	4.35	5.28	0.301	5.16
4	7.14	0.567	4.23	6.52	0.443	5.65	6.12	0.366	5.24
5	10.20	0.553	6.12	7.73	0.467	6.57	7.70	0.401	7.12
6	9.79	0.405	7.35	10.02	0.421	7.98	7.95	0.386	9.33
7	11.51	0.424	10.25	8.96	0.342	10.51	9.26	0.358	11.04
8	11.49	0.351	8.61	9.14	0.365	9.07	9.25	0.366	10.34
9	10.02	0.453	6.40	10.23	0.415	6.77	8.62	0.390	7.65
10	6.47	0.428	5.97	7.15	0.331	5.45	6.39	0.354	6.11
11	6.94	0.365	6.35	5.83	0.323	6.56	4.67	0.362	6.20
12	6.59	0.403	6.14	4.86	0.345	5.33	4.28	0.337	5.38

表 6.12　鄱阳湖都昌站不同水平年计算结果

月份	丰水年			平水年			枯水年		
	水深/m	流速/(m/s)	水龄/d	水深/m	流速/(m/s)	水龄/d	水深/m	流速/(m/s)	水龄/d
1	4.12	0.493	14.25	3.35	0.351	14.81	2.09	0.258	15.39
2	4.35	0.425	14.30	5.63	0.433	15.03	2.20	0.340	16.09
3	4.98	0.537	12.17	5.35	0.485	13.02	4.00	0.392	13.83
4	6.52	0.626	12.55	5.56	0.600	13.81	5.06	0.507	13.91
5	10.43	0.504	14.23	7.36	0.462	15.24	7.21	0.368	15.63
6	9.97	0.496	16.02	10.21	0.454	15.82	8.10	0.361	17.25
7	11.70	0.424	18.96	9.01	0.414	19.03	9.47	0.322	19.71
8	11.67	0.497	17.28	9.34	0.390	17.74	9.41	0.297	19.03
9	10.17	0.447	15.38	10.42	0.405	14.94	8.80	0.314	16.32
10	6.08	0.498	14.66	7.24	0.457	14.87	6.42	0.362	16.78
11	6.64	0.515	15.02	5.49	0.473	15.23	3.72	0.380	16.71
12	5.96	0.453	13.93	3.33	0.411	14.14	2.82	0.323	15.99

表 6.13 鄱阳湖渚溪口站不同水平年计算结果

月份	丰水年			平水年			枯水年		
	水深/m	流速/(m/s)	水龄/d	水深/m	流速/(m/s)	水龄/d	水深/m	流速/(m/s)	水龄/d
1	3.04	0.488	6.34	2.66	0.404	7.21	1.59	0.360	7.28
2	3.16	0.570	6.47	5.12	0.486	7.34	1.20	0.442	7.64
3	4.62	0.632	4.63	5.09	0.538	5.50	3.22	0.494	5.48
4	6.49	0.737	4.95	5.30	0.653	5.82	4.48	0.609	5.80
5	11.37	0.599	6.22	7.84	0.515	7.09	7.79	0.471	7.35
6	10.94	0.591	8.26	11.15	0.507	9.13	9.09	0.463	9.14
7	12.66	0.552	12.57	10.02	0.467	13.18	10.48	0.424	13.05
8	12.65	0.527	11.45	10.35	0.443	11.84	10.39	0.400	12.14
9	11.02	0.542	9.58	11.36	0.458	10.42	9.79	0.416	10.85
10	6.53	0.593	7.39	8.17	0.508	7.84	7.35	0.464	7.81
11	7.00	0.610	7.96	6.21	0.526	8.31	4.44	0.482	8.28
12	5.86	0.548	7.55	3.23	0.464	7.69	3.11	0.420	7.90

表 6.14 鄱阳湖蚌湖站不同水平年计算结果

月份	丰水年			平水年			枯水年		
	水深/m	流速/(m/s)	水龄/d	水深/m	流速/(m/s)	水龄/d	水深/m	流速/(m/s)	水龄/d
1	4.98	0.457	4.73	4.18	0.365	5.03	2.87	0.272	4.41
2	5.22	0.521	4.59	6.56	0.447	5.08	2.99	0.354	5.65
3	5.88	0.465	2.43	6.26	0.496	3.14	4.86	0.406	2.85
4	7.48	0.575	2.95	6.48	0.614	3.42	5.96	0.521	2.93
5	11.54	0.517	4.22	8.36	0.476	5.10	8.19	0.383	5.56
6	11.07	0.539	6.49	11.32	0.468	6.89	9.13	0.375	7.27
7	12.87	0.470	11.75	10.07	0.428	11.66	10.55	0.336	11.73
8	12.84	0.445	9.41	10.41	0.404	10.37	10.49	0.311	11.03
9	11.27	0.460	7.53	11.53	0.419	7.58	9.85	0.328	8.34
10	7.02	0.487	6.01	8.23	0.469	5.54	7.38	0.376	5.17
11	7.60	0.475	6.07	6.41	0.487	5.90	4.57	0.394	5.23
12	6.90	0.433	5.14	4.17	0.425	4.81	3.63	0.332	4.52

表 6.15　鄱阳湖赣江主支站不同水平年计算结果

月份	丰水年			平水年			枯水年		
	水深/m	流速/(m/s)	水龄/d	水深/m	流速/(m/s)	水龄/d	水深/m	流速/(m/s)	水龄/d
1	3.48	0.479	1.21	2.68	0.352	1.55	1.37	0.291	2.13
2	3.72	0.548	0.99	5.06	0.421	1.33	1.49	0.360	1.98
3	4.38	0.627	0.62	4.76	0.500	0.96	3.36	0.439	1.63
4	5.98	0.641	0.38	4.98	0.514	0.62	4.46	0.453	1.29
5	10.04	0.461	0.47	6.86	0.331	0.81	6.69	0.285	1.47
6	9.57	0.475	0.83	9.82	0.345	1.17	7.63	0.297	1.68
7	11.37	0.496	2.59	8.57	0.366	2.93	9.05	0.318	3.50
8	11.34	0.425	2.66	8.91	0.295	3.04	8.99	0.247	3.39
9	9.77	0.422	2.52	10.03	0.292	2.86	8.35	0.244	2.55
10	5.52	0.569	0.85	6.73	0.420	1.14	5.88	0.378	1.86
11	6.10	0.542	1.03	4.91	0.394	1.37	3.07	0.351	1.94
12	5.40	0.518	1.20	2.67	0.369	1.54	2.13	0.327	2.02

表 6.16　鄱阳湖修河口站不同水平年计算结果

月份	丰水年			平水年			枯水年		
	水深/m	流速/(m/s)	水龄/d	水深/m	流速/(m/s)	水龄/d	水深/m	流速/(m/s)	水龄/d
1	3.68	0.232	2.24	2.88	0.163	2.55	1.57	0.134	2.62
2	3.92	0.314	2.10	5.26	0.232	2.30	1.69	0.203	2.50
3	4.58	0.376	1.60	4.96	0.311	1.91	3.56	0.282	2.14
4	6.18	0.481	1.31	5.18	0.325	1.69	4.66	0.296	1.80
5	10.24	0.343	1.45	7.06	0.142	1.83	6.89	0.116	1.98
6	9.77	0.335	1.76	10.02	0.156	2.23	7.83	0.130	2.19
7	11.57	0.296	2.91	8.77	0.177	3.05	9.25	0.151	3.36
8	11.54	0.271	2.60	9.11	0.106	2.68	9.19	0.080	2.90
9	9.97	0.286	2.56	10.23	0.103	2.44	8.55	0.077	2.63
10	5.72	0.337	1.92	6.93	0.231	2.37	6.08	0.224	2.47
11	6.30	0.354	1.98	5.11	0.204	2.44	3.27	0.197	2.50
12	5.60	0.272	2.05	2.87	0.180	2.46	2.33	0.173	2.53

表 6.17 鄱阳湖星子站不同水平年计算结果

月份	丰水年			平水年			枯水年		
	水深/m	流速/(m/s)	水龄/d	水深/m	流速/(m/s)	水龄/d	水深/m	流速/(m/s)	水龄/d
1	3.54	0.427	6.28	3.16	0.416	7.64	2.09	0.434	8.73
2	3.66	0.422	6.64	5.62	0.395	7.59	1.70	0.382	7.93
3	5.12	0.513	4.48	5.59	0.463	6.05	3.72	0.421	5.17
4	6.99	0.567	4.80	5.80	0.443	6.43	4.98	0.466	7.25
5	11.87	0.553	6.05	8.34	0.496	7.11	8.29	0.441	6.97
6	11.44	0.405	7.14	11.65	0.421	8.90	9.59	0.346	8.59
7	13.16	0.474	13.24	10.52	0.365	13.67	10.98	0.367	14.86
8	13.15	0.351	11.56	10.85	0.401	12.38	10.89	0.366	12.35
9	11.52	0.548	9.66	11.86	0.498	9.58	10.29	0.420	9.66
10	7.03	0.485	7.96	8.67	0.355	7.55	7.85	0.436	7.49
11	7.50	0.465	8.02	6.71	0.323	7.91	4.94	0.332	7.55
12	6.36	0.450	7.09	3.73	0.345	6.82	3.61	0.341	7.36

表 6.18 鄱阳湖蛤蟆石站不同水平年计算结果

月份	丰水年			平水年			枯水年		
	水深/m	流速/(m/s)	水龄/d	水深/m	流速/(m/s)	水龄/d	水深/m	流速/(m/s)	水龄/d
1	4.84	0.423	12.28	4.49	0.495	13.04	3.47	0.364	13.73
2	4.97	0.515	12.64	6.81	0.472	13.09	3.11	0.448	14.43
3	6.35	0.627	10.48	6.79	0.561	11.85	5.02	0.517	12.67
4	8.12	0.732	10.80	6.99	0.683	11.43	6.21	0.591	12.25
5	12.73	0.594	12.88	9.39	0.607	14.31	9.35	0.434	13.91
6	12.32	0.556	14.14	12.52	0.515	14.90	10.57	0.471	15.59
7	13.95	0.517	19.24	11.45	0.504	20.67	11.89	0.432	21.05
8	13.94	0.522	10.56	11.77	0.465	11.38	11.80	0.411	10.36
9	12.40	0.557	15.16	12.72	0.470	16.18	11.24	0.496	15.66
10	8.15	0.588	13.08	9.70	0.531	13.55	8.93	0.487	14.12

续表

月份	丰水年			平水年			枯水年		
	水深/m	流速/(m/s)	水龄/d	水深/m	流速/(m/s)	水龄/d	水深/m	流速/(m/s)	水龄/d
11	8.60	0.605	14.22	7.85	0.548	13.91	6.17	0.504	14.05
12	7.52	0.566	13.29	5.03	0.523	12.82	4.91	0.432	13.33

表 6.19　鄱阳湖湖口站不同水平年计算结果

月份	丰水年			平水年			枯水年		
	水深/m	流速/(m/s)	水龄/d	水深/m	流速/(m/s)	水龄/d	水深/m	流速/(m/s)	水龄/d
1	5.84	0.648	17.34	5.49	0.518	18.21	4.47	0.449	18.28
2	5.97	0.630	17.47	7.81	0.602	18.34	4.11	0.518	18.98
3	7.35	0.712	15.63	7.79	0.671	16.50	6.02	0.572	16.72
4	9.12	0.767	15.95	7.99	0.770	16.82	7.21	0.691	16.80
5	13.73	0.653	17.22	10.39	0.559	18.09	10.35	0.556	18.52
6	13.32	0.625	19.26	13.52	0.518	20.13	11.57	0.527	20.14
7	14.95	0.586	23.57	12.45	0.475	24.18	12.89	0.487	24.05
8	14.94	0.553	4.45	12.77	0.545	3.84	12.80	0.466	3.25
9	13.40	0.671	20.58	13.72	0.580	21.42	12.24	0.581	21.85
10	9.15	0.654	18.39	10.70	0.641	18.84	9.93	0.542	18.81
11	9.60	0.644	18.96	8.85	0.658	19.31	7.17	0.587	19.28
12	8.52	0.609	18.55	6.03	0.585	18.69	5.91	0.487	18.90

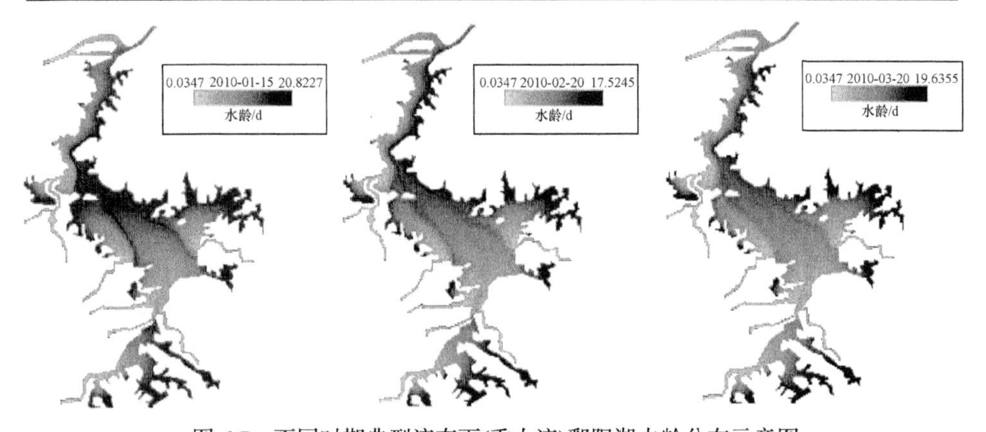

图 6.7　不同时期典型流态下(重力流)鄱阳湖水龄分布示意图

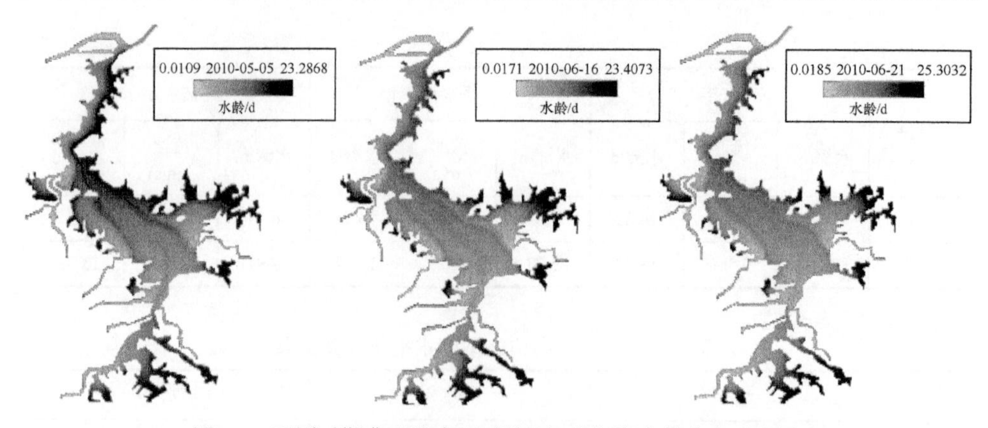

图 6.8　不同时期典型流态下(顶托流)鄱阳湖水龄分布示意图

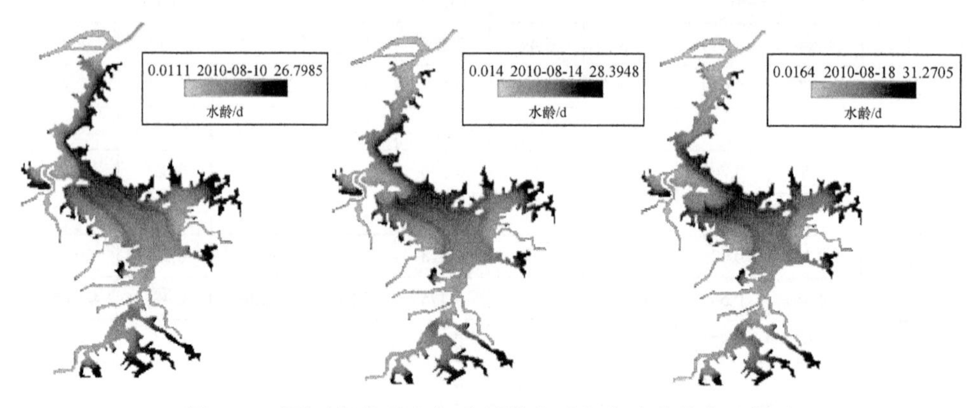

图 6.9　不同时期典型流态下(倒灌流)鄱阳湖水龄分布示意图

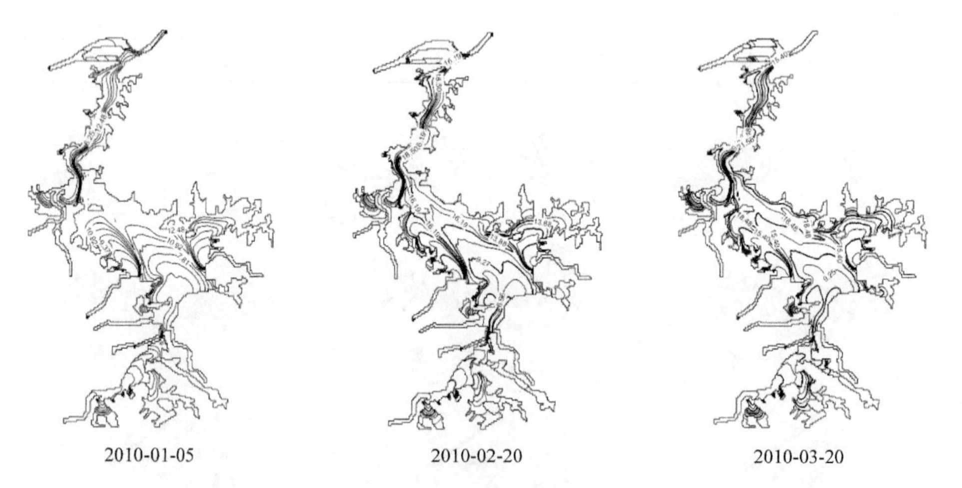

图 6.10　不同时期典型流态下(重力流)水龄等势线分布

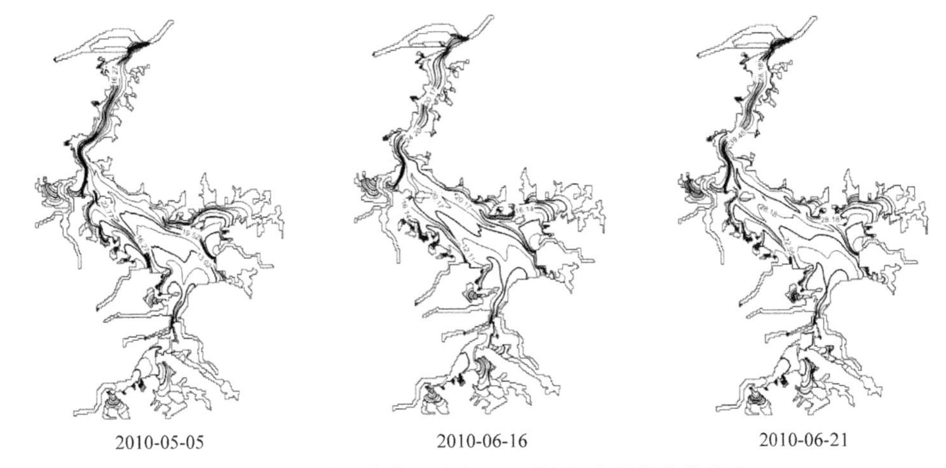

图 6.11　不同时期典型流态下(顶托流)水龄等势线分布

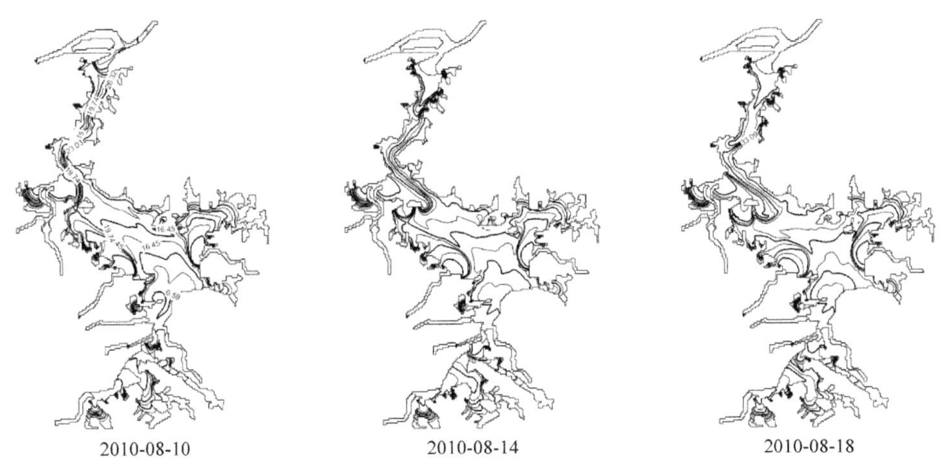

图 6.12　不同时期典型流态下(倒灌流)水龄等势线分布

比较几个点位的流速变化可发现，1～5 月流速呈上升趋势，在鄱阳湖进入丰水期后，流速减小，6～9 月流速变化不明显，9 月水位下降后，流速再次增加，然后 10～12 月流速呈下降趋势。由此可见，在春冬季节，当鄱阳湖整体水位较低时，上游来水不断增加，流速随着水位的上升而增加。当水位达到临界值后进入丰水期，鄱阳湖整体呈湖相，流速有较大幅度下降并一直维持在此水平。丰水期结束，水位下降，低于临界值后，流速增加，此后进入秋冬季节，流速随着水位的下降而不断减小。其中，北部湖区的平均流速大于南部湖区，如在平水年 2008 年，南部湖区的平均流速为 0.3～0.4m/s，北部湖区平均流速为 0.4～0.6m/s。

不同的季节月份鄱阳湖会呈现不同的流态。春冬季节鄱阳湖湖区多为重力型湖流，此时湖流快慢取决于水面比降的大小和过水断面形态。枯水期湖水归槽，比降增大，流速加快；汛期湖水漫滩，比降减小，流速变慢。对于中南部湖区，流速随水位的变化呈舌状，在漫滩点处(星子站水位约 13m)，流速随水位的升高而增大；达到某一临界水位(漫滩点)后，流速随水位的增加而减小。北部湖区作为入江水道，流速随水位的上涨而增加。重力型湖流北部流速最大，南部次之，中部最小。春夏之交季节，五河与长江同时涨水，长江对鄱阳湖出流产生顶托，水面比降较小，流速普遍较小，此时湖区水流为顶托型湖流。随着时间进一步推移，五河汛期结束，长江水位继续上升直至高于鄱阳湖水位，湖区出现倒灌型湖流。倒灌型湖流的出现范围主要取决于长江倒灌量、江湖水位差等因素。倒灌型流态多在入江水道内，影响范围可达中南部湖区。1950～2010 年，有 47 年发生了江水倒灌，没有发生江水倒灌的只有 14 年，分别为 1950 年、1954 年、1972 年、1977 年、1992 年、1993 年、1995 年、1997～1999 年、2001 年、2002 年、2006 年、2010 年。1950～2010 年共发生江水倒灌 124 次，720 天，共倒灌水量 1408.5 亿 m^3，平均每年倒灌 15.3 天、倒灌水量 30.0 亿 m^3，平均倒灌流量为 $2041m^3/s$。倒灌天数最多为 47 天(1958 年)。倒灌水量最大的为 13.9 亿 m^3(1991 年)。对比不同水平年流速可发现，重力型湖流流速在丰水年最大，枯水年最小，说明重力型湖流受五河来水影响大。倒灌型湖流流速主要取决于长江的倒灌量，因此不同水平年流速大小分布较不一致。且顶托型湖流和倒灌型湖流的流向分布无规律可循。

水龄是水体粒子从边界入口处到指定位置的时间，因此各点位的水龄与其位置分布有直接关系，靠近入湖口的点位水龄较小，如昌江口站、鄱阳站等。根据各点位的水龄可大致得出其水体主要是受哪部分河流来水影响。南部湖区点位，如康山站，其水龄主要受南部入湖河流水体的影响，为 2～8 天。都昌站与蚌湖站点位邻近，都昌站水龄分布为 13～18 天，而蚌湖站水龄分布为 4～11 天，结合点位与各入湖河流位置，说明都昌站水龄主要受南部、东部的入湖河流影响。而处于松门山北部的蚌湖站水龄主要受修河、赣江北支来水影响。水龄在春冬季节较小，在夏季丰水期达到最大，主要因为春冬季节为重力型湖流，水体流动较快，交换周期短。夏季丰水期湖区水流缓慢，交换周期长，各点位水龄在顶托型流态下达到最大。北部湖区点位湖口，蛤蟆石站靠近长江，8～9 月受长江倒灌入湖的影响，水龄较大幅度减小，倒灌结束后，湖流恢复重力型流态后，水龄也恢复重力型流态下的特征。重力型流态下，赣江北支站、赣江中支站、南部康山站区域以及东部鄱阳站区域水龄最小，多为 2～5 天。松门山以南广大中部湖区水龄多在 7～18 天。北部入江水道水龄分布在 10～18 天。顶托型流态下，赣江中支站、康山站区域及东部鄱阳站区域水龄分布集中在 3～6 天，其影响范围相比于重力型流态向北扩大。松门山以南中部湖区水龄多在 10～15 天，北部入江水道有明显的水龄界限，地势较低处受修河及赣江北支影响，水龄在 3～6 天，其余湖区在 12 天左右。7 月份长江水倒灌入湖，靠近湖口的北部湖区水龄分布在 1～7 天，其余北部湖区的水龄多为 8～15 天。中部湖区明显受到长江倒灌水影响，水龄多在 15～23 天。赣江北支站、赣江中支站、南部康山站区域及东部鄱阳站区域水龄分布在 2～6 天，但覆盖范围较重力型及顶托型流态有所减小。对比不同水平年，湖区点位水龄在丰水年最小，平水年次之，枯水年来水量减少，水龄增大。

6.4　基于特定点位的河-湖两相判别研究

6.4.1　判别依据确定

开展鄱阳湖河-湖两相判别的主要目的是系统掌握鄱阳湖不同水位条件下的水力特征，科学、客观地评价湖泊水环境质量，为鄱阳湖日常水质监测、水环境管理及其他科学研究工作奠定重要基础。判别过程中，基本河相水位 H_{RN}(下限临界值)与基本湖相水位 H_{LN}(上限临界值)根据星子站多年实测结果给定。本书确定 H_{RN}=9.14m、H_{LN}=13.14m(85 基准)，当星子站水位高于 13.14m 时，判别湖泊为基本湖相；当星子站水位低于 9.14m 时，判别为基本河相(关于碟形湖等特殊工况单独考虑)，判别结果采用通江水体面积进行校核判别。按照长江水利委员会要求，鄱阳湖日常水位测验采用吴淞基面；但由于鄱阳湖洲滩高程一般都是采用 85 基准，为了便于综合湖泊水位与湖底高程数据给出判别水深条件，本次河-湖两相判别研究统一至 85 基准。鄱阳湖水面非常宽阔，即使在同一时间尺度下，其水位、水质特征随空间的变化也较显著；鄱阳湖共布置例行水环境监测点位 19 个，北部湖区监测点位共 8 个(4 个入湖口点位，4 个湖区点位)，南部 11 个(6 个入湖口点位，5 个湖区点位)。基于九大分区水位站长序列实测数据，可建立不同月份各区与星子站水位相关方程，从而确定星子站 H_{RN}、H_{LN} 水位条件下，各点位临界判别水位。星子站水位(y)与鄱阳湖其他各区水位(x)相关方程见表 6.20～表 6.27。基于数值模拟结果，根据各点位临界水位条件，可确定各点位“基本湖相”与“基本河相”状态的综合判别函数 G_L 与 G_R，开展基于特定点位的两相判别。各点位两相临界参数见表 6.28。

表 6.20　鄱阳湖星子站水位与 A1 入江水道北部区域(湖口站)水位相关函数

月份	拟合相关函数	相关系数	基本湖相水位 H_{LN}/m	基本河相水位 H_{RN}/m
1	$y = -0.0119x^3 + 0.3781x^2 - 2.8917x + 11.946$	0.9531	12.23	8.02
2	$y = -0.003x^3 + 0.1339x^2 - 0.7075x + 5.4826$	0.9308	12.50	7.91
3	$y = -0.0029x^3 + 0.1075x^2 - 0.2065x + 3.2479$	0.8993	12.52	8.13
4	$y = -0.0181x^3 + 0.6529x^2 - 6.6239x + 28.05$	0.9424	12.68	8.23
5	$y = -0.0026x^3 + 0.1033x^2 - 0.2843x + 4.685$	0.9894	12.89	8.73

续表

月份	拟合相关函数	相关系数	基本湖相水位 H_{LN}/m	基本河相水位 H_{RN}/m
6	$y = 0.0005x^3 - 0.0351x^2 + 1.6733x - 4.1549$	0.9952	12.91	8.59
7	$y = 0.0031x^3 - 0.155x^2 + 3.5592x - 14.035$	0.9984	13.00	7.91
8	$y = 0.0008x^3 - 0.038x^2 + 1.6113x - 3.4165$	0.9995	13.01	8.75
9	$y = 0.0002x^3 - 0.0106x^2 + 1.1972x - 1.3364$	0.9993	13.02	8.87
10	$y = -0.0009x^3 + 0.0309x^2 + 0.6651x + 0.9983$	0.9987	13.03	8.97
11	$y = 0.0008x^3 - 0.0125x^2 + 1.0042x + 0.0701$	0.9738	12.92	8.82
12	$y = -0.0002x^2 + 0.8928x + 0.3074$	0.9449	12.00	8.45

表 6.21　鄱阳湖星子站水位与 A3 北部湖面开阔区域(都昌站)水位相关函数

月份	拟合相关函数	相关系数	基本湖相水位 H_{LN}/m	基本河相水位 H_{RN}/m
1	$y = 0.0205x^3 - 0.5991x^2 + 6.5562x - 14.989$	0.9579	14.23	10.54
2	$y = 0.0016x^3 - 0.08x^2 + 1.8706x - 1.0787$	0.9485	13.32	10.56
3	$y = 0.014x^3 - 0.4212x^2 + 4.9091x - 9.9196$	0.9647	13.62	10.45
4	$y = 0.0037x^3 - 0.1069x^2 + 1.7444x + 0.6031$	0.9812	13.46	10.44
5	$y = 0.0014x^3 - 0.0379x^2 + 1.1491x + 1.5342$	0.9842	13.27	9.94
6	$y = -0.0015x^3 + 0.0785x^2 - 0.3744x + 7.9746$	0.9966	13.21	9.97
7	$y = -0.0021x^3 + 0.1096x^2 - 0.8686x + 10.515$	0.9993	13.26	10.13
8	$y = -0.0014x^3 + 0.0738x^2 - 0.2838x + 7.3368$	0.9989	13.17	9.84
9	$y = -0.0005x^3 + 0.0338x^2 + 0.3329x + 4.2304$	0.9983	13.31	9.71
10	$y = 0.0008x^3 - 0.0209x^2 + 1.0906x + 0.5925$	0.9943	13.13	9.43
11	$y = 0.0006x^3 - 0.0178x^2 + 1.0832x + 0.7998$	0.9659	13.32	9.67
12	$y = 0.0207x^3 - 0.5419x^2 + 5.561x - 11.296$	0.9299	15.17	10.07

表 6.22　鄱阳湖星子站水位与 A4 西部入湖河口区域(吴城站)水位相关函数

月份	拟合相关函数	相关系数	基本湖相水位 H_{LN}/m	基本河相水位 H_{RN}/m
1	$y = 0.0186x^3 - 0.5198x^2 + 5.4598x - 9.7674$	0.9112	14.42	10.91
2	$y = 0.7363x + 4.0651$	0.8895	13.74	10.79
3	$y = -0.0023x^4 + 0.0972x^3 - 1.4572x^2 + 10.077x - 17.47$	0.9154	15.30	11.07
4	$y = -0.0002x^3 + 0.0202x^2 + 0.3954x + 5.6538$	0.9302	13.88	10.80
5	$y = -0.00005x^3 + 0.0106x^2 + 0.6055x + 3.9096$	0.9778	13.58	10.29
6	$y = -0.002x^3 + 0.1132x^2 - 1.1098x + 13.069$	0.9873	13.49	10.86
7	$y = 0.0102x^2 + 0.6467x + 3.0155$	0.9985	13.27	9.78

续表

月份	拟合相关函数	相关系数	基本湖相水位 H_{LN}/m	基本河相水位 H_{RN}/m
8	$y = -0.0027x^3 + 0.1396x^2 - 1.4224x + 13.861$	0.9991	13.15	10.46
9	$y = -0.0022x^3 + 0.115x^2 - 0.9815x + 11.212$	0.9916	13.18	10.17
10	$y = -0.0017x^3 + 0.0829x^2 - 0.3323x + 7.1932$	0.9863	13.28	9.78
11	$y = 0.0009x^5 - 0.0494x^4 + 1.055x^3 - 11.156x^2 + 59.04x - 116.95$	0.9155	15.13	10.12
12	$y = 0.0484x^3 - 1.2515x^2 + 11.303x - 25.263$	0.8566	16.98	10.45

表 6.23　鄱阳湖星子站水位与 A5 中部湖面开阔区域(棠荫站)水位相关函数

月份	拟合相关函数	相关系数	基本湖相水位 H_{LN}/m	基本河相水位 H_{RN}/m
1	$y = 0.003x^5 - 0.1401x^4 + 2.6012x^3 - 23.898x^2 + 109.26x - 189.45$	0.9151	15.37	12.53
2	$y = 0.0044x^5 - 0.1877x^4 + 3.1523x^3 - 26.29x^2 + 109.69x - 174.0$	0.9289	14.71	12.11
3	$y = 0.0088x^3 - 0.2491x^2 + 2.8299x - 0.0829$	0.9043	14.06	11.69
4	$y = -0.0015x^4 + 0.0806x^3 - 1.4919x^2 + 12.161x - 25.44$	0.9416	14.90	12.15
5	$y = 0.0017x^3 - 0.0154x^2 + 0.2897x + 8.655$	0.9514	13.66	11.31
6	$y = -0.0067x^3 + 0.3345x^2 - 4.4994x + 30.168$	0.9901	13.60	11.87
7	$y = -0.0028x^3 + 0.1463x^2 - 1.5205x + 14.442$	0.9989	13.37	10.63
8	$y = -0.0039x^3 + 0.1999x^2 - 2.3995x + 19.212$	0.9985	13.35	11.00
9	$y = 0.0002x^5 - 0.0134x^4 + 0.3746x^3 - 5.0378x^2 + 33.257x - 76.4$	0.9961	14.50	11.95
10	$y = -0.0025x^3 + 0.1386x^2 - 1.4357x + 13.878$	0.9821	13.27	10.43
11	$y = 0.0012x^4 - 0.0496x^3 + 0.7977x^2 - 5.2187x + 21.29$	0.8770	13.69	10.73
12	$y = 0.0357x^3 - 0.9308x^2 + 8.5596x - 16.573$	0.8300	16.18	11.16

表 6.24　鄱阳湖星子站水位与 A6 东南部湖湾区域(龙口站)水位相关函数

月份	拟合相关函数	相关系数	基本湖相水位 H_{LN}/m	基本河相水位 H_{RN}/m
1	$y = 0.0092x^3 - 0.2184x^2 + 1.933x + 5.7614$	0.8443	14.32	12.21
2	$y = 0.0128x^3 - 0.3176x^2 + 2.7935x + 3.5482$	0.7599	14.46	12.32
3	$y = 0.0077x^3 - 0.1919x^2 + 1.7995x + 6.0907$	0.8067	14.07	12.39
4	$y = 0.0086x^3 - 0.243x^2 + 2.5195x + 3.2007$	0.8539	13.86	12.50
5	$y = -0.0035x^4 + 0.1728x^3 - 3.0429x^2 + 23.197x - 52.52$	0.8861	14.61	12.82
6	$y = 0.0008x^5 - 0.0546x^4 + 1.55x^3 - 21.46x^2 + 146.1x - 378.6$	0.9747	16.94	14.86
7	$y = -0.0142x^3 + 0.7409x^2 - 11.766x + 72.57$	0.9842	13.67	16.08
8	$y = -0.0037x^3 + 0.2076x^2 - 2.8042x + 23.074$	0.9781	13.68	11.96

续表

月份	拟合相关函数	相关系数	基本湖相水位 H_{LN}/m	基本河相水位 H_{RN}/m
9	$y = 0.0003x^5-0.0237x^4+0.65x^3-8.73x^2+56.5x-130.7$	0.9789	11.25	9.84
10	$y = 0.0072x^3-0.159x^2+1.2089x+8.3903$	0.9637	13.16	11.65
11	$y = 0.00006x^3+0.0243x^2-0.2716x+12.181$	0.6979	12.94	11.77
12	$y = 0.0171x^3-0.4021x^2+3.3154x+2.2306$	0.8067	15.16	12.00

表 6.25　鄱阳湖星子站水位与 A7 南部湖湾区域(康山站)水位相关函数

月份	拟合相关函数	相关系数	基本湖相水位 H_{LN}/m	基本河相水位 H_{RN}/m
1	$y = 0.004x^3-0.1373x^2+1.9356x+3.3643$	0.8898	14.17	12.64
2	$y = 0.0106x^4-0.3488x^3+4.17x^2-20.94x+48.0$	0.875	18.36	13.03
3	$y = 0.0035x^4-0.13x^3+1.6525x^2-8.62x+26.36$	0.8687	12.96	12.49
4	$y = 0.0117x^3-0.3698x^2+4.1246x-2.8361$	0.8289	14.06	12.90
5	$y = 0.0074x^3-0.2233x^2+2.5816x+1.8346$	0.8679	13.99	12.43
6	$y = -0.0009x^4+0.0457x^3-0.7744x^2+5.4021x-0.38$	0.9591	13.74	12.91
7	$y = -0.0077x^3+0.4002x^2-5.8908x+39.299$	0.9978	13.52	13.01
8	$y = -0.0004x^4+0.0192x^3-0.2414x^2+0.834x+13.1$	0.9954	14.07	12.48
9	$y = 0.0004x^5-0.03x^4+0.85x^3-11.7x^2+78.6x-193.6$	0.9914	13.80	12.00
10	$y = 0.0038x^3-0.063x^2+0.4742x+9.5484$	0.9245	13.52	11.52
11	$y = 0.0348x^2-0.2938x+11.497$	0.7022	13.65	11.72
12	$y = 0.005x^4-0.1621x^3+1.9481x^2-9.7894x+28.05$	0.7695	17.07	12.44

表 6.26　鄱阳湖星子站水位与 A8 东部入湖河口区域(鄱阳站)水位相关函数

月份	拟合相关函数	相关系数	基本湖相水位 H_{LN}/m	基本河相水位 H_{RN}/m
1	$y = 0.006x^3-0.1259x^2+1.1718x+7.7819$	0.8098	15.05	12.56
2	$y = 0.0101x^3-0.2585x^2+2.4434x+4.185$	0.6627	14.57	12.63
3	$y = 0.0061x^3-0.1598x^2+1.7036x+5.8954$	0.6442	14.53	12.77
4	$y = 0.0014x^4-0.0615x^3+0.987x^2-6.66x+28.13$	0.675	13.19	12.49
5	$y = 0.0541x^2-0.8215x+15.518$	0.8215	14.06	12.53
6	$y = 0.0609x^2-1.0145x+16.81$	0.8965	13.99	12.63
7	$y = -0.0075x^3+0.3911x^2-5.8017x+39.246$	0.9937	13.52	13.16
8	$y = -0.0005x^4+0.0225x^3-0.3283x^2+1.8505x+8.76$	0.9935	12.53	11.94
9	$y = 0.0003x^5-0.024x^4+0.672x^3-9.0834x^2+59.529x-139.9$	0.9949	13.62	9.93

续表

月份	拟合相关函数	相关系数	基本湖相水位 H_{LN}/m	基本河相水位 H_{RN}/m
10	$y = -0.0027x^4+0.127x^3-2.13x^2+15.3x-28.27$	0.971	12.78	11.73
11	$y = 0.0066x^3-0.1601x^2+1.4511x+6.9383$	0.657	13.34	11.87
12	$y = 0.0027x^4-0.079x^3+0.883x^2-4.2235x+18.6$	0.7779	16.87	12.30

表 6.27　鄱阳湖星子站水位与 A9 南部入湖河口区域(三阳站)水位相关函数

月份	拟合相关函数	相关系数	基本湖相水位 H_{LN}/m	基本河相水位 H_{RN}/m
1	$y = 0.009x^3-0.2271x^2+2.1958x+6.1063$	0.8932	16.17	14.08
2	$y = 0.0092x^3-0.2287x^2+2.1621x+6.4124$	0.8129	16.21	14.09
3	$y = 0.0056x^3-0.1512x^2+1.647x+7.3329$	0.8293	15.57	14.03
4	$y = 0.0037x^3-0.1235x^2+1.6793x+6.2038$	0.6569	15.34	14.06
5	$y = -0.0018x^4+0.0898x^3-1.65x^2+13.562x-28.174$	0.6909	14.13	13.42
6	$y = -0.0006x^4+0.0372x^3-0.808x^2+7.62x-12.778$	0.8011	14.25	13.52
7	$y = 0.0018x^5-0.14x^4+4.43x^3-69.21x^2+534.95x-1622.5$	0.9869	13.73	13.37
8	$y = -0.0016x^4+0.0892x^3-1.788x^2+15.4x-35.123$	0.9836	13.20	13.22
9	$y = -0.0018x^4+0.098x^3-1.9102x^2+16.02x-35.717$	0.9669	12.97	13.17
10	$y = 0.012x^3-0.357x^2+3.6099x+1.0421$	0.6827	14.06	13.38
11	$y = 0.0002x^3-0.0018x^2+0.1408x+12.19$	0.4379	14.18	13.48
12	$y = -0.0001x^4+0.0297x^3-0.6756x^2+5.5505x-2.2676$	0.7608	18.42	14.00

表 6.28　鄱阳湖各点位河-湖两相判别临界参数表　(单位：m)

编号	点位名称	所在水位控制区	底部高程(85 基准)	基本湖相		基本河相	
				临界水位	临界水深	临界水位	临界水深
1	昌江口站	东部入湖河口区域(鄱阳站)	6.2	14.01	7.81	12.21	6.01
2	乐安河口站	东部入湖河口区域(鄱阳站)	6.1	14.01	7.91	12.21	6.11
3	信江东支站	东部入湖河口区域(鄱阳站)	6.2	14.01	7.81	12.21	6.01
4	鄱阳站	东部入湖河口区域(鄱阳站)	6.1	14.01	7.91	12.21	6.11
5	龙口站	东南部湖湾区域(龙口站)	6.0	14.01	8.01	12.53	6.53
6	瓢山站	中部湖面开阔区域(棠荫站)	5.6	14.22	8.62	11.46	5.86

续表

编号	点位名称	所在水位控制区	底部高程(85 基准)	基本湖相		基本河相	
				临界水位	临界水深	临界水位	临界水深
7	康山站	南部湖湾区域(康山站)	7.1	14.41	7.31	12.46	5.36
8	赣江南支站	南部湖湾区域(康山站)	8.2	14.41	6.21	12.46	4.26
9	抚河口站	南部入湖河口区域(三阳站)	8.7	14.85	6.15	13.65	4.95
10	信江西支站	南部入湖河口区域(三阳站)	9.3	14.85	5.55	13.65	4.35
11	棠荫站	中部湖面开阔区域(棠荫站)	5.5	14.22	8.72	11.46	5.96
12	都昌站	北部湖面开阔区域(都昌站)	5.0	13.54	8.54	10.06	5.06
13	渚溪口站	入江水道南部区域(星子站)	4.2	13.14	8.94	9.14	4.94
14	蚌湖站	西部入湖河口区域(吴城站)	4.5	14.12	9.62	10.46	5.96
15	赣江主支站	西部入湖河口区域(吴城站)	6.0	14.12	8.12	10.46	4.46
16	修河口站	西部入湖河口区域(吴城站)	5.8	14.12	8.32	10.46	4.66
17	星子站	入江水道南部区域(星子站)	3.7	13.14	9.44	9.14	5.44
18	蛤蟆石站	入江水道北部区域(湖口站)	2.0	12.73	10.73	8.45	6.45
19	湖口站	入江水道北部区域(湖口站)	1.0	12.73	11.73	8.45	7.45

6.4.2 河-湖两相判别结果

基于丰水年、平水年、枯水年三个水平年数值模拟结果，以及鄱阳湖各点位河-湖两相判别临界参数，确定鄱阳湖 19 个例行监测点位主要判别区间如图 6.13～图 6.31 所示。从 19 个点位主判区间分析，鄱阳湖河-湖两相交替转换主要集中在两个阶段，2～5 月及 9～11 月。这两个阶段湖泊经历了从低水位向高水位，再由高水位转为低水位的过程，湖泊水面面积、库容、水动力条件及相位特征均发生较大波动。

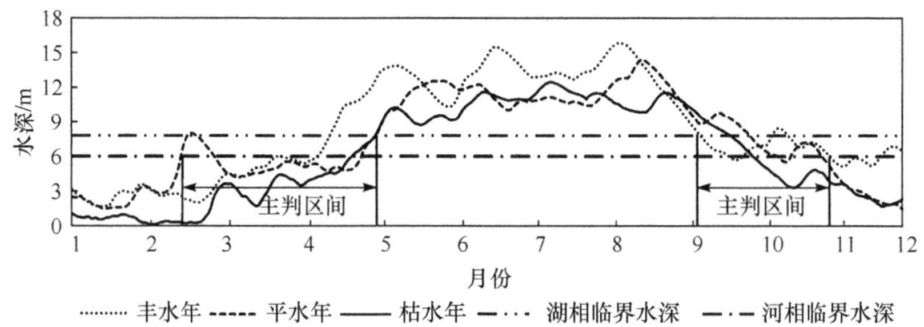

图 6.13　鄱阳湖(昌江口站)河-湖两相判别区间分布图

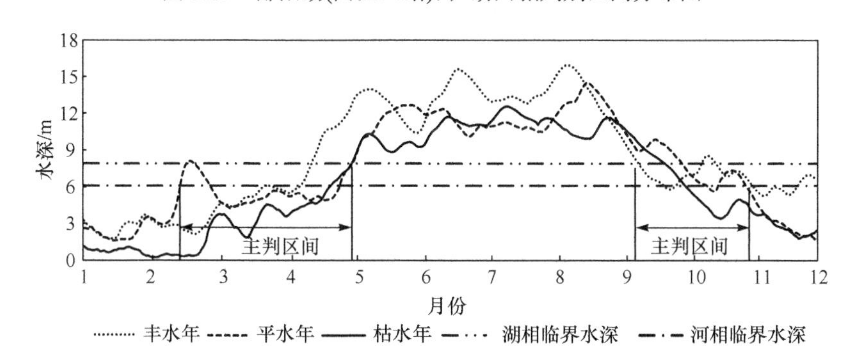

图 6.14　鄱阳湖(乐安河口站)河-湖两相判别区间分布图

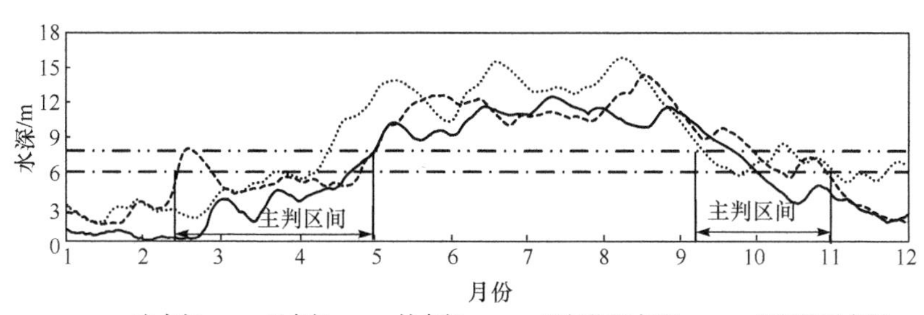

图 6.15　鄱阳湖(信江东支站)河-湖两相判别区间分布图

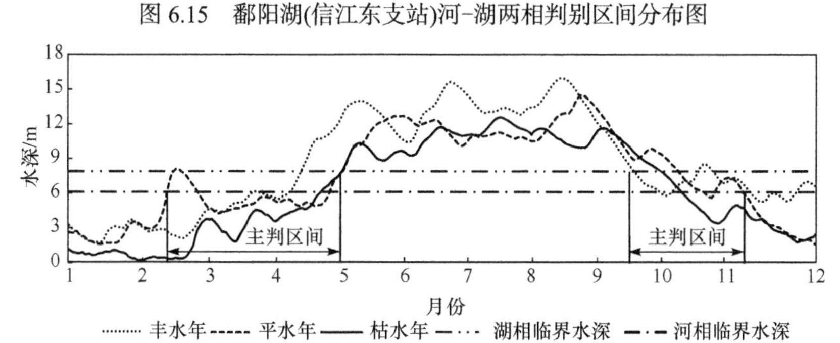

图 6.16　鄱阳湖(鄱阳站)河-湖两相判别区间分布图

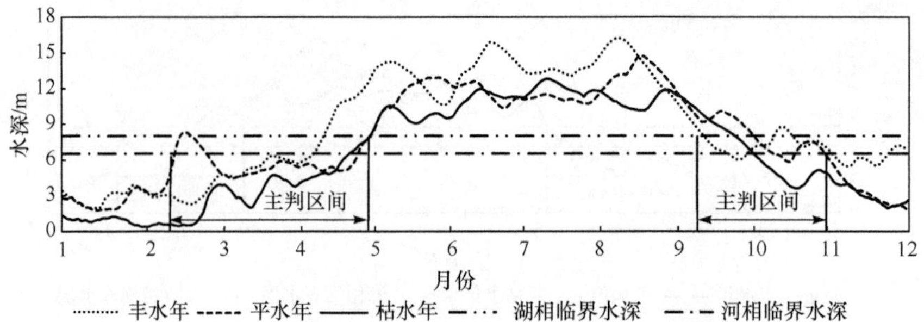

图 6.17　鄱阳湖(龙口站)河-湖两相判别区间分布图

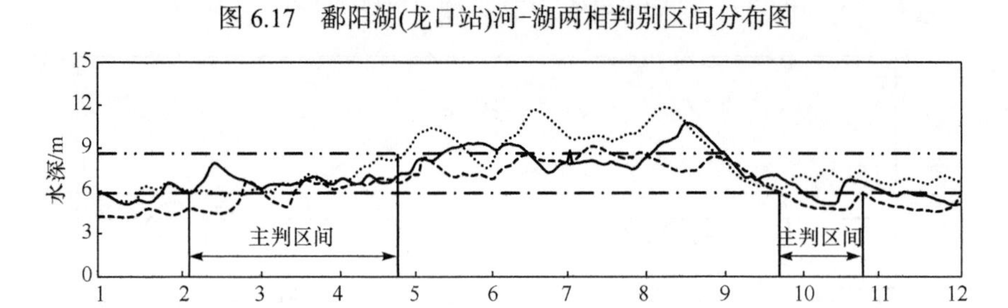

图 6.18　鄱阳湖(瓢山站)河-湖两相判别区间分布图

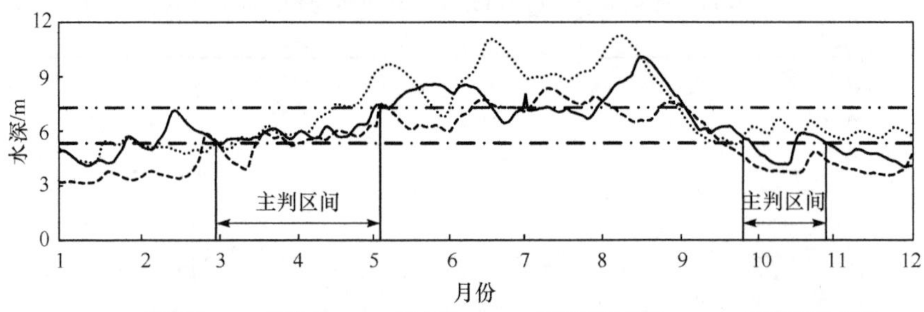

图 6.19　鄱阳湖(康山站)河-湖两相判别区间分布图

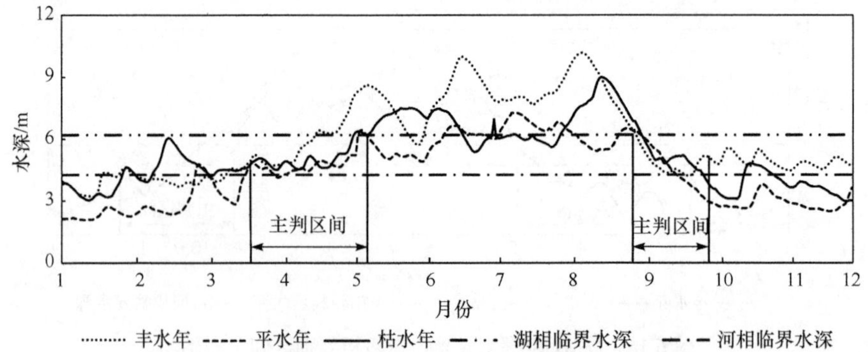

图 6.20　鄱阳湖(赣江南支站)河-湖两相判别区间分布图

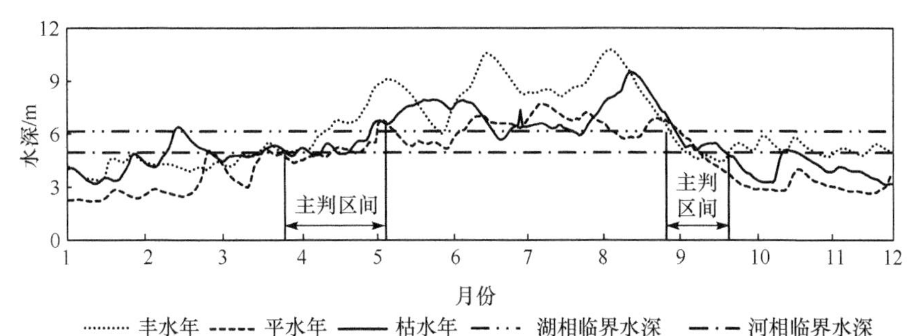

图 6.21　鄱阳湖(抚河口站)河-湖两相判别区间分布图

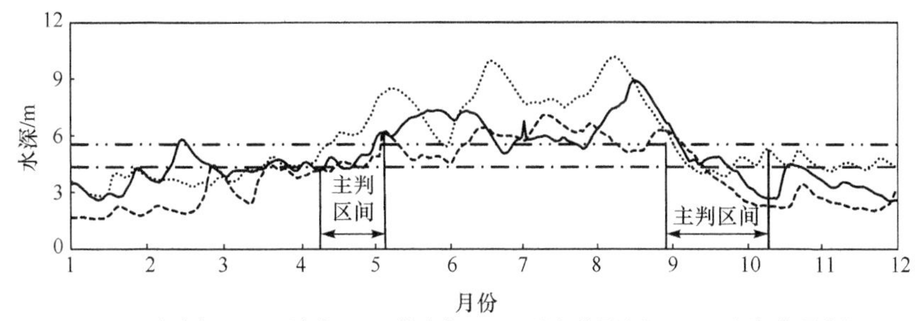

图 6.22　鄱阳湖(信江西支站)河-湖两相判别区间分布图

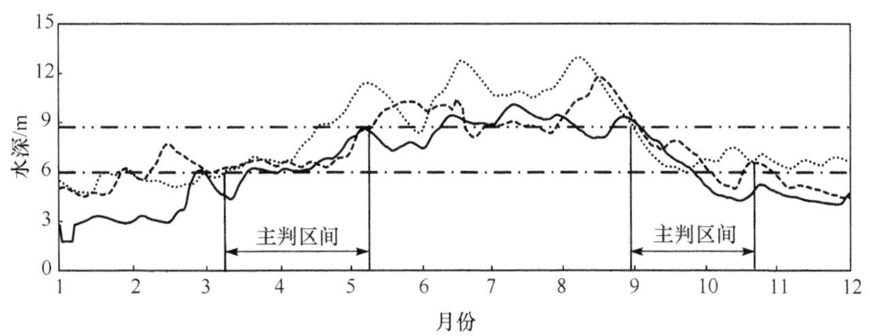

图 6.23　鄱阳湖(棠荫站)河-湖两相判别区间分布图

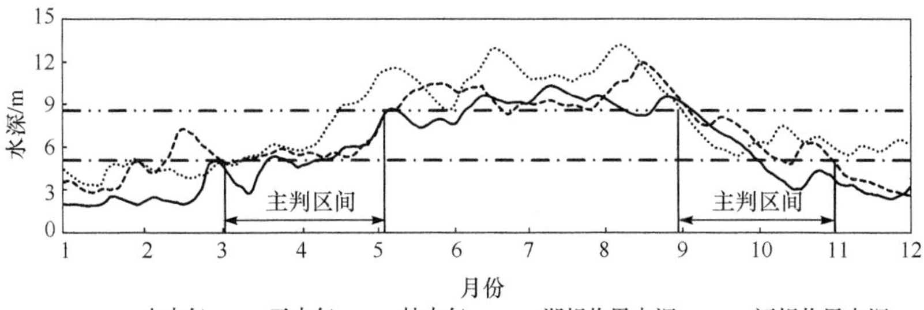

图 6.24　鄱阳湖(都昌站)河-湖两相判别区间分布图

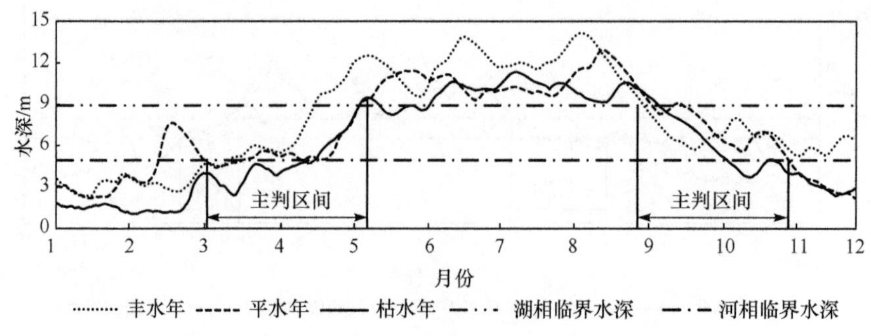

图 6.25　鄱阳湖(渚溪口站)河-湖两相判别区间分布图

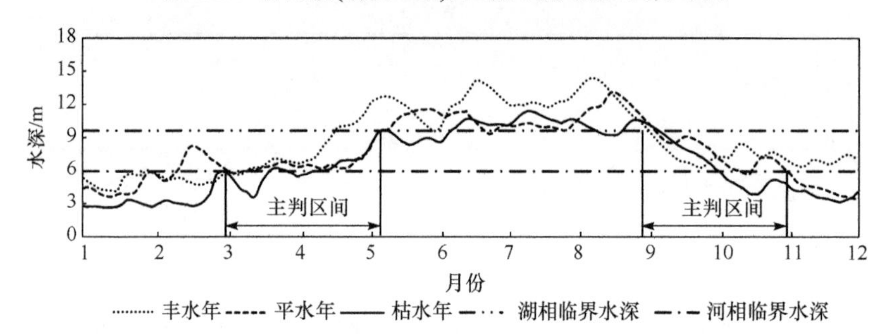

图 6.26　鄱阳湖(蚌湖站)河-湖两相判别区间分布图

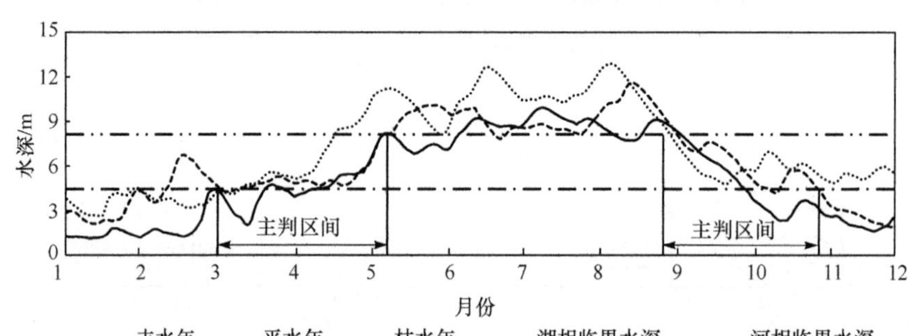

图 6.27　鄱阳湖(赣江主支站)河-湖两相判别区间分布图

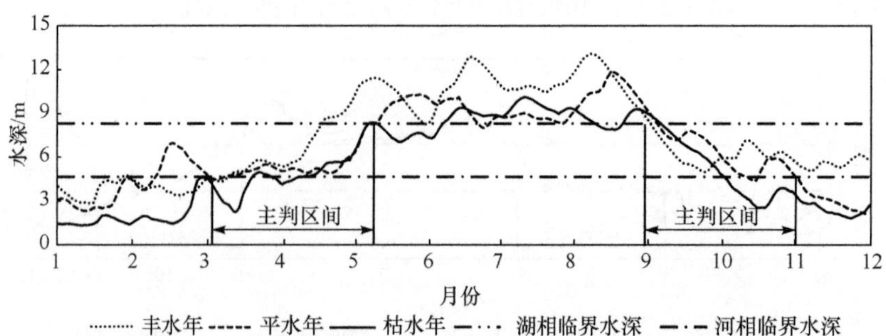

图 6.28　鄱阳湖(修河口站)河-湖两相判别区间分布图

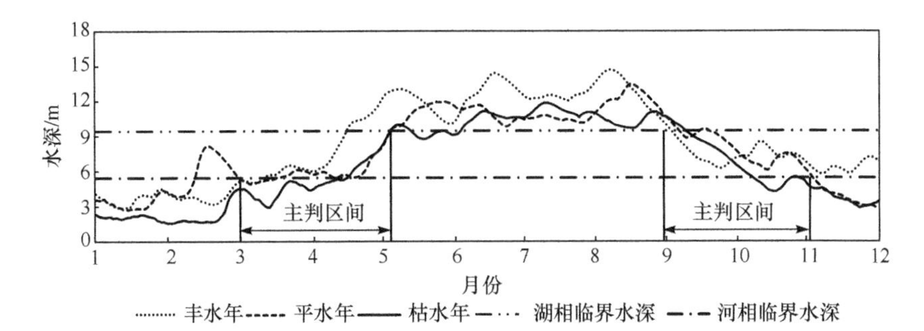

图 6.29　鄱阳湖(星子站)河-湖两相判别区间分布图

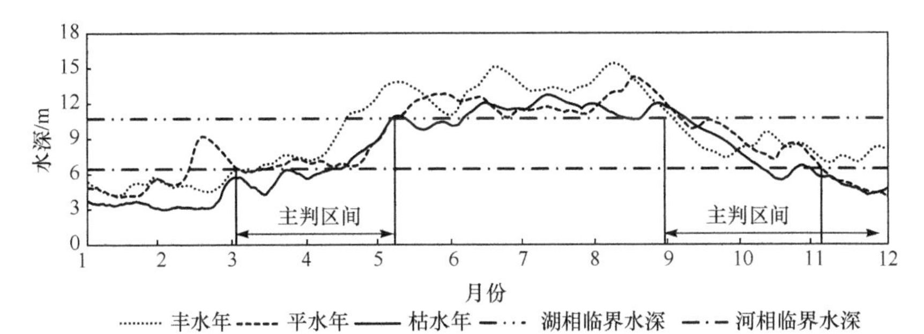

图 6.30　鄱阳湖(蛤蟆石站)河-湖两相判别区间分布图

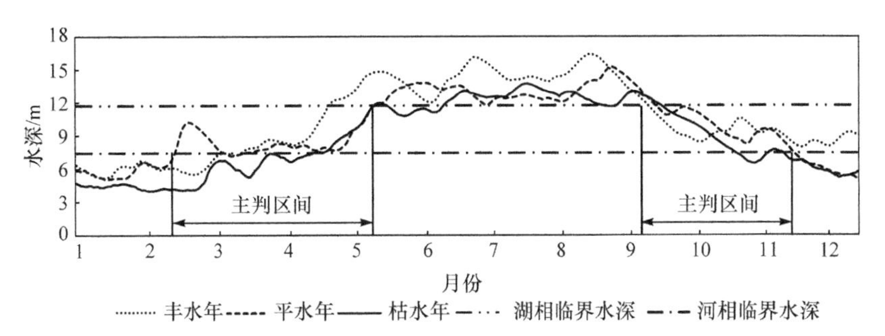

图 6.31　鄱阳湖(湖口站)河-湖两相判别区间分布图

基于数值计算结果，整理各点位三个区间(基本湖相区间、河-湖两相判别区间、基本河相区间)水深、流速、水龄数据；采用基于实数编码的加速遗传算法，计算各点位逐月三项指标最佳投影方向，见表 6.29～表 6.33。各点位最佳投影方向表明，水深、流速、水龄三项因子对湖泊形态判别的影响权重具有一定相似性。在枯水季节(11 月～次年 2 月)，流速因子对河-湖两相判别影响权重较大，而在丰水季节(7～9 月)，水深起主导作用；水龄也是两相判别考虑的重要因子，但其对判别结果的影响没有流速、水深两项因子显著，主要因为水龄受地形、流速影响较大，一些交换条件较好的湖区，虽然不同相位下，水位变幅较大，但其良好的水动力条件导致水龄依然处于相对稳定的水平。

表 6.29　鄱阳湖河-湖两相判别水深-流速-水龄最佳投影方向(No.1～No.4)

月份	No.1 昌江口站			No.2 乐安河口站			No.3 信江东支站			No.4 鄱阳站		
	水深	流速	水龄	水深	流速	水龄	水深	流速	水龄	水深	流速	水龄
1	0.1441	0.2780	0.1055	0.1351	0.2670	0.1005	0.1330	0.2678	0.1002	0.1359	0.2584	0.0986
2	0.1615	0.3081	0.1174	0.1514	0.2958	0.1118	0.1491	0.2968	0.1115	0.1524	0.2863	0.1097
3	0.1850	0.3212	0.1266	0.1735	0.3084	0.1205	0.1708	0.3094	0.1201	0.1746	0.2985	0.1183
4	0.2101	0.3229	0.1332	0.1970	0.3101	0.1268	0.1939	0.3110	0.1262	0.1982	0.3001	0.1246
5	0.2870	0.1396	0.1066	0.2691	0.1340	0.1008	0.2649	0.1344	0.0998	0.2707	0.1297	0.1001
6	0.3180	0.1565	0.1186	0.2981	0.1503	0.1121	0.2935	0.1507	0.1111	0.3000	0.1454	0.1114
7	0.3316	0.1793	0.1277	0.3108	0.1721	0.1207	0.3061	0.1727	0.1197	0.3128	0.1666	0.1198
8	0.3333	0.2035	0.1342	0.3125	0.1955	0.1270	0.3077	0.1961	0.1259	0.3144	0.1892	0.1259
9	0.3230	0.3129	0.1590	0.3028	0.3005	0.1508	0.2981	0.3014	0.1499	0.3047	0.2908	0.1489
10	0.2511	0.2433	0.1236	0.2354	0.2336	0.1173	0.2318	0.2343	0.1165	0.2369	0.2261	0.1157
11	0.2185	0.2117	0.1075	0.2048	0.2033	0.1020	0.2017	0.2039	0.1014	0.2061	0.1967	0.1007
12	0.1798	0.1741	0.0885	0.1685	0.1672	0.0839	0.1659	0.1678	0.0834	0.1696	0.1619	0.0829

表 6.30　鄱阳湖河-湖两相判别水深-流速-水龄最佳投影方向(No.5～No.8)

月份	No.5 龙口站			No.6 瓢山站			No.7 康山站			No.8 赣江南支站		
	水深	流速	水龄	水深	流速	水龄	水深	流速	水龄	水深	流速	水龄
1	0.1235	0.2227	0.0866	0.1106	0.1666	0.0693	0.1059	0.1369	0.0607	0.1106	0.1446	0.0638
2	0.1385	0.2389	0.0943	0.1165	0.1715	0.0720	0.1115	0.1409	0.0631	0.1165	0.1488	0.0663
3	0.1586	0.2478	0.1016	0.1206	0.1767	0.0743	0.1155	0.1451	0.0651	0.1206	0.1533	0.0685
4	0.1801	0.2492	0.1073	0.1265	0.1778	0.0761	0.1211	0.1461	0.0668	0.1265	0.1543	0.0702
5	0.2460	0.1171	0.0908	0.1994	0.1082	0.0769	0.1339	0.1082	0.0605	0.1399	0.1144	0.0636
6	0.2726	0.1275	0.1000	0.2052	0.1140	0.0798	0.1378	0.1140	0.0629	0.1439	0.1205	0.0661
7	0.2842	0.1396	0.1060	0.2114	0.1181	0.0824	0.1419	0.1181	0.0650	0.1483	0.1247	0.0683
8	0.2857	0.1533	0.1098	0.2128	0.1238	0.0841	0.1429	0.1238	0.0667	0.1493	0.1308	0.0700
9	0.2769	0.2425	0.1298	0.2080	0.1738	0.0955	0.1397	0.1428	0.0706	0.1459	0.1509	0.0742
10	0.2153	0.1686	0.0960	0.1218	0.1192	0.0603	0.1166	0.1192	0.0590	0.1218	0.1260	0.0619
11	0.1873	0.1529	0.0851	0.1185	0.1160	0.0586	0.1134	0.1160	0.0574	0.1185	0.1225	0.0603
12	0.1541	0.1346	0.0722	0.1151	0.1126	0.0569	0.1102	0.1126	0.0557	0.1151	0.1190	0.0585

表 6.31　鄱阳湖河-湖两相判别水深-流速-水龄最佳投影方向(No.9～No.12)

月份	No.9 抚河口站			No.10 信江西支站			No.11 棠荫站			No.12 都昌站		
	水深	流速	水龄	水深	流速	水龄	水深	流速	水龄	水深	流速	水龄
1	0.1181	0.1446	0.0657	0.1106	0.1377	0.0621	0.0953	0.1335	0.0572	0.0807	0.1300	0.0527
2	0.1244	0.1488	0.0683	0.1165	0.1434	0.0650	0.1026	0.1427	0.0613	0.0897	0.1425	0.0581

续表

月份	No.9 抚河口站			No.10 信江西支站			No.11 棠荫站			No.12 都昌站		
	水深	流速	水龄	水深	流速	水龄	水深	流速	水龄	水深	流速	水龄
3	0.1288	0.1534	0.0705	0.1207	0.1486	0.0673	0.1096	0.1486	0.0646	0.0964	0.1485	0.0612
4	0.1351	0.1543	0.0724	0.1265	0.1493	0.0690	0.1170	0.1493	0.0666	0.1059	0.1493	0.0638
5	0.1494	0.1144	0.0659	0.1399	0.1030	0.0607	0.1356	0.0880	0.0559	0.1314	0.0726	0.0510
6	0.1537	0.1205	0.0686	0.1440	0.1095	0.0634	0.1428	0.0961	0.0597	0.1426	0.0810	0.0559
7	0.1584	0.1248	0.0708	0.1483	0.1151	0.0659	0.1488	0.1030	0.0629	0.1485	0.0896	0.0595
8	0.1594	0.1308	0.0726	0.1493	0.1218	0.0678	0.1493	0.1115	0.0652	0.1493	0.1000	0.0623
9	0.1558	0.1509	0.0767	0.1460	0.1457	0.0729	0.1454	0.1453	0.0727	0.1452	0.1449	0.0725
10	0.1301	0.1260	0.0640	0.1219	0.1197	0.0604	0.1175	0.1158	0.0583	0.1142	0.1133	0.0569
11	0.1266	0.1226	0.0623	0.1185	0.1138	0.0581	0.1091	0.1051	0.0536	0.1011	0.0995	0.0501
12	0.1229	0.1190	0.0605	0.1151	0.1094	0.0561	0.1037	0.0964	0.0500	0.0891	0.0848	0.0435

表 6.32 鄱阳湖河–湖两相判别水深–流速–水龄最佳投影方向(No.13～No.16)

月份	No.13 渚溪口站			No.14 蚌湖站			No.15 赣江主支站			No.16 修河口站		
	水深	流速	水龄	水深	流速	水龄	水深	流速	水龄	水深	流速	水龄
1	0.0645	0.1300	0.0486	0.0807	0.1295	0.0525	0.0783	0.1284	0.0517	0.0793	0.1274	0.0517
2	0.0723	0.1425	0.0537	0.0897	0.1405	0.0575	0.0871	0.1393	0.0566	0.0882	0.1396	0.0570
3	0.0829	0.1485	0.0578	0.0963	0.1463	0.0607	0.0935	0.1451	0.0596	0.0947	0.1455	0.0601
4	0.0941	0.1492	0.0608	0.1059	0.1471	0.0632	0.1028	0.1458	0.0622	0.1042	0.1463	0.0626
5	0.1285	0.0726	0.0503	0.1314	0.0795	0.0527	0.1276	0.0788	0.0516	0.1292	0.0712	0.0501
6	0.1424	0.0810	0.0559	0.1426	0.0884	0.0577	0.1384	0.0876	0.0565	0.1402	0.0794	0.0549
7	0.1485	0.0896	0.0595	0.1484	0.0949	0.0608	0.1441	0.0941	0.0596	0.1460	0.0878	0.0585
8	0.1493	0.1000	0.0623	0.1492	0.1044	0.0634	0.1449	0.1035	0.0621	0.1467	0.0980	0.0612
9	0.1446	0.1449	0.0724	0.1451	0.1430	0.0720	0.1409	0.1418	0.0707	0.1427	0.1420	0.0712
10	0.1125	0.1133	0.0564	0.1141	0.1125	0.0567	0.1108	0.1115	0.0556	0.1122	0.1110	0.0558
11	0.0979	0.0995	0.0493	0.1011	0.0996	0.0502	0.0981	0.0988	0.0492	0.0994	0.0975	0.0492
12	0.0805	0.0848	0.0413	0.0891	0.0878	0.0442	0.0865	0.0870	0.0434	0.0876	0.0831	0.0427

表 6.33 鄱阳湖河–湖两相判别水深–流速–水龄最佳投影方向(No.17～No.19)

月份	No.17 星子站			No.18 蛤蟆石站			No.19 湖口站		
	水深	流速	水龄	水深	流速	水龄	水深	流速	水龄
1	0.0630	0.1270	0.0475	0.0645	0.1298	0.0486	0.0658	0.1293	0.0488
2	0.0707	0.1408	0.0529	0.0724	0.1438	0.0540	0.0738	0.1418	0.0539
3	0.0809	0.1468	0.0569	0.0829	0.1500	0.0582	0.0845	0.1478	0.0581

续表

月份	No.17 星子站			No.18 蛤蟆石站			No.19 湖口站		
	水深	流速	水龄	水深	流速	水龄	水深	流速	水龄
4	0.0919	0.1475	0.0599	0.0941	0.1508	0.0612	0.0960	0.1486	0.0611
5	0.1255	0.0638	0.0473	0.1285	0.0652	0.0484	0.1311	0.0721	0.0508
6	0.1391	0.0715	0.0526	0.1424	0.0731	0.0539	0.1453	0.0804	0.0564
7	0.1450	0.0819	0.0567	0.1485	0.0837	0.0581	0.1515	0.0890	0.0601
8	0.1458	0.0930	0.0597	0.1493	0.0950	0.0611	0.1522	0.0994	0.0629
9	0.1413	0.1430	0.0711	0.1447	0.1461	0.0727	0.1475	0.1442	0.0729
10	0.1098	0.1112	0.0552	0.1125	0.1136	0.0565	0.1147	0.1128	0.0569
11	0.0956	0.0967	0.0481	0.0979	0.0988	0.0492	0.0998	0.0990	0.0497
12	0.0786	0.0796	0.0396	0.0805	0.0813	0.0405	0.0821	0.0843	0.0416

基于各点位投影值，确定判别参数 K，从而求解鄱阳湖河-湖两相判别函数 M。河-湖两相判别结果见表 6.34～表 6.39。根据研究可知：鄱阳湖不同水季河-湖两相波动显著；不同空间点位的两相波动特征受地形、水动力影响存在较大差异，但总体时间分布特征一致，即洪季以湖相为主，枯季以河相为主。昌江口站(No.1)、乐安河口站(No.2)、信江东支站(No.3)、鄱阳站(No.4)、龙口站(No.5)五个测点位于湖泊东部入湖河口及湖湾区域，1～4 月、11～12 月基本体现为河相，5～10 月基本体现为湖相。瓢山站(No.6)点位逐步向主湖区迁移，4 月水位已接近湖相临界水位，故以湖相为主，全年河相主导阶段共 6 个月，分别为 1～3 月、10～12 月。康山站(No.7)、赣江南支站(No.8)、抚河口站(No.9)、信江西支站(No.10)四个站点位于南部湖湾及入湖口区域，湖底地形较高，水动力条件较好，全年河相主导时期增加至 7 个月，分别为 1～4 月、10～12 月，5～9 月以湖相为主。棠荫站(No.11)接近鄱阳湖中泓区，水流较强，河相主导时期也长于湖相，全年河-湖两相分区与上述四个点位一致。都昌站(No.12)、渚溪口站(No.13)两个站点 10 月水深、水流等条件以湖相为主，全年河相与湖相时期分别为 6 个月。蚌湖站(No.14)点位全年判别为湖相，因其是鄱阳湖内属碟形湖，当枯季水位较低时，其依然以独立湖相存在。赣江主支站(No.15)、修河口站(No.16)位于西部入湖河口区域，全年河相主导阶段为 10 月～次年 4 月，湖相为 5～9 月。星子站(No.17)、蛤蟆石站(No.18)两个点位全年河相、湖相分布一致，11 月～次年 4 月以河相为主，5～10 月为湖相。湖口站(No.19)位于江湖交汇区域，水深与水流条件较好，12 月～次年 3 月体现为河相，4～11 月以湖相为主。

表 6.34 鄱阳湖河–湖两相判别结果(No.1～No.3)

月份	No.1 昌江口站		No.2 乐安河口站		No.3 信江东支站	
	水位变幅/m	判别结果	水位变幅/m	判别结果	水位变幅/m	判别结果
1	6.54～9.82	河相	6.62～9.78	河相	6.59～9.87	河相
2	6.31～14.22	河相	6.33～13.42	河相	6.37～14.52	河相
3	7.03～13.21	河相	7.05～13.18	河相	7.08～13.42	河相
4	9.67～16.63	河相	9.62～16.67	河相	9.68～16.81	河相
5	10.98～20.09	湖相	10.94～20.03	湖相	10.88～20.13	湖相
6	14.92～20.68	湖相	14.89～20.67	湖相	14.95～20.71	湖相
7	16.21～21.73	湖相	16.31～21.75	湖相	16.26～21.66	湖相
8	16.37～22.07	湖相	16.34～22.08	湖相	16.39～22.15	湖相
9	14.50～21.78	湖相	14.35～21.82	湖相	14.42～21.71	湖相
10	11.36～16.13	湖相	11.31～16.24	湖相	11.38～16.21	湖相
11	9.50～14.67	河相	9.38～14.61	河相	9.55～14.72	河相
12	7.68～13.10	河相	7.63～13.22	河相	7.69～13.18	河相

表 6.35 鄱阳湖河–湖两相判别结果(No.4～No.6)

月份	No.4 鄱阳站		No.5 龙口站		No.6 瓢山站	
	水位变幅/m	判别结果	水位变幅/m	判别结果	水位变幅/m	判别结果
1	6.57～9.89	河相	6.59～9.90	河相	9.76～12.18	河相
2	6.28～14.12	河相	6.36～14.34	河相	9.92～13.55	河相
3	7.00～13.11	河相	7.09～13.32	河相	10.48～12.77	河相
4	9.61～16.72	河相	9.75～16.77	河相	11.70～13.91	湖相
5	10.82～20.02	湖相	11.07～20.26	湖相	12.16～16.00	湖相
6	14.84～20.60	湖相	15.04～20.85	湖相	12.44～16.42	湖相
7	16.21～21.73	湖相	16.35～21.91	湖相	12.87～17.29	湖相
8	16.31～22.02	湖相	16.50～22.25	湖相	13.10～17.46	湖相
9	14.55～21.67	湖相	14.62～21.96	湖相	12.26～17.22	湖相
10	11.34～16.27	湖相	11.46～16.26	湖相	10.37～12.98	河相
11	9.46～14.58	河相	9.58～14.79	河相	10.29～13.09	河相
12	7.71～13.19	河相	7.74～13.21	河相	10.16～12.67	河相

表 6.36　鄱阳湖河–湖两相判别结果(No.7～No.9)

月份	No.7 康山站		No.8 赣江南支站		No.9 抚河口站	
	水位变幅/m	判别结果	水位变幅/m	判别结果	水位变幅/m	判别结果
1	10.27～12.82	河相	10.23～12.85	河相	10.89～13.59	河相
2	10.44～14.26	河相	10.39～14.18	河相	11.07～15.12	河相
3	11.03～13.44	河相	11.06～13.51	河相	11.69～14.25	河相
4	12.32～14.64	河相	12.37～14.69	河相	13.06～15.52	河相
5	12.80～16.84	湖相	12.75～16.80	湖相	13.57～17.85	湖相
6	13.09～17.28	湖相	13.02～17.25	湖相	13.88～18.32	湖相
7	13.55～18.2	湖相	13.51～18.27	湖相	14.36～19.29	湖相
8	13.79～18.38	湖相	13.72～18.43	湖相	14.62～19.48	湖相
9	12.91～18.13	湖相	12.97～18.18	湖相	13.68～19.22	湖相
10	10.92～13.66	河相	10.90～13.65	河相	11.58～14.48	河相
11	10.83～13.78	河相	10.87～13.81	河相	11.48～14.61	河相
12	10.69～13.34	河相	10.66～13.30	河相	11.33～14.14	河相

表 6.37　鄱阳湖河–湖两相判别结果(No.10～No.12)

月份	No.10 信江西支站		No.11 棠荫站		No.12 都昌站	
	水位变幅/m	判别结果	水位变幅/m	判别结果	水位变幅/m	判别结果
1	10.91～13.62	河相	7.24～11.68	河相	6.86～10.14	河相
2	11.04～15.10	河相	8.38～13.2	河相	6.93～12.27	河相
3	11.63～14.21	河相	9.60～12.40	河相	7.73～11.37	河相
4	13.02～15.50	河相	11.42～14.34	河相	9.56～13.92	河相
5	13.51～17.82	湖相	11.77～16.91	湖相	10.3～16.58	湖相
6	13.82～18.34	湖相	12.79～17.35	湖相	12.35～17.03	湖相
7	14.33～19.26	湖相	13.59～18.28	湖相	13.29～17.97	湖相
8	14.57～19.42	湖相	13.85～18.48	湖相	13.52～18.18	湖相
9	13.63～19.17	湖相	12.63～18.24	湖相	12.15～17.94	湖相
10	11.56～14.45	河相	10.12～13.55	河相	9.29～13.28	湖相
11	11.44～14.67	河相	9.75～12.99	河相	8.02～12.48	河相
12	11.38～14.19	河相	9.53～12.42	河相	7.35～11.53	河相

表 6.38 鄱阳湖河–湖两相判别结果(No.13～No.15)

月份	No.13 渚溪口站		No.14 蚌湖站		No.15 赣江主支站	
	水位变幅/m	判别结果	水位变幅/m	判别结果	水位变幅/m	判别结果
1	5.45～8.18	河相	7.13～10.55	湖相	7.15～10.58	河相
2	5.26～11.85	河相	7.21～12.76	湖相	7.24～12.79	河相
3	5.86～11.01	河相	8.04～11.82	湖相	8.06～11.85	河相
4	8.06～13.86	河相	9.94～14.48	湖相	9.97～14.52	河相
5	9.15～16.74	湖相	10.71～17.24	湖相	10.77～17.29	湖相
6	12.43～17.23	湖相	12.84～17.71	湖相	12.86～17.74	湖相
7	13.51～18.11	湖相	13.82～18.69	湖相	13.83～18.75	湖相
8	13.64～18.39	湖相	14.06～18.91	湖相	14.11～18.96	湖相
9	12.08～18.15	湖相	12.64～18.66	湖相	12.68～18.71	湖相
10	9.47～13.44	湖相	9.66～13.81	湖相	9.68～13.85	河相
11	7.92～12.22	河相	8.34～12.98	湖相	8.30～12.95	河相
12	6.4～10.92	河相	7.64～11.99	湖相	7.61～11.97	河相

表 6.39 鄱阳湖河–湖两相判别结果(No.16～No.19)

月份	No.16 修河口站		No.17 星子站		No.18 蛤蟆石站		No.19 湖口站	
	水位变幅/m	判别结果	水位变幅/m	判别结果	水位变幅/m	判别结果	水位变幅/m	判别结果
1	7.18～10.61	河相	5.40～8.16	河相	5.16～7.74	河相	5.13～7.71	河相
2	7.18～12.72	河相	5.23～11.82	河相	4.98～11.21	河相	4.94～11.15	河相
3	8.01～11.78	河相	5.81～10.97	河相	5.54～10.42	河相	5.51～10.38	河相
4	9.91～14.44	河相	8.02～13.83	河相	7.62～13.11	河相	7.59～13.06	湖相
5	10.67～17.20	湖相	9.11～16.70	湖相	8.66～15.84	湖相	8.62～15.80	湖相
6	12.81～17.67	湖相	12.38～17.17	湖相	11.76～16.30	湖相	11.71～16.24	湖相
7	13.78～18.65	湖相	13.42～18.05	湖相	12.78～17.13	湖相	12.73～17.02	湖相
8	14.01～18.88	湖相	13.62～18.37	湖相	12.90～17.40	湖相	12.86～17.37	湖相
9	12.61～18.62	湖相	12.05～18.11	湖相	11.43～17.17	湖相	11.41～17.12	湖相
10	9.62～13.76	河相	9.42～13.38	湖相	8.96～12.71	湖相	8.93～12.66	湖相
11	8.37～13.02	河相	7.88～12.17	河相	7.49～11.56	河相	7.45～11.52	湖相
12	7.66～12.04	河相	6.34～10.86	河相	6.05～10.33	河相	6.01～10.29	河相

6.4.3　河-湖两相判别结果校核

鄱阳湖高程-通江水体面积变化关系如图 6.32 所示，当高程为 9.14m 时，对应通江水体面积为 345.46km^2，高程为 13.14m 时，通江水体面积为 2525.27km^2。为了提高鄱阳湖河-湖两相判别结果的准确性，引进通江水体面积对鄱阳湖河-湖两相判别结果进行校核。当鄱阳湖通江水体面积小于 345.46km^2 时，判别湖泊为基本河相；通江水体面积大于 2525.27km^2 时，判别湖泊为基本湖相，校核结果见表 6.40。为细化不同点位校核标准，绘制出鄱阳湖九大分区(3.1.2 节)高程-通江水体面积变化关系如图 6.33 所示，并对河-湖两相判别结果进行校核，校核结果见表 6.41～表 6.43。根据研究结果可知：鄱阳湖一区 1～3 月、11～12 月以河相为主，4～10 月以湖相为主，鄱阳湖二区、三区、六区、八区 1～4 月、11～12 月以河相为主，5～10 月以湖相为主，鄱阳湖四区、五区、七区、九区 1～4 月、10～12 月以河相为主，5～9 月以湖相为主。校核结果与鄱阳湖河-湖两相判别结果一致。

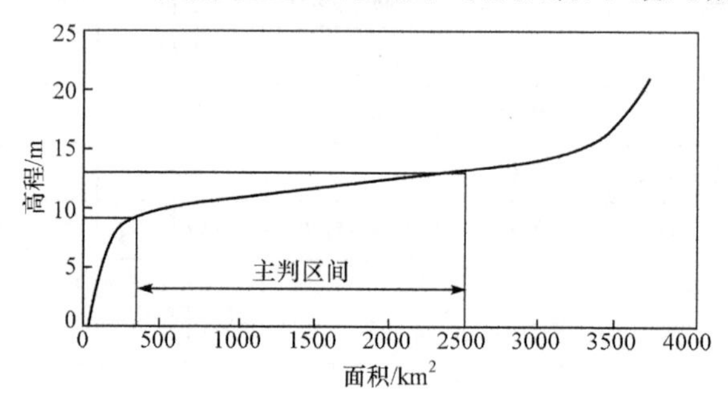

图 6.32　鄱阳湖高程-通江水体面积变化关系

表 6.40　鄱阳湖河-湖两相判别结果校核

月份	水位变幅/m	通江水体面积波动范围/km^2	判别结果
1	5.40～8.16	128.66～220.65	河相
2	5.23～11.82	124.79～1701.10	河相
3	5.81～10.97	137.12～1083.94	河相
4	8.02～13.83	209.02～2857.49	河相
5	9.11～16.70	339.76～3440.8	湖相
6	12.38～17.17	2077.12～3474.27	湖相
7	13.42～18.05	2669.98～3528.56	湖相
8	13.62～18.37	2764.35～3547.63	湖相
9	12.05～18.11	1859.40～3532.04	湖相
10	9.42～13.38	394.09～2650.32	湖相

续表

月份	水位变幅/m	通江水体面积波动范围/km²	判别结果
11	7.88～12.17	198.94～1939.56	河相
12	6.34～10.86	150.18～1015.44	河相

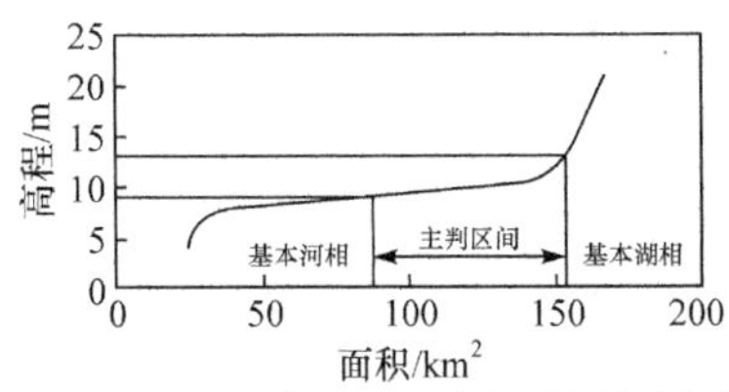

(a) 鄱阳湖一区高程-通江水体面积关系曲线图

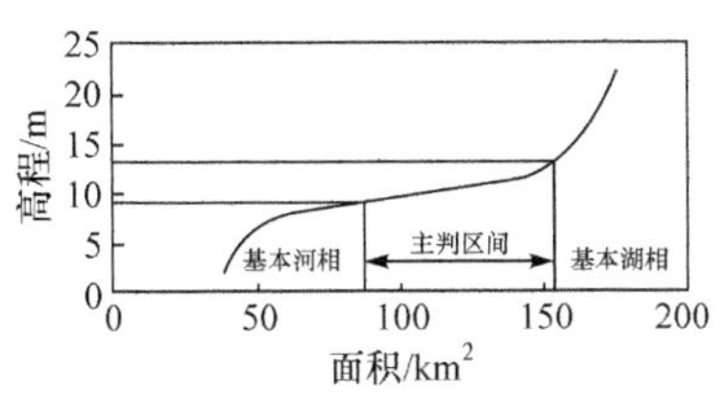

(b) 鄱阳湖二区高程-通江水体面积关系曲线图

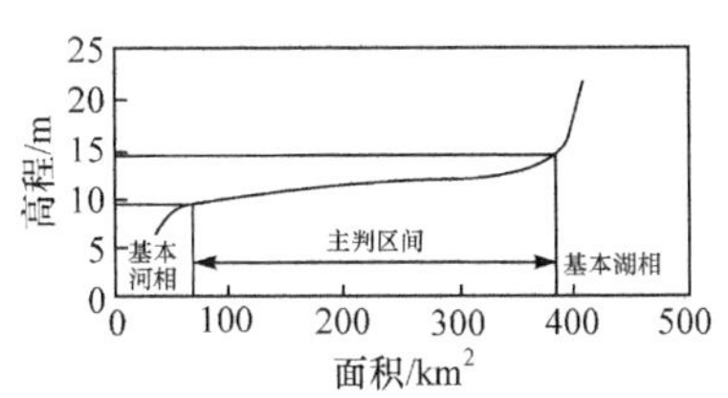

(c) 鄱阳湖三区高程-通江水体面积关系曲线图

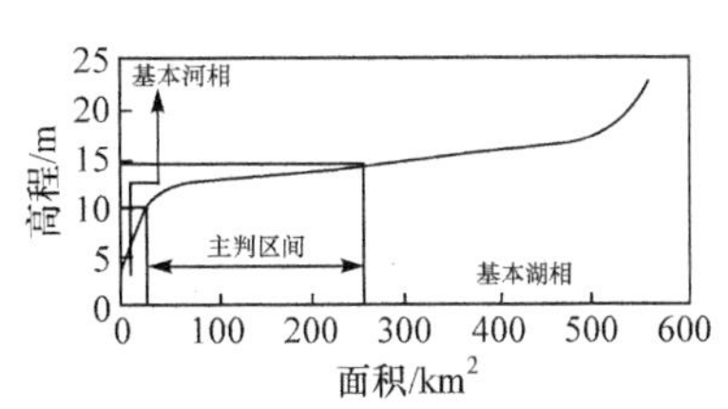

(d) 鄱阳湖四区高程-通江水体面积关系曲线图

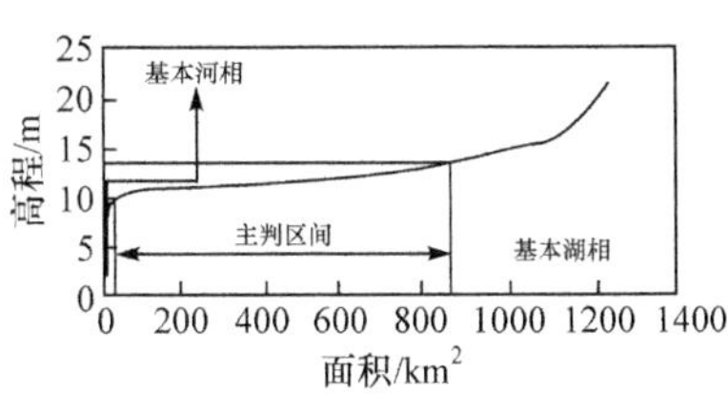

(e) 鄱阳湖五区高程-通江水体面积关系曲线图

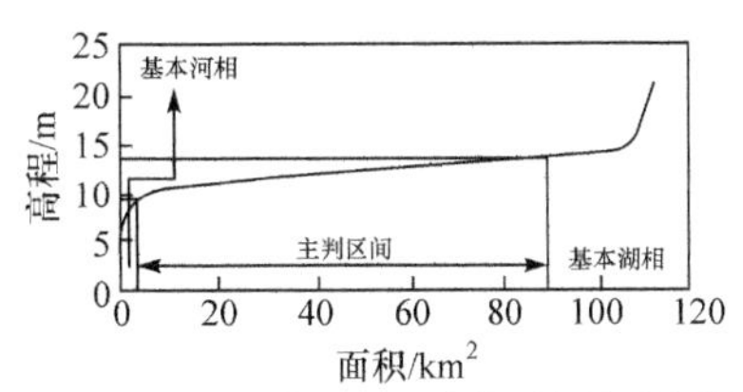

(f) 鄱阳湖六区高程-通江水体面积关系曲线图

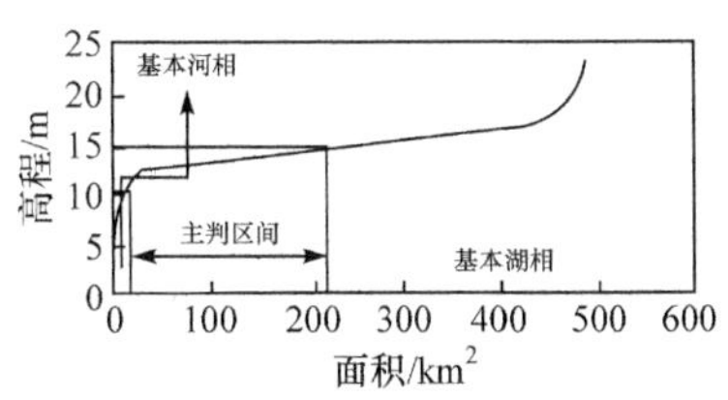

(g) 鄱阳湖七区高程-通江水体面积关系曲线图

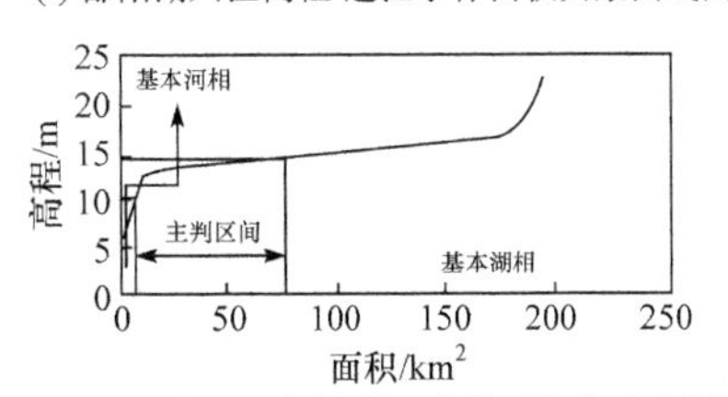

(h) 鄱阳湖八区高程-通江水体面积关系曲线图

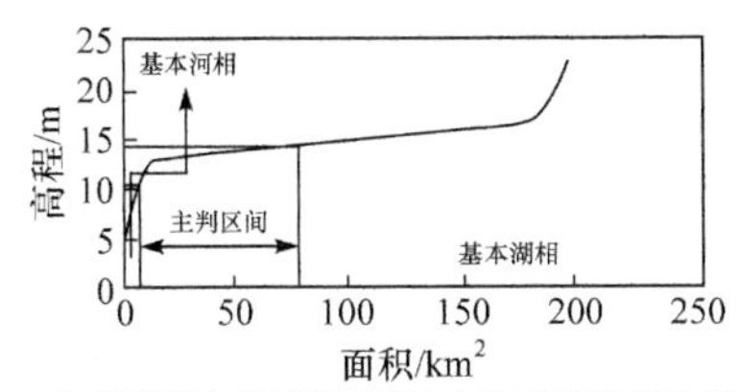

(i) 鄱阳湖九区高程-通江水体面积关系曲线图

图 6.33　鄱阳湖九大分区高程-通江水体面积变化关系

表 6.41　鄱阳湖河–湖两相判别结果校核(鄱阳湖一区～三区)

月份	鄱阳湖一区		鄱阳湖二区		鄱阳湖三区	
	通江水体面积变幅/km²	判别结果	通江水体面积变幅/km²	判别结果	通江水体面积变幅/km²	判别结果
1	37.27～76.42	河相	34.62～62.01	河相	35.74～99.38	河相
2	33.09～156.63	河相	33.93～152.06	河相	36.60～154.81	河相
3	38.03～148.63	河相	36.11～137.40	河相	43.67～135.50	河相
4	55.81～165.07	湖相	59.70～165.88	河相	76.68～163.60	河相
5	81.71～171.35	湖相	87.31～173.21	湖相	109.66～171.56	湖相
6	161.01～173.67	湖相	156.15～174.28	湖相	155.56～172.64	湖相
7	164.24～174.91	湖相	164.49～176.24	湖相	161.09～174.13	湖相
8	164.84～176.08	湖相	165.01～176.88	湖相	162.38～174.58	湖相
9	159.20～175.18	湖相	154.46～176.33	湖相	149.07～173.86	湖相
10	83.66～163.58	湖相	95.17～164.22	湖相	66.04～161.75	湖相
11	53.02～157.39	河相	57.01～155.91	河相	45.24～154.81	河相
12	38.83～147.68	河相	40.42～135.51	河相	38.38～138.06	河相

表 6.42　鄱阳湖河–湖两相判别结果校核(鄱阳湖四区～六区)

月份	鄱阳湖四区		鄱阳湖五区		鄱阳湖六区	
	通江水体面积变幅/km²	判别结果	通江水体面积变幅/km²	判别结果	通江水体面积变幅/km²	判别结果
1	24.35～47.57	河相	16.80～468.00	河相	0.53～6.98	河相
2	24.75～117.58	河相	23.15～873.33	河相	0.49～103.33	河相
3	29.52～82.59	河相	41.45～707.17	河相	0.59～88.50	河相
4	33.72～348.92	河相	480.59～929.97	河相	2.12～108.77	河相
5	48.97～577.07	湖相	405.06～1155.25	湖相	136.04～111.49	湖相
6	193.04～581.89	湖相	742.42～1172.69	湖相	101.51～111.89	湖相
7	336.61～596.21	湖相	880.54～1197.33	湖相	108.38～112.64	湖相
8	382.40～602.59	湖相	877.25～1204.26	湖相	108.50～112.86	湖相
9	212.53～595.69	湖相	664.37～1194.01	湖相	98.87～112.72	湖相
10	41.33～292.52	河相	59.14～895.99	河相	140.70～108.74	湖相
11	33.27～198.17	河相	45.38～772.63	河相	2.11～109.51	河相
12	28.10～94.92	河相	39.49～624.09	河相	0.81～86.27	河相

表 6.43　鄱阳湖河–湖两相判别结果校核(鄱阳湖七区～九区)

月份	鄱阳湖七区		鄱阳湖八区		鄱阳湖九区	
	通江水体面积变幅/km²	判别结果	通江水体面积变幅/km²	判别结果	通江水体面积变幅/km²	判别结果
1	26.76～87.93	河相	1.21～3.56	河相	39.45～167.96	河相
2	28.28～308.59	河相	1.11～114.85	河相	45.82～255.42	河相
3	32.06～208.49	河相	1.28～65.44	河相	50.06～212.22	河相
4	65.83～264.84	河相	2.95～162.24	河相	105.12～273.24	河相
5	121.56～430.58	湖相	4.18～165.44	湖相	146.43～351.61	湖相
6	43.73～478.93	湖相	125.49～165.32	湖相	164.37～365.32	湖相
7	189.39～493.34	湖相	156.53～166.34	湖相	214.01～389.04	湖相
8	199.40～484.90	湖相	159.74～166.51	湖相	227.77～388.82	湖相
9	88.89～485.55	湖相	120.41～166.69	湖相	167.96～387.08	湖相
10	30.45～171.05	河相	4.13～160.38	湖相	54.18～235.48	河相
11	29.57～167.71	河相	3.10～130.80	河相	49.71～250.06	河相
12	25.90～146.03	河相	1.60～58.45	河相	46.06～191.28	河相

6.5　碟形湖河-湖两相判别研究

碟形湖是指鄱阳湖湖盆区内枯水季节显露于洲滩之中的季节性子湖泊。碟形湖的出现主要是由于鄱阳湖水位的季节性变化，丰水期鄱阳湖一片汪洋，碟形湖融入主湖体，鄱阳湖完全显现出大湖特征。当鄱阳湖水位下降后，碟形湖依次显露，并成为孤立的水域，与鄱阳湖主湖区没有直接的水流联系。碟形湖是鄱阳湖河-湖两相判别研究过程中的特殊情况。根据星子基本湖相水位、基本河相水位，以及星子与鄱阳湖其他各区水位相关曲线，鄱阳湖内 35 个碟形湖理论判别临界水位见表 6.44 所示。通过对比临界水位与控制高程可知：①除大叉湖、撮箕湖、蚌湖三个碟形湖外，其余 32 个碟形湖控制高程均高于理论河相临界水位；在鄱阳湖整体判别过程中，虽然湖泊水位低于河相临界水位时，湖区整体呈现河流特征，但上述碟形湖已成独立湖泊，应判定为湖相。当湖泊水位低于河相临界水位时，虽然大叉湖、撮箕湖、蚌湖三个碟形湖仍与主湖相通，但其控制高程与理论河相临界水位相差不大，分别约 1.56m、0.86m、0.46m，故同样判定为湖相。②上北甲湖、上深湖、下北甲湖、梅西湖、东江湖、草鱼角湖等 20 个碟形湖，控制高程高于理论湖相临界水位。当水位高于湖相临界水位时，碟形湖判别结果与湖区整体判别结果一致；当水位低于湖相临界水位时，水位同时低于控制高程，碟形湖已成独立湖泊，同样判别为湖相。③上段湖、中湖池、企湖、常湖池、沙湖、珠池湖等 15 个碟形湖控制高程低于理论湖相临界水位。当水位高于理论湖相临界水位时，判别结果与湖区整体判别结果一致；当水位介于控制高程与理论湖相临界水位之间时，各湖差异显著。上段湖、中湖池、常湖池、沙湖、珠池湖、白沙湖、北口湾、程家池、林充湖、三湖、沙塘池 11 个碟形湖从独立湖泊到基本湖相水位增幅平均仅 0.67m，故依然判定为湖相；企湖、大叉湖、撮箕湖、蚌湖 4 个碟形湖，水位增幅分别可达 2.52m、3.51m、3.62m、2.41m。当水位逐渐增加时，碟形湖与主湖区相通程度加强，湖泊水流特征、物质交换均发生改变，但考虑企湖、大叉湖、蚌湖距离主湖区相对较远，当水位在此区间时，建议判别为湖相。撮箕湖距离主湖区相对较近，在其从独立湖泊到全湖基本湖相状态转变过程，水位变幅较大，在水动力较强条件下，可判别为河相。

表 6.44　鄱阳湖内碟形湖判别参数值

序号	名称	所在区	控制高程/m	理论湖相临界水位/m	理论河相临界水位/m
1	上北甲湖	A7 南部湖湾区	15.0	14.41	12.46
2	上段湖	A5 中部湖面开阔区	14.0	14.22	11.46
3	上深湖	A7 南部湖湾区	14.7	14.41	12.46
4	下北甲湖	A7 南部湖湾区	14.5	14.41	12.46
5	下段湖	A5 中部湖面开阔区	14.5	14.22	11.46
6	下深湖	A7 南部湖湾区	14.6	14.41	12.46
7	中湖池	A4 西部入湖河口区	14.0	14.12	10.46
8	企湖	A5 中部湖面开阔区	11.7	14.22	11.46
9	大叉湖	A4 西部入湖河口区	10.9	14.41	12.46
10	大湖池	A4 西部入湖河口区	15.0	14.41	12.46
11	常湖	A7 南部湖湾区	14.6	14.41	12.46
12	常湖池	A4 西部入湖河口区	13.5	14.41	12.46
13	朱市湖	A4 西部入湖河口区	14.5	14.41	12.46
14	梅西湖	A4 西部入湖河口区	14.5	14.41	12.46
15	沙湖	A4 西部入湖河口区	14.0	14.41	12.46
16	珠池湖	A5 中部湖面开阔区	13.0	14.22	11.46
17	白池湖	A5 中部湖面开阔区	14.5	14.22	11.46
18	神塘湖	A5 中部湖面开阔区	14.5	14.22	11.46

续表

序号	名称	所在区	控制高程/m	理论湖相临界水位/m	理论河相临界水位/m
19	撮箕湖	A5 中部湖面开阔区	10.6	14.22	11.46
20	草鱼角湖	A5 中部湖面开阔区	14.5	14.22	11.46
21	蚌湖	A4 西部入湖河口区	12.0	14.41	12.46
22	蚕豆湖	A4 西部入湖河口区	14.5	14.41	12.46
23	象湖	A4 西部入湖河口区	14.5	14.41	12.46
24	饭湖	A5 中部湖面开阔区	15.0	14.22	11.46
25	白沙湖	A7 南部湖湾区	14.0	14.41	12.46
26	北汊湖大场湖	A8 东部入湖河口区	14.5	14.01	12.21
27	北口湾	A9 南部入湖河口区	14.0	14.85	13.65
28	程家池	A9 南部入湖河口区	14.0	14.85	13.65
29	东江湖	A7 南部湖湾区	14.5	14.41	12.46
30	林充湖	A7 南部湖湾区	13.5	14.41	12.46
31	三湖	A7 南部湖湾区	14.3	14.41	12.46
32	三泥湾	A7 南部湖湾区	15.0	14.41	12.46
33	沙塘池	A9 南部入湖河口区	14.5	14.85	13.65
34	石湖	A7 南部湖湾区	14.5	14.41	12.46
35	塘行湖	A7 南部湖湾区	14.5	14.41	12.46

第 7 章　鄱阳湖水质监测评价体系优化

7.1　鄱阳湖现有水质监测点位合理性分析

鄱阳湖湖区水质监测点位 19 个，入湖河流河口处监测点位共 9 个，出湖口监测点位 1 个。其中，北部湖区监测点位共 8 个(2 个入湖口点位，1 个出湖口点位，5 个湖区点位)，南部湖区监测点位共 11 个(7 个入湖口点位，4 个湖区点位)。南北部湖区点位布设虽然总个数比例较为适合，但入湖口点位的水质不能准确反映湖区水质，根据湖库网格法布点原则，南部湖区监测点位点数比例偏少，部分点位空间分布不合理，点位距离较近。例如，南部湖区的棠荫和瓢山点位距离较近，不足 5km。此外，鄱阳湖中部湖区没有设置监测点位，不能准确反映湖区整体水质。

北部湖区的 8 个点位分别是都昌站、渚溪口站、蚌湖站、赣江主支站、修河口站、星子站、蛤蟆石站、湖口站；修河口站和赣江主支站位于河流入湖口，湖口站位于出湖口。南部湖区的 11 个监测点位分别是昌江口站、乐安河口站、信江东支站、信江西支站、赣江南支站、抚河口站、鄱阳站、龙口站、棠荫站、瓢山站、康山站；前 7 个点位位于河流入湖口。具体分布情况见表 7.1。流入鄱阳湖的八条主要径流的水质监测站点为外洲站(赣江)、李家渡站(抚河)、梅港站(信江)、石镇街站(乐安河)、渡峰坑站(昌江)、石门街站(西河)、梓坊站(博阳河)、永修站(修河)。

表 7.1　鄱阳湖区水质监测点位分布

编号	点位名称	点位位置	编号	点位名称	点位位置	编号	点位名称	点位位置
1	昌江口站	饶河	8	赣江南支站	赣江	15	赣江主支站	赣江
2	乐安河口站	饶河	9	抚河口站	抚河	16	修河口站	修河
3	信江东支站	信江	10	信江西支站	信江	17	星子站	鄱阳湖区
4	鄱阳站	饶河	11	棠荫站	鄱阳湖区	18	蛤蟆石站	鄱阳湖区
5	龙口站	鄱阳湖区	12	都昌站	鄱阳湖区	19	湖口站	鄱阳湖区
6	瓢山站	鄱阳湖区	13	渚溪口站	鄱阳湖区			
7	康山站	鄱阳湖区	14	蚌湖站	鄱阳湖区			

7.1.1　湖区监测点位水质年际稳定性分析

根据对鄱阳湖湖区历史监测数据的掌握情况，本书以 2008～2012 年数据为基础，采用断面水质年际变异系数分析现有监测点位的年际稳定性，其中主要污染物污染分担率较大的为 DO、COD_{Mn}、氨氮、总磷(以变异系数小于 70%作为判断断面水质年际稳定性的标准)。各监测点位的各污染指标的五年数据及水质年际变异系数(C)见表 7.2。可以看出，瓢山站的氨氮指标年际变化存在较大程度的不稳定，变异系数达 99.77%，乐安河口站和瓢山站的总磷指标的年际变化也存在一定程度的不稳定，乐安河口站的变异系数为 75.70%，瓢山站的变异系数为 73.92%。其他点位各主要污染物监测数据年际变化稳定性均良好。

表 7.2　湖区各监测点位污染指标稳定性分析　(单位：mg/L)

项目	DO	COD_{Mn}	氨氮	总磷
昌江口站	8.57	2.76	0.55	0.036
	10.08	1.75	0.23	0.062
	7.74	2.30	0.41	0.062
	8.83	2.96	0.29	0.065
	7.50	2.77	0.33	0.043
均值	8.54	2.51	0.36	0.054
C	11.96%	19.48%	34.19%	24.56%
乐安河口站	8.40	2.66	2.06	0.046
	9.05	2.55	1.01	0.129
	6.96	2.40	0.88	0.234
	8.27	3.18	3.82	0.445
	7.37	3.10	2.22	0.150
均值	8.01	2.78	2.00	0.201
C	10.47%	12.39%	59.21%	75.70%
信江东支站	9.25	2.60	0.50	0.115
	9.76	2.18	0.09	0.130
	8.32	2.20	0.24	0.141
	8.68	2.56	0.28	0.113
	7.10	2.70	0.33	0.323
均值	8.62	2.45	0.29	0.164
C	11.74%	9.85%	51.60%	54.38%
鄱阳站	8.86	2.66	1.13	0.070
	7.98	2.42	0.72	0.083

续表

项目	DO	COD_{Mn}	氨氮	总磷
鄱阳站	7.59	2.50	0.79	0.218
	7.97	2.50	1.83	0.258
	7.88	2.60	0.99	0.108
均值	8.06	2.54	1.09	0.147
C	5.91%	3.72%	40.60%	57.67%
龙口站	8.84	2.74	0.83	0.067
	8.30	2.39	0.47	0.079
	8.69	2.60	0.62	0.166
	7.85	2.60	1.62	0.215
	10.30	2.90	1.08	0.098
均值	8.80	2.65	0.92	0.125
C	10.51%	7.15%	48.89%	50.58%
瓢山站	6.80	2.80	0.28	0.044
	8.56	2.76	0.19	0.045
	8.06	2.60	0.49	0.107
	8.36	2.80	1.43	0.209
	9.55	2.90	2.46	0.263
均值	8.27	2.77	0.97	0.134
C	12.01%	3.94%	99.77%	73.92%
康山站	9.42	2.52	0.29	0.066
	8.61	2.70	0.17	0.093
	8.58	2.43	0.31	0.092
	8.67	2.90	0.34	0.079
	10.53	2.60	0.35	0.040
均值	9.16	2.63	0.29	0.074
C	9.17%	6.88%	24.74%	29.68%
赣江南支站	8.44	2.74	1.05	0.047
	8.37	3.20	0.61	0.056
	7.74	3.00	1.32	0.107
	8.15	2.90	1.15	0.069
	9.97	2.80	0.56	0.060
均值	8.53	2.93	0.94	0.068
C	9.94%	6.20%	35.91%	34.36%

续表

项目	DO	COD_{Mn}	氨氮	总磷
抚河口站	7.90	2.83	0.28	0.036
	7.53	2.75	0.17	0.051
	7.88	2.50	0.36	0.058
	8.52	2.70	0.44	0.052
	10.20	3.00	0.56	0.049
均值	8.41	2.76	0.36	0.049
C	12.66%	6.62%	41.18%	16.47%
信江西支站	8.98	2.60	0.22	0.103
	8.65	2.58	0.13	0.188
	8.30	2.40	0.22	0.099
	8.72	2.40	0.24	0.146
	10.20	2.70	0.24	0.050
均值	8.97	2.54	0.21	0.117
C	8.13%	5.21%	21.81%	44.52%
棠荫站	8.00	2.83	0.38	0.051
	7.75	2.80	0.23	0.076
	8.43	2.50	0.34	0.074
	9.51	2.70	0.74	0.125
	10.00	3.20	0.81	0.089
均值	8.74	2.81	0.50	0.083
C	11.16%	9.10%	51.63%	32.74%
都昌站	9.73	2.60	0.39	0.052
	8.99	2.50	0.17	0.053
	8.74	2.80	0.56	0.128
	8.75	2.80	0.69	0.099
	10.40	3.10	0.55	0.056
均值	9.32	2.76	0.47	0.078
C	7.78%	8.34%	42.27%	44.29%
星子站	9.40	2.30	0.24	0.053
	9.57	2.20	0.27	0.066
	8.09	2.30	0.40	0.077
	8.76	2.50	0.53	0.090
	9.67	3.00	0.44	0.068
均值	9.10	2.46	0.38	0.071
C	7.31%	13.04%	32.05%	19.40%

续表

项目	DO	COD_{Mn}	氨氮	总磷
蛤蟆石站	8.70	2.76	0.19	0.037
	8.68	2.40	0.22	0.051
	8.28	2.50	0.34	0.077
	8.82	2.30	0.64	0.097
	8.29	2.90	0.45	0.045
均值	8.55	2.57	0.37	0.061
C	2.94%	9.75%	49.94%	40.58%
湖口站	9.02	2.54	0.35	0.066
	8.65	2.30	0.22	0.060
	8.38	2.30	0.37	0.074
	8.67	2.30	0.55	0.084
	8.44	2.60	0.46	0.040
均值	8.63	2.41	0.39	0.065
C	2.91%	6.20%	31.77%	25.51%

7.1.2　湖区相邻监测点位相关性分析

以相关性分析理论为基础，以2008～2012年数据为基础数据，使用SPSS软件中的Bivariate过程相关性分析模块计算湖区相邻点位的相关性，并验证双侧检验显著性，分别以DO、COD_{Mn}、氨氮、总磷作为计算检验变量，结果(表7.3)表明，现有相邻点位监测数据呈强相关或极强相关的较为普遍，其中，昌江口站和乐安河口站的DO呈极强相关，COD_{Mn}、总磷呈强相关。抚河口站和信江西支站的DO、COD_{Mn}、氨氮均呈极强相关。瓢山站和棠荫站的COD_{Mn}、氨氮呈极强相关，总磷呈强相关。赣江主支站和修河口站的COD_{Mn}、氨氮、总磷均呈极强相关。渚溪口站和都昌站的 DO、氨氮呈极强相关。蚌湖站与渚溪口站只有氨氮呈强相关，其他污染指标相关性较弱或不相关。蚌湖站和都昌站 DO、氨氮两个指标呈强相关。渚溪口站和星子站的DO呈强相关，氨氮呈极强相关。星子站和蛤蟆石站的氨氮指标呈极强相关。蛤蟆石站和湖口站的DO、总磷呈强相关，COD_{Mn}、氨氮呈极强相关。蛤蟆石站和湖口站的污染指标均呈强相关，两点位的布设有一定重复性，但湖口站位于出湖口，反映出湖水水质的情况，因此不能去掉，建议保留。除瓢山站和棠荫站是距离较近的监测点位外，相邻河口点位之间的污染指标的相关性也较大，如昌江口站和乐安河口站、抚河口站和信江西支站、赣江主支站和修河口站。湖区中的各个河口点位监测数据反映了各条入湖河流水质的情况。它们污染指标的相关性具有一定偶然性，而湖区中的点位相关性过大或者过小主要是由于位置布设不合理。

表 7.3　湖区各相邻监测点位各指标相关性分析

比较点位名称	指标	DO	COD_{Mn}	氨氮	总磷
昌江口站和鄱阳站	Pearson 相关系数	0.225	0.691	0.037	0.691
	显著性(双侧)	0.716	0.197	0.953	0.196
	相关性	不相关	强相关	不相关	强相关
昌江口站和乐安河口站	Pearson 相关系数	0.932	0.725	0.085	0.715
	显著性(双侧)	0.021	0.166	0.892	0.175
	相关性	极强相关	强相关	不相关	强相关
乐安河口站和信江东支站	Pearson 相关系数	0.805	0.792	0.366	0.207
	显著性(双侧)	0.1	0.11	0.545	0.738
	相关性	强相关	强相关	不相关	不相关
乐安河口站和鄱阳站	Pearson 相关系数	0.509	0.243	0.967	0.928
	显著性(双侧)	0.381	0.693	0.007	0.023
	相关性	中度相关	不相关	极强相关	极强相关
瓢山站和棠荫站	Pearson 相关系数	0.658	0.904	0.943	0.714
	显著性(双侧)	0.227	0.035	0.016	0.175
	相关性	中度相关	极强相关	极强相关	强相关
龙口站和瓢山站	Pearson 相关系数	0.451	0.543	0.639	0.459
	显著性(双侧)	0.446	0.344	0.246	0.436
	相关性	中度相关	中度相关	中度相关	中度相关
龙口站和康山站	Pearson 相关系数	0.924	0.286	0.709	0.305
	显著性(双侧)	0.025	0.641	0.18	0.617
	相关性	极强相关	低度相关	强相关	不相关
赣江南支站和抚河口站	Pearson 相关系数	0.87	0.48	0.026	0.799
	显著性(双侧)	0.055	0.414	0.967	0.105
	相关性	极强相关	中度相关	不相关	强相关
抚河口站和信江西支站	Pearson 相关系数	0.904	0.899	0.834	0.147
	显著性(双侧)	0.035	0.038	0.079	0.813
	相关性	极强相关	极强相关	极强相关	不相关
赣江主支站和修河口站	Pearson 相关系数	0.594	0.923	0.888	0.873
	显著性(双侧)	0.29	0.025	0.044	0.053
	相关性	中度相关	极强相关	极强相关	极强相关
蚌湖站和渚溪口站	Pearson 相关系数	0.536	0.129	0.772	0.064
	显著性(双侧)	0.351	0.836	0.126	0.919
	相关性	中度相关	不相关	强相关	不相关

续表

比较点位名称	指标	DO	COD_{Mn}	氨氮	总磷
蚌湖站和都昌站	Pearson 相关系数	0.69	0.389	0.69	0.531
	显著性(双侧)	0.197	0.517	0.197	0.358
	相关性	强相关	中度相关	强相关	中度相关
渚溪口站和星子站	Pearson 相关系数	0.754	0.218	0.959	0.628
	显著性(双侧)	0.141	0.725	0.01	0.256
	相关性	强相关	不相关	极强相关	中度相关
渚溪口站和都昌站	Pearson 相关系数	0.939	0.304	0.931	0.679
	显著性(双侧)	0.018	0.619	0.021	0.207
	相关性	极强相关	不相关	极强相关	中度相关
星子站和蛤蟆石站	Pearson 相关系数	0.208	0.297	0.975	0.657
	显著性(双侧)	0.738	0.287	0.005	0.011
	相关性	不相关	不相关	极强相关	中度相关
蛤蟆石站和湖口站	Pearson 相关系数	0.747	0.957	0.901	0.761
	显著性(双侧)	0.147	0.01	0.037	0.135
	相关性	强相关	极强相关	极强相关	强相关

7.2　鄱阳湖水质监测点位优化分析

7.2.1　湖区点位优化基本原则

优化后监测点位确定的主要原则是，考虑到鄱阳湖湖区面积约为 3100km^2(星子站水位 16m)，湖区以松门山为界，其中南部湖区为主湖区，面积约为 2200km^2，监测点位 11 个，北部湖区面积约 900km^2，监测点位 8 个。根据湖库网格法布点原则，南北部监测点位点数比例较为符合，但局部湖区点位过于集中，且中南部的棠荫站与北部的修河口站中间的开阔湖区没有设置监测点位，不能准确反映整体水质。南部湖区有 6 个监测点位是控制入湖河道的，距离入湖河口较近，其水质不能准确反映湖区水质。以现有监测点位年际稳定性结果及两两监测点位之间的污染指标相关性为依据，并考虑环境管理的方便与否、现实可操作性等因素，最终确定优化后的监测点位。

7.2.2　湖区点位优化方案

南部湖区中，龙口站和康山站、龙口站和瓢山站出现了总磷的不相关及中度相关，建议在康山站、龙口站和瓢山站构成的三角形区域中心处增加一个监测点位，暂命名为南疆站。棠荫站和瓢山站的四个污染指标呈中度至极强相关，重复性过大，建议去除一个，结合瓢山站、棠荫站的氨氮、总磷指标的年际稳定性情况，其中瓢山站的氨氮指标年际变化存在较大程度的不稳定，变异系数达 99.77%，总磷指标的年际变化也存在一定程度的不稳定，变异系数为 73.92%，一定程度上反映出点位设置的不合理性，因此建议去除瓢山站保留棠荫站。北部湖区中，星子站与蛤蟆石站的 DO、COD_{Mn} 及总磷不相关或中度相关，建议在星子站与蛤蟆石站中间增设一个点位，暂命名为长岭站。中南部的棠荫站与北部的修河口站中间是一大片开阔的水域，建议在棠荫站与修河口站的中间增设一点位，暂命名为湖中站。优化调整后的湖区点位布设情况如表 7.4 和图 7.1 所示。

表 7.4　鄱阳湖区优化点位分布

编号	点位名称	调整情况	点位位置	编号	点位名称	调整情况	点位位置
1	昌江口站	保留	饶河	11	棠荫站	保留	鄱阳湖区
2	乐安河口站	保留	饶河	12	都昌站	保留	鄱阳湖区
3	信江东支站	保留	信江	13	渚溪口站	保留	鄱阳湖区
4	鄱阳站	保留	饶河	14	蚌湖站	保留	鄱阳湖区
5	龙口站	保留	鄱阳湖区	15	赣江主支站	保留	赣江
6	瓢山站	取消	鄱阳湖区	16	修河口站	保留	修河
7	康山站	保留	鄱阳湖区	A2	湖中站	新增	鄱阳湖区
A3	南疆站	新增	赣江	A1	长岭站	新增	鄱阳湖区
8	赣江南支站	保留	赣江	17	星子站	保留	鄱阳湖区
9	抚河口站	保留	抚河	18	蛤蟆石站	保留	鄱阳湖区
10	信江西支站	保留	信江	19	湖口站	保留	饶河

7.2.3　湖区点位优化结果检验

判断优化后的代表点位系列对原点位系列有无代表性，需通过统计检验进行进一步验证。为了验证优化后点位的可信度，检验优化点位反映的水质状况与优化前是否一致，将原有点位与优化的点位作为两个样本系列，对优化前后各污染指标浓度进行分析。检验方法采用 SPSS 软件独立样本平均值 t 检验功能，以历史监测数据为基础，将原有点位组与优化后的点位组作为两个样本系列，进行 F 检

验和 t 检验。

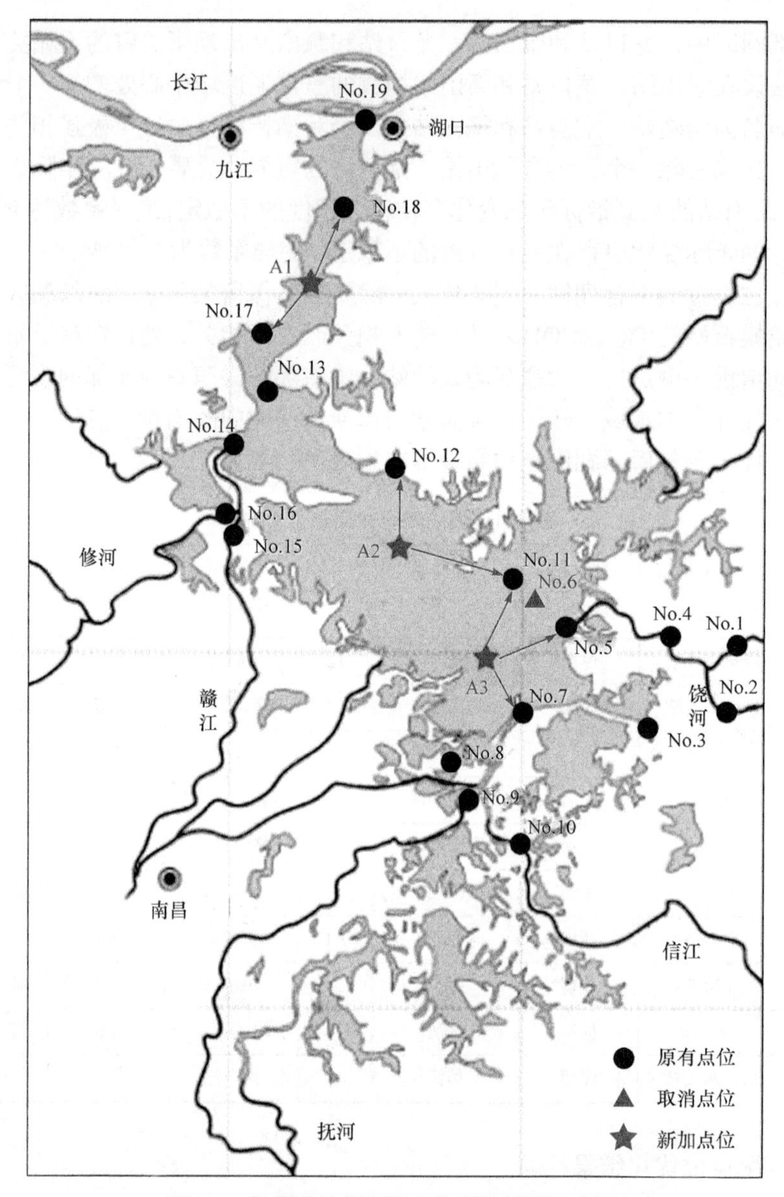

图 7.1　优化后的鄱阳湖点位调整情况示意图

优化后新增点位的数据情况由水环境数学模型二维非稳态 FVS 格式水流-水质模型模拟得出。①网格布置：根据地形资料，应用 Gambit 软件将其划分为 6239 个四边形单元网格，共 7533 个节点，平均网格尺寸为 700×700m。②参数选取：考虑计算稳定性及精度，取时间步长 t=1s。根据参数率定验证成果，取纵、横向扩散系数为 60m²/s、0.6m²/s。湖区单元初始糙率取为 0.025，有芦苇等水生植物的湖心洲糙率取为 0.04。③边界条件：模型计算入湖边界为修河口站、赣江主支站、赣江南支站、抚河口站、信江西支站、乐安河口站，出湖边界为下游长江口。各入湖河流污染源水质数据及边界水位由《江西省水资源公报》给定，地表水水质监测数据由鄱阳湖水文局实测资料给定。④模拟时段：基于所建模型，选择 2008～2012 年的水文水质过程分别进行数值模拟。具体理论方法及计算公式参见第 5 章鄱阳湖水环境数学模型构建。模型模拟新增点位数据结果见表 7.5，2010 年 COD_{Mn} 均值情况见图 7.2。

表 7.5　鄱阳湖新增点位水质浓度数据　　(单位：mg/L)

点位名称	年份	COD_{Mn}	氨氮	DO	总磷
南疆站	2008	2.67	0.52	8.81	0.057
	2009	2.51	0.30	8.80	0.078
	2010	2.48	0.46	8.20	0.110
	2011	2.60	0.86	8.59	0.127
	2012	2.88	0.71	9.28	0.088
	五年均值	2.628	0.57	8.736	0.092
长岭站	2008	2.54	0.32	8.90	0.049
	2009	2.47	0.25	8.30	0.058
	2010	2.58	0.49	8.70	0.081
	2011	2.40	0.35	8.43	0.073
	2012	2.59	0.47	9.84	0.064
	五年均值	2.516	0.376	8.834	0.065
湖中站	2008	2.34	0.27	8.81	0.043
	2009	2.26	0.26	8.29	0.052
	2010	2.67	0.44	8.52	0.074
	2011	2.51	0.31	8.49	0.058
	2012	2.49	0.41	9.45	0.062
	五年均值	2.454	0.338	8.712	0.058

得到新增点位的模拟数据后，将优化前后的点位组作为两个样本系列，进行 F 检验和 t 检验。

以 COD_{Mn} 和氨氮为例，优化前后点位组数据检验结果(表 7.6～表 7.9)表明，优化后的点位与原有点位的监测数据无显著性差异，这说明优化的监测网点完全可以代替原监测网点，可使湖区水质监测数据保持相对稳定和连续性。

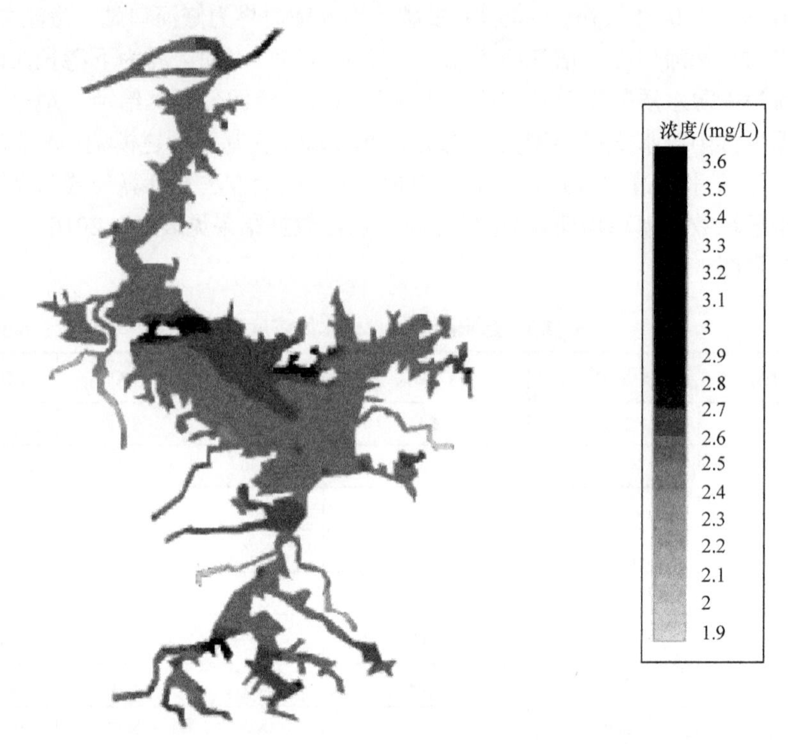

图 7.2　二维非稳态 FVS 格式水流-水质模型模拟鄱阳湖 2010 年 COD_{Mn} 均值

表 7.6　COD_{Mn} 组统计量

分组	点位数	均值/(mg/L)	标准差/(mg/L)	均值的标准偏差/(mg/L)
优化前	19	2.63732	0.221081	0.050719
优化后	21	2.61595	0.212187	0.046303

表 7.7　COD_{Mn} 独立样本检验

检验方法	方差方程的 Levene 检验		均值方程的 t 检验						
	F	Sig.	t	df	Sig.(双侧)	均值差值	标准偏差	差分的 95%置信区间	
								下限	上限
假设方差相等	0.056	0.815	0.312	38	0.757	0.021	0.069	−0.117	0.160
假设方差不相等			0.311	37.231	0.757	0.021	0.069	−0.117	0.160

表 7.8　氨氮组统计量

分组	点位数	均值/(mg/L)	标准差/(mg/L)	均值的标准偏差/(mg/L)
优化前	19	0.56895	0.441725	0.101339
优化后	21	0.52971	0.412891	0.090100

表 7.9　氨氮独立样本检验

检验方法	方差方程的 Levene 检验		均值方程的 t 检验						
	F	Sig.	t	df	Sig.(双侧)	均值差值	标准偏差	差分的 95%置信区间 下限	差分的 95%置信区间 上限
假设方差相等	0.285	0.597	0.290	38	0.773	0.039	0.135133	−0.2348	0.313
假设方差不相等			0.289	36.934	0.774	0.039	0.135601	−0.236	0.314

7.3　基于河-湖两相判别的水质回顾性评价

7.3.1　考虑单因子的水质回顾性评价

总磷是水质评价中的关键因子，是湖泊、河流两种水质标准中限值变化较大的因子，标准限值见表 7.10。故以总磷作为主要水质因子对各湖区点位进行水质回顾性评价。

表 7.10　湖泊与河流总磷水质标准限值对比　(单位：mg/L)

水体类型	Ⅰ类	Ⅱ类	Ⅲ类	Ⅳ类	Ⅴ类
湖泊	≤0.01	≤0.025	≤0.05	≤0.1	≤0.2
河流	≤0.02	≤0.1	≤0.2	≤0.3	≤0.4

鄱阳湖点位优化后为 21 个点位，但考虑到新增 3 个点位无实测历史数据，且原蚌湖点位虽保留，但因全部判别为湖相，故不列入回顾性评价范围。选择 17 个点位 1988～2014 共 27 年的水质数据，基于鄱阳湖河-湖两相判别结果，开展水质回顾性评价。所有点位监测数据有效样本共计 2973 个，重新评价样本 1472 个，占总样本数的 49.51%。重新评价后水质类别有所提高的为 1358 个，占所有重新判定的 92.26%，其中提高一个等级的样本个数 486 个，提高两个等级的样本个数 872 个，分别占 35.79%、64.21%。据此可见，经河-湖两相判别后近一半的水质样本数据需要重新评价；对于重新评价的水质样本，除少数样本判别后结果和判别前一致外，

绝大多数的水质类别有所提高，且提高两个等级的占到大部分。基于河-湖两相判别所开展的水质评价结果显著改善。评价结果如表 7.11 及图 7.3～图 7.19 所示。

表 7.11　鄱阳湖水质样本回顾性评价统计

点位名称	水质监测样本	重新评价样本	水质类别提高样本	提高一个等级样本	提高两个等级样本
昌江口站	136	71	67	35	32
乐安河口站	126	62	48	25	23
信江东支站	121	58	52	12	40
鄱阳站	157	80	72	20	52
龙口站	153	78	70	12	58
康山站	149	84	76	22	54
赣江南支站	146	83	81	27	54
抚河口站	143	80	74	35	39
信江西支站	140	78	72	22	50
棠荫站	143	84	79	19	60
都昌站	154	78	76	19	57
渚溪口站	157	82	76	26	50
赣江主支站	155	90	84	31	53
修河口站	155	94	80	50	30
星子站	155	82	78	22	56
蛤蟆石站	142	73	68	22	46
湖口站	641	215	205	87	118
合计	2973	1472	1358	486	872

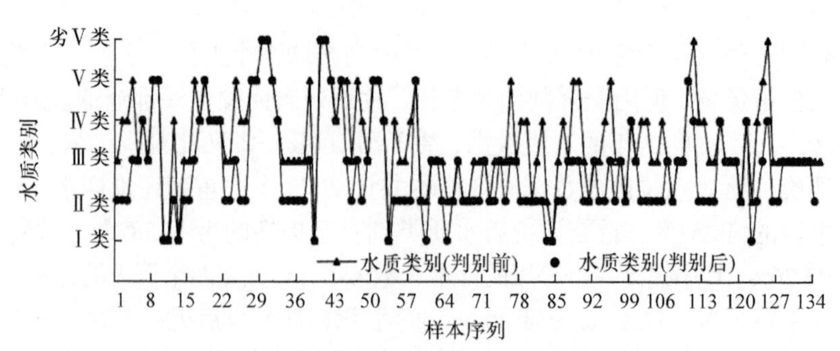

图 7.3　昌江口站水质类别判别前后对比图

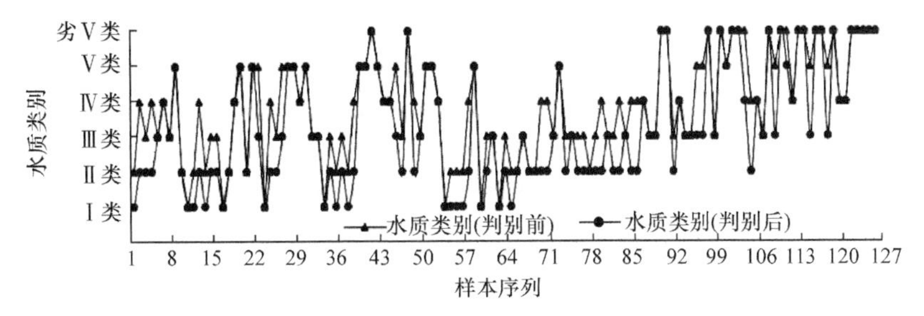

图 7.4　乐安河口站水质类别判别前后对比图

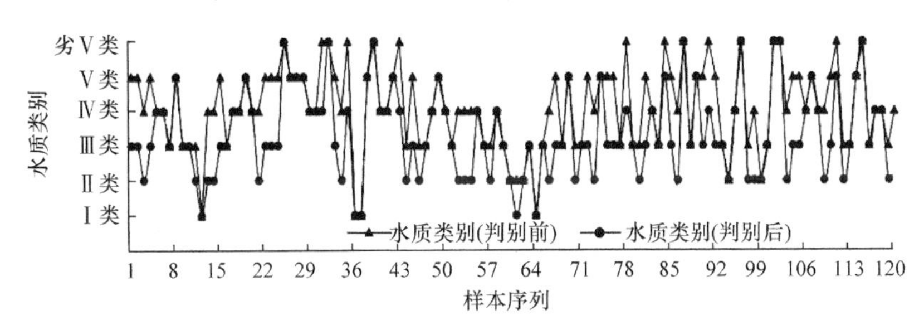

图 7.5　信江东支站水质类别判别前后对比图

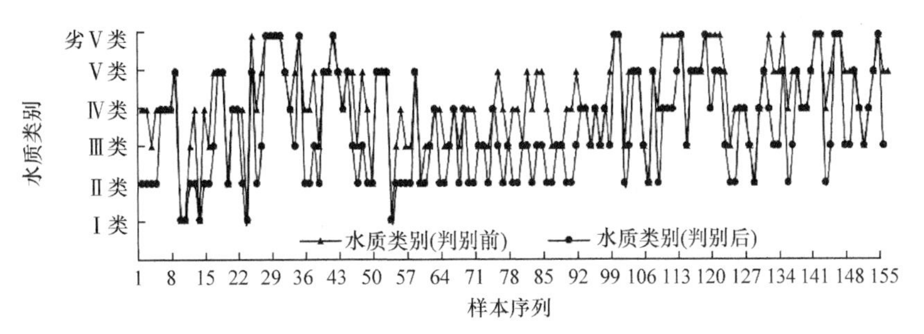

图 7.6　鄱阳站水质类别判别前后对比图

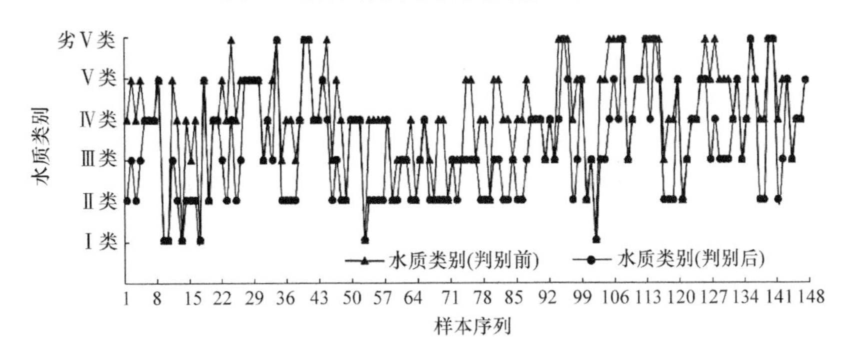

图 7.7　龙口站水质类别判别前后对比图

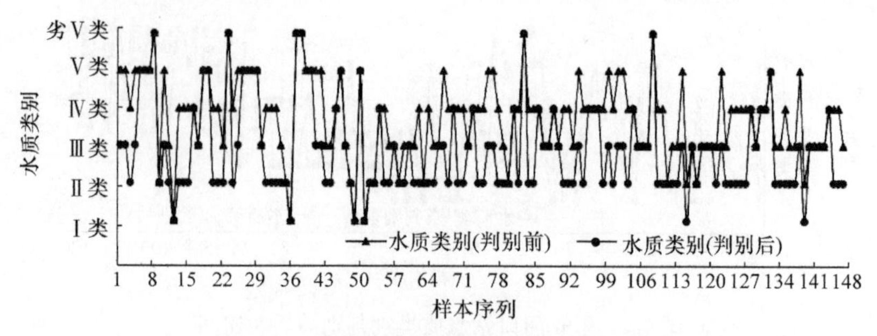

图 7.8　康山站水质类别判别前后对比图

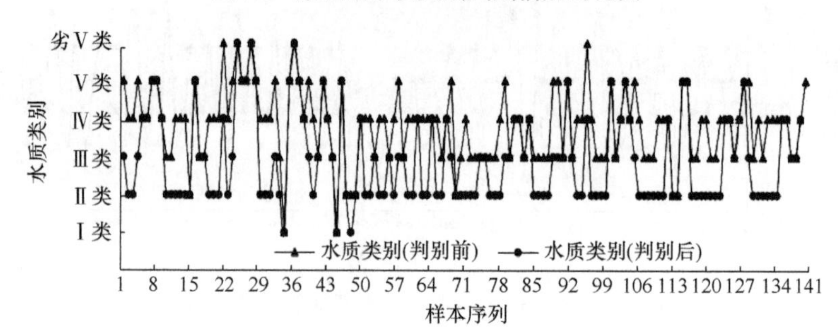

图 7.9　赣江南支站水质类别判别前后对比图

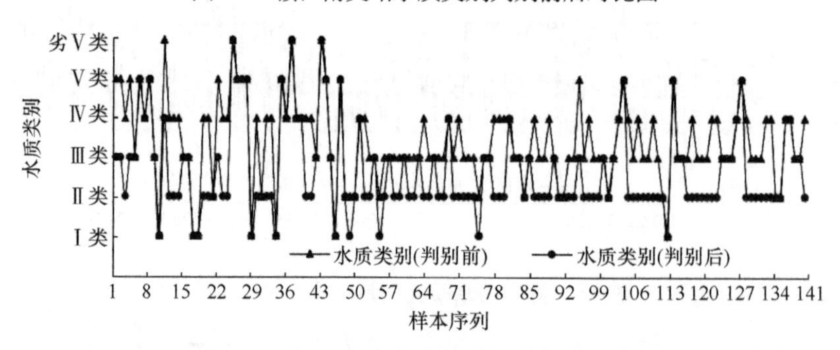

图 7.10　抚河口站水质类别判别前后对比图

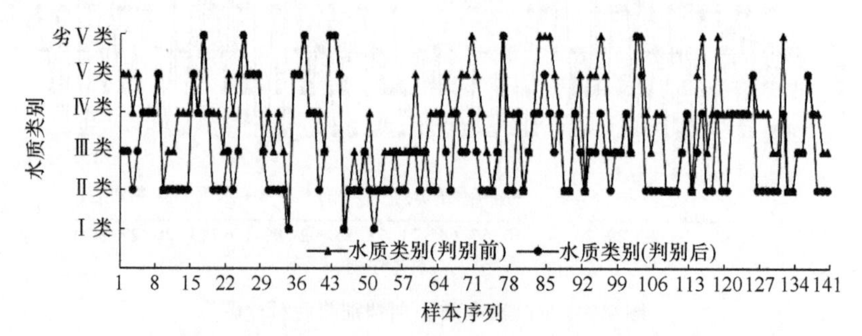

图 7.11　信江西支站水质类别判别前后对比图

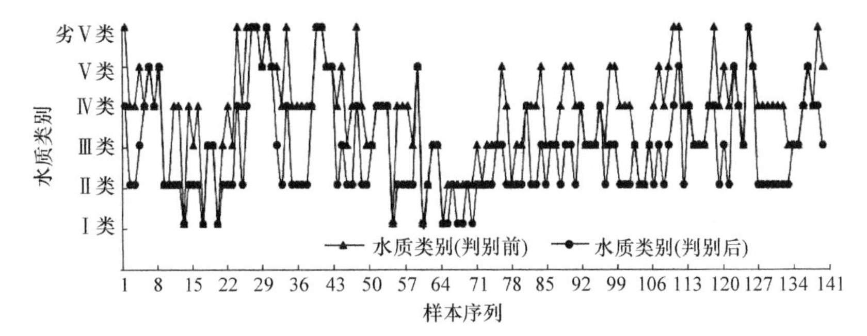

图 7.12　棠荫站水质类别判别前后对比图

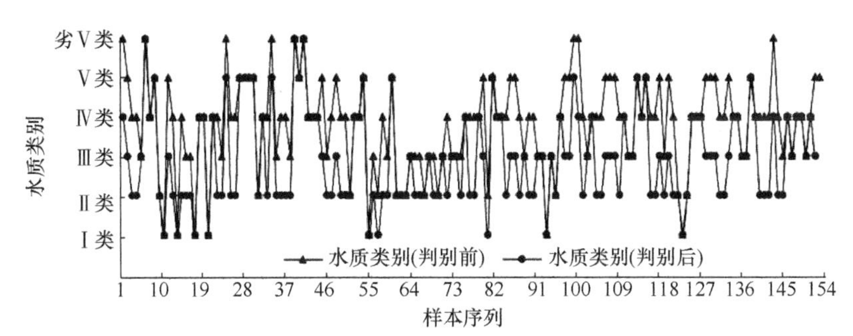

图 7.13　都昌站水质类别判别前后对比图

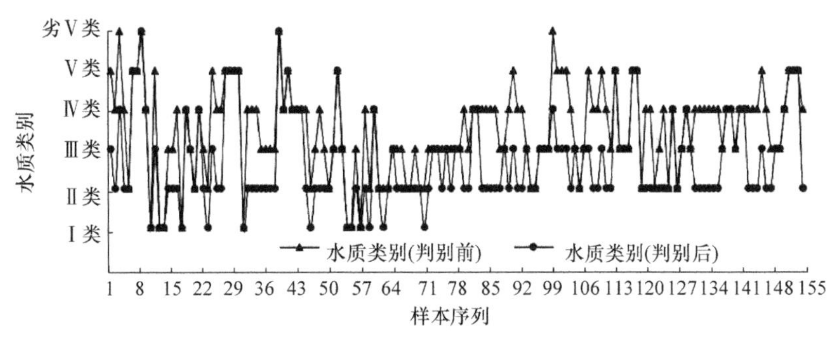

图 7.14　渚溪口站水质类别判别前后对比图

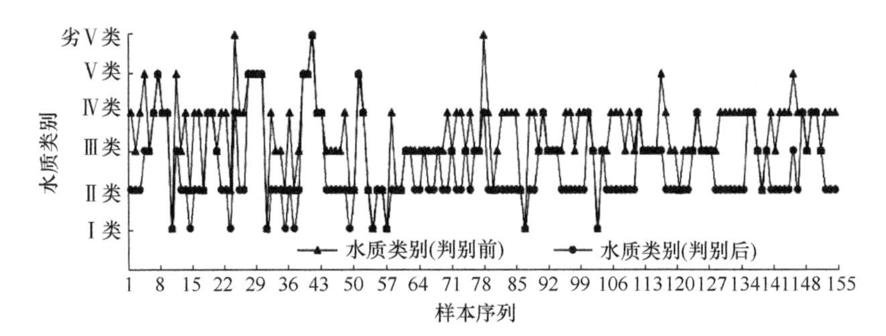

图 7.15　赣江主支站水质类别判别前后对比图

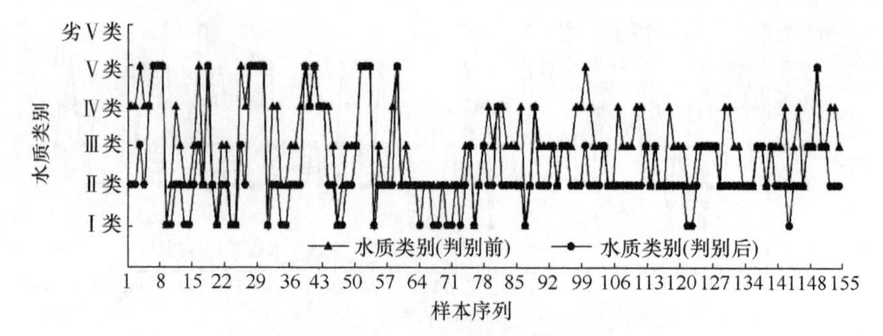

图 7.16　修河口站水质类别判别前后对比图

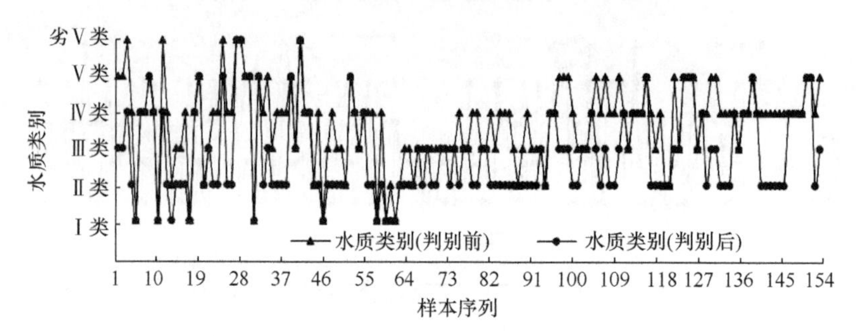

图 7.17　星子站水质类别判别前后对比图

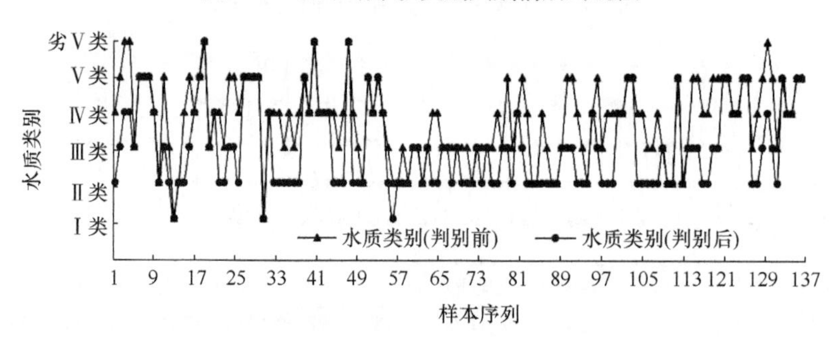

图 7.18　蛤蟆石站水质类别判别前后对比图

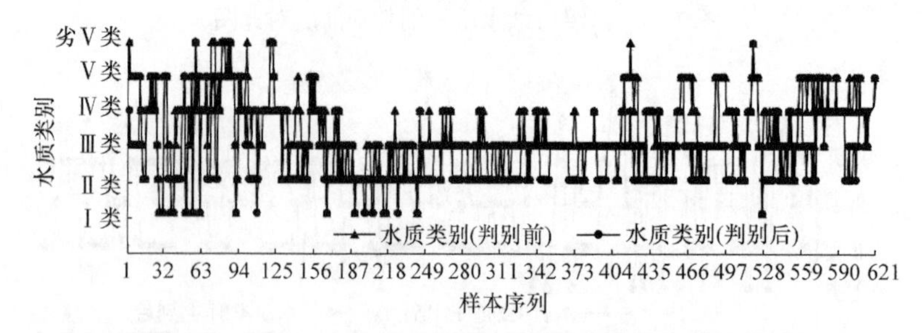

图 7.19　湖口站水质类别判别前后对比图

鄱阳湖水质类别判别前后所占比例如图 7.20 及表 7.12 和表 7.13 所示。基于河-湖两相判别后鄱阳湖Ⅰ类、Ⅱ类所占的比例有所升高，尤其是Ⅱ类所占的比例由判别前的平均 9.97%增至判别后的平均 41.66%，平均增加了 31.69 个百分点。Ⅰ类所占比例增加幅度较低，由判别前的平均 3.76%增至判别后的平均 6.05%，平均增加了 2.29 个百分点。Ⅲ类、Ⅳ类、Ⅴ类及劣Ⅴ类判别前后所占比例均有所降低，其中Ⅳ类所占比例降幅最大，由判别前的平均 32.43%降至判别后的平均 14.45%，平均降低了 17.98 个百分点，Ⅲ类、Ⅴ类及劣Ⅴ平均降幅分别为 4.66 个百分点、8.41 个百分点、2.92 个百分点。各点位水质类别判别前后所占比例具体变化情况如图 7.21～图 7.37 所示。图表中各水质所占比例之和不为 100%的情况由计算过程中四舍五入造成。

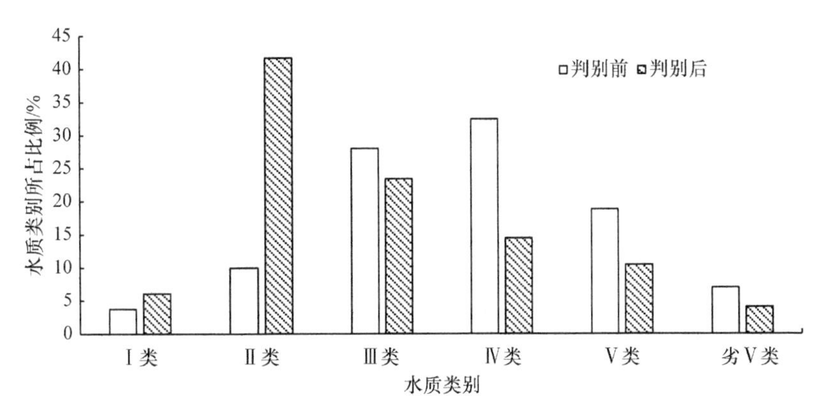

图 7.20　鄱阳湖水质类别判别前后所占比例对比图

表 7.12　鄱阳湖例行监测点位判别前水质类别所占比例统计　(单位：%)

点位名称	Ⅰ类	Ⅱ类	Ⅲ类	Ⅳ类	Ⅴ类	劣Ⅴ类
昌江口站	4.44	10.37	41.48	22.22	17.04	4.44
乐安河口站	5.60	12.80	25.60	20.80	17.60	17.60
信江东支站	3.33	4.17	24.17	28.33	27.50	12.50
鄱阳站	3.21	3.21	18.59	30.13	28.85	16.03
龙口站	3.95	5.92	15.13	35.53	25.66	13.82
康山站	2.70	8.11	28.38	35.81	20.95	4.05
赣江南支站	1.37	4.79	29.45	41.10	19.86	3.42
抚河口站	4.90	9.79	40.56	30.77	11.19	2.80
信江西支站	1.43	11.43	23.57	33.57	18.57	11.43
棠荫站	4.20	9.09	23.08	36.36	16.78	10.49
都昌站	4.55	8.44	20.13	40.26	20.78	5.84

续表

点位名称	Ⅰ类	Ⅱ类	Ⅲ类	Ⅳ类	Ⅴ类	劣Ⅴ类
渚溪口站	5.10	12.74	29.30	35.03	15.29	2.55
赣江主支站	3.87	10.32	34.84	41.29	7.74	1.94
修河口站	5.81	25.81	35.48	20.65	12.26	0.00
星子站	5.16	7.10	24.52	41.94	17.42	3.87
蛤蟆石站	1.41	11.27	24.65	30.99	26.76	4.93
湖口站	2.96	14.20	37.60	26.52	15.91	2.81
平均值	3.76	9.97	28.03	32.43	18.83	6.97

表 7.13　鄱阳湖例行监测点位判别后水质类别所占比例统计　(单位：%)

点位名称	Ⅰ类	Ⅱ类	Ⅲ类	Ⅳ类	Ⅴ类	劣Ⅴ类
昌江口站	7.41	44.44	26.67	9.63	8.89	2.96
乐安河口站	12.80	28.80	20.00	10.40	12.00	16.00
信江东支站	4.17	23.33	33.33	20.00	12.50	6.67
鄱阳站	3.21	28.85	23.08	17.31	17.95	9.62
龙口站	3.95	30.26	24.34	21.05	13.82	6.58
康山站	4.05	45.27	26.35	10.81	9.46	4.05
赣江南支站	2.05	48.63	20.55	15.75	10.96	2.05
抚河口站	6.99	53.15	21.68	8.39	7.69	2.10
信江西支站	2.14	43.57	21.43	19.29	8.57	5.00
棠荫站	6.99	42.66	23.08	15.38	7.69	4.20
都昌站	5.84	38.31	24.03	20.13	9.74	1.95
渚溪口站	8.28	47.13	22.29	12.10	8.92	1.27
赣江主支站	7.10	54.19	20.65	12.26	5.16	0.65
修河口站	15.48	55.48	15.48	3.87	9.68	0.00
星子站	6.45	44.52	20.65	16.77	9.68	1.94
蛤蟆石站	2.11	43.66	21.13	15.49	15.49	2.11
湖口站	3.90	35.88	32.61	17.00	8.89	1.72
平均值	6.05	41.66	23.37	14.45	10.42	4.05

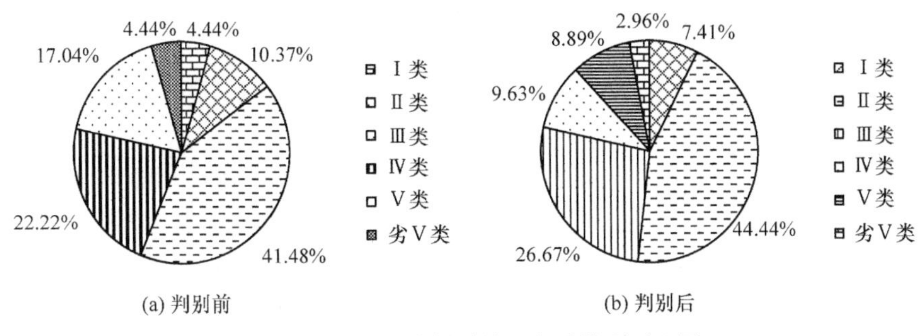

图 7.21　昌江口站判别前后水质类别对比图

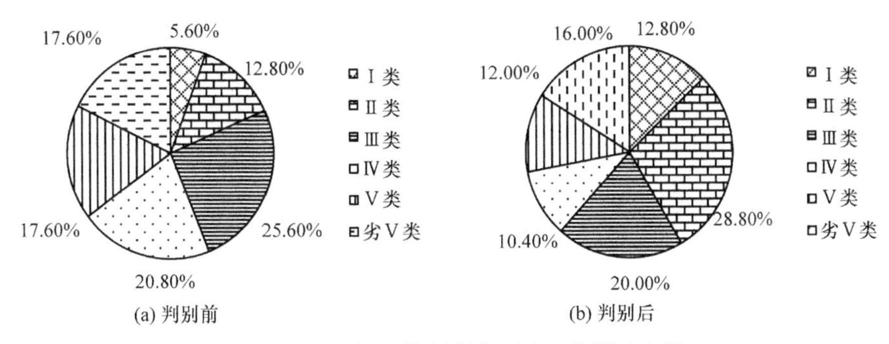

图 7.22　乐安河口站判别前后水质类别对比图

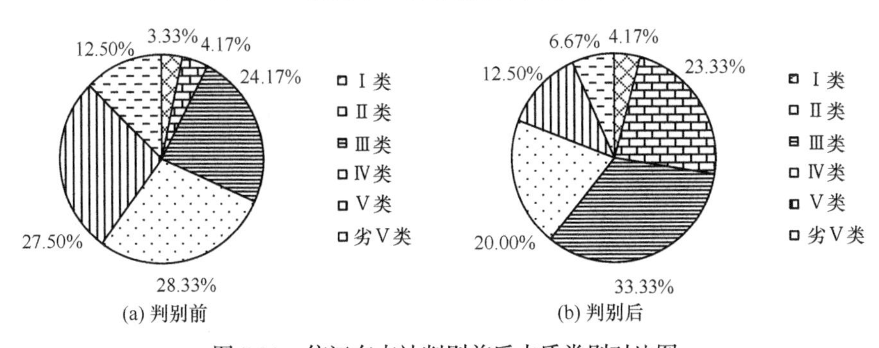

图 7.23　信江东支站判别前后水质类别对比图

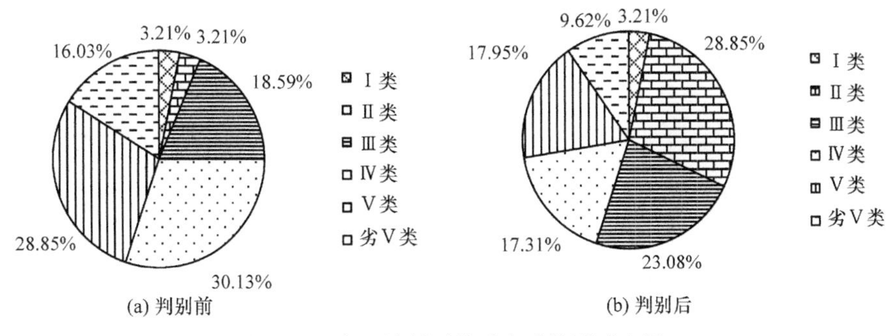

图 7.24　鄱阳站判别前后水质类别对比图

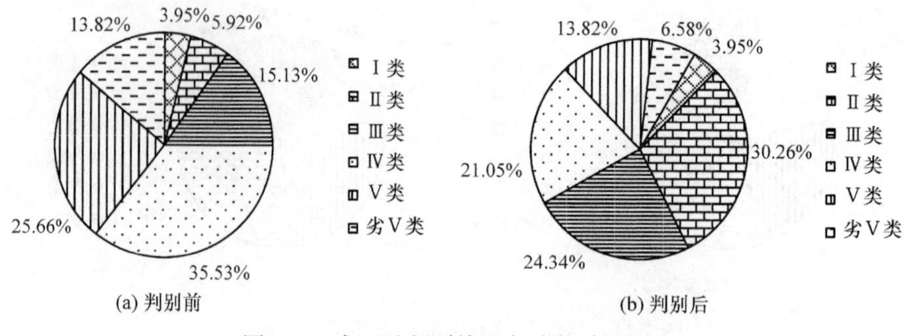

图 7.25　龙口站判别前后水质类别对比图

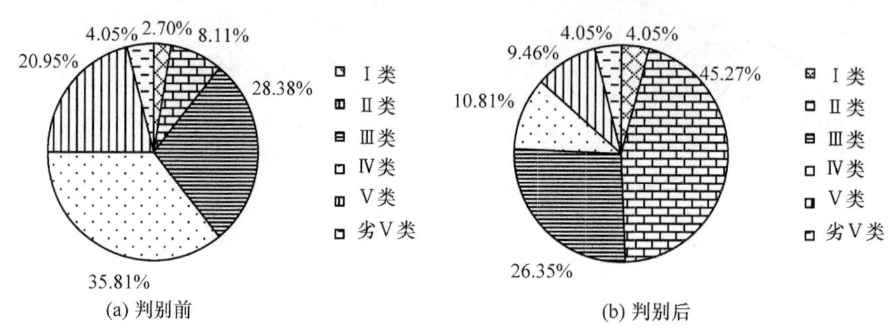

图 7.26　康山站判别前后水质类别对比图

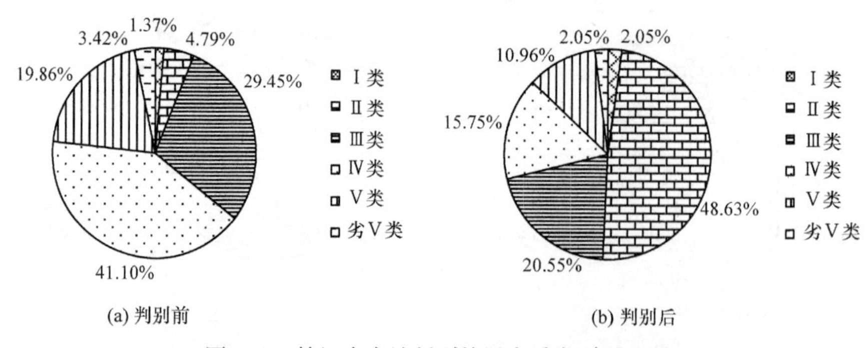

图 7.27　赣江南支站判别前后水质类别对比图

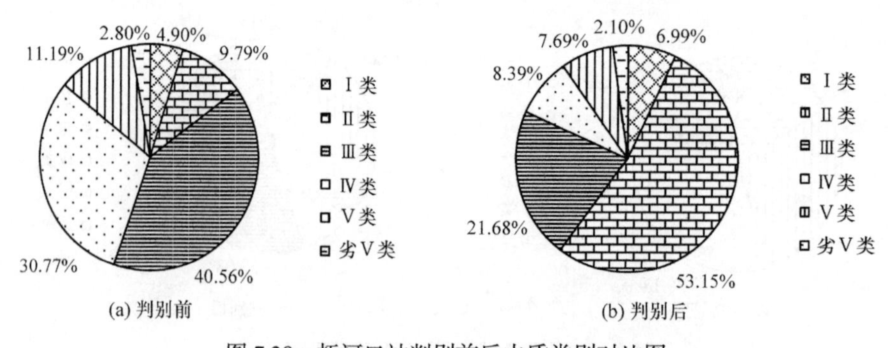

图 7.28　抚河口站判别前后水质类别对比图

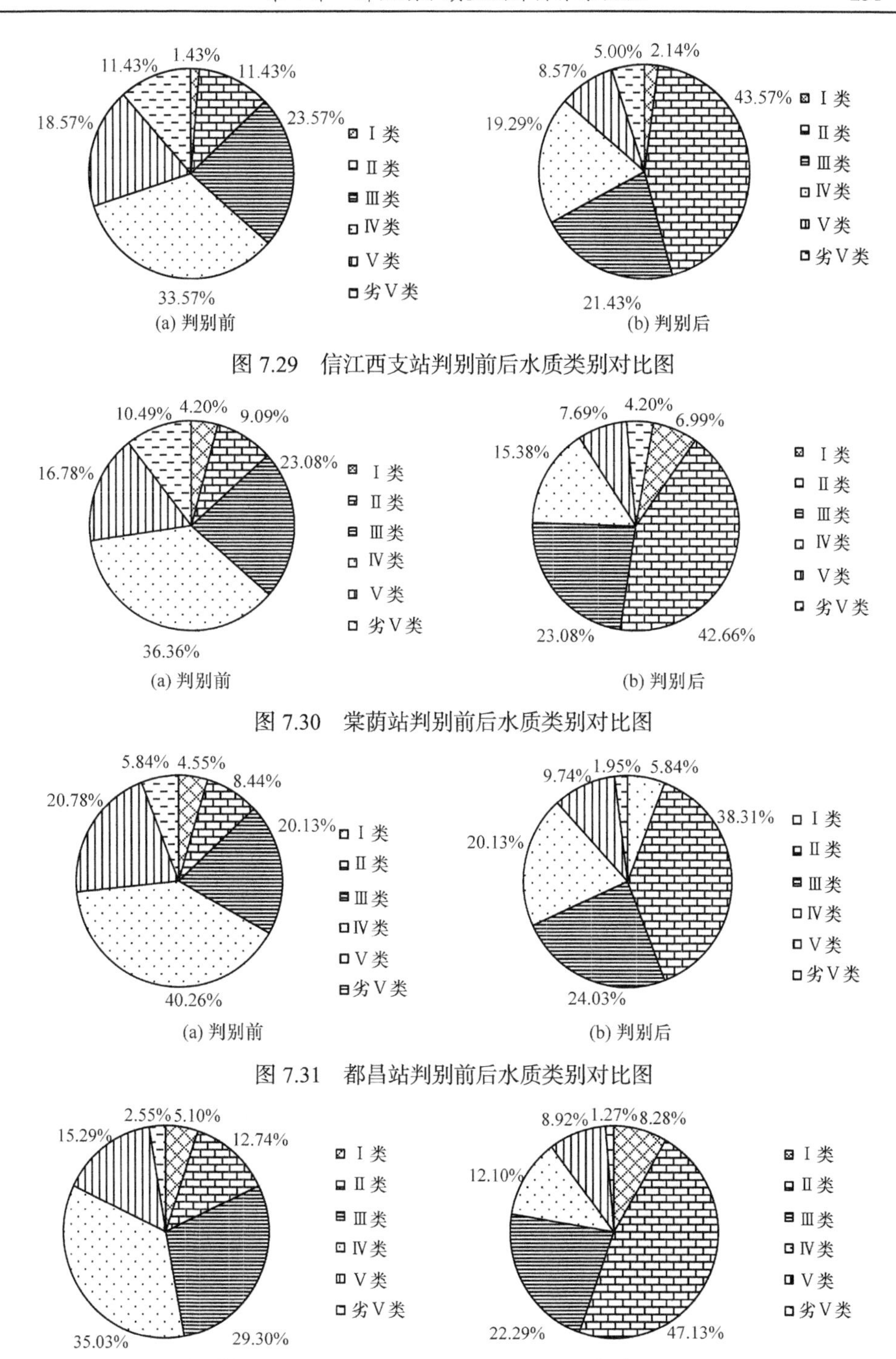

(a) 判别前　(b) 判别后

图 7.29　信江西支站判别前后水质类别对比图

(a) 判别前　(b) 判别后

图 7.30　棠荫站判别前后水质类别对比图

(a) 判别前　(b) 判别后

图 7.31　都昌站判别前后水质类别对比图

(a) 判别前　(b) 判别后

图 7.32　渚溪口站判别前后水质类别对比图

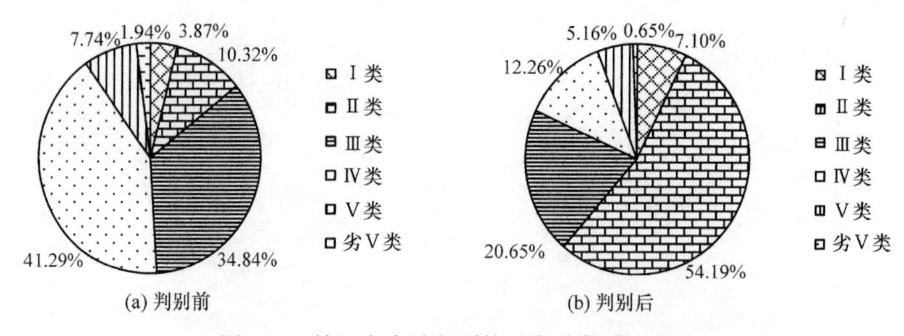

图 7.33 赣江主支站判别前后水质类别对比图

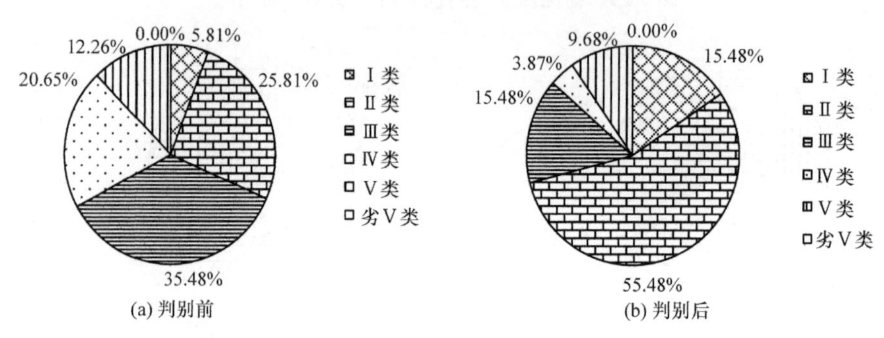

图 7.34 修河口站判别前后水质类别对比图

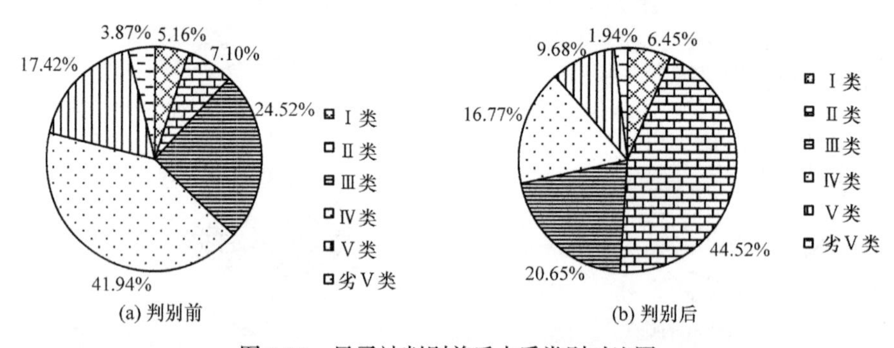

图 7.35 星子站判别前后水质类别对比图

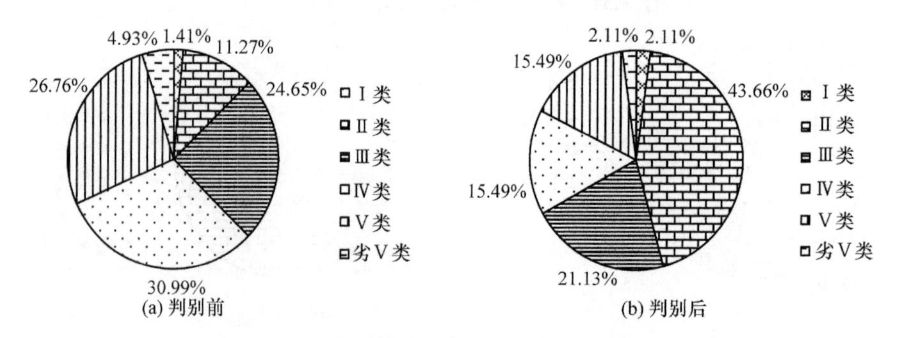

图 7.36 蛤蟆石站判别前后水质类别对比图

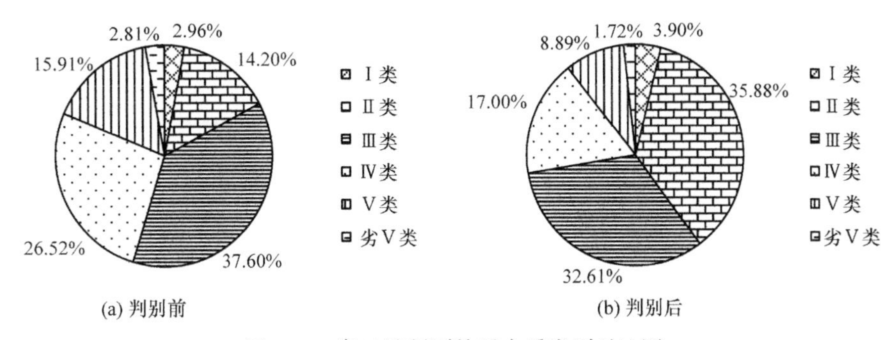

图 7.37　湖口站判别前后水质类别对比图

7.3.2　考虑多因子的水质回顾性评价

选取 17 个点位 1988～2014 年的 COD_{Mn}、氨氮、总磷数据，基于鄱阳湖河-湖两相判别结果，开展水质回顾性评价。所有点位监测数据有效样本共计 2967 个，重新评价样本为 1470 个，占总样本数的 49.54%。重新评价后水质类别有所提高的为 1115 个，占所有重新判定的 75.85%，其中提高一个等级的样本个数 498 个，提高两个等级的样本个数 617 个，分别占 44.66%、55.34%。据此可见，经河-湖两相判别后将近一半的水质样本数据需要重新评价；对于重新评价的水质样本，除少数样本判别后结果和判别前一致外，绝大多数的水质类别有所提高，且提高两个等级的占到了大部分。基于河-湖两相判别所开展的水质评价结果显著改善。评价结果如表 7.14 及图 7.38～图 7.54 所示。

表 7.14　鄱阳湖水质样本回顾性评价统计表(考虑多因子)

点位名称	水质监测样本	重新评价样本	水质类别提高样本	提高一个等级样本	提高两个等级样本
昌江口站	135	70	54	34	20
乐安河口站	125	62	25	16	9
信江东支站	120	58	48	14	34
鄱阳站	156	79	49	25	24
龙口站	152	77	52	16	36
康山站	148	84	67	18	49
赣江南支站	146	83	51	24	27
抚河口站	143	80	59	28	31
信江西支站	140	78	67	19	48
棠荫站	143	84	72	25	47
都昌站	154	79	67	27	40

续表

点位名称	水质监测样本	重新评价样本	水质类别提高样本	提高一个等级样本	提高两个等级样本
渚溪口站	157	81	62	33	29
赣江主支站	155	91	71	36	35
修河口站	155	94	66	40	26
星子站	155	82	71	29	42
蛤蟆石站	142	73	62	24	38
湖口站	641	215	172	90	82
合计	2967	1470	1115	498	617

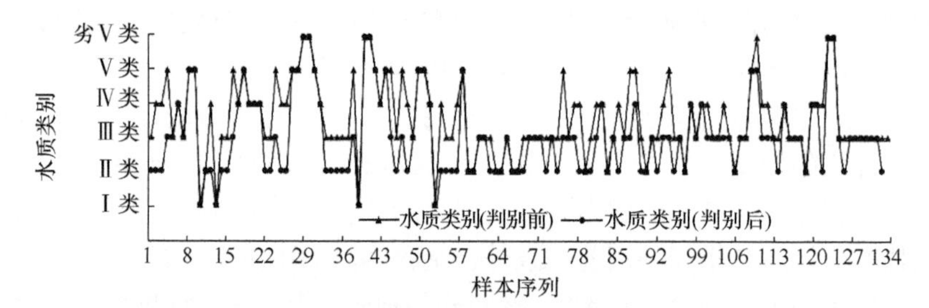

图 7.38　昌江口站水质类别判别前后对比图(考虑多因子)

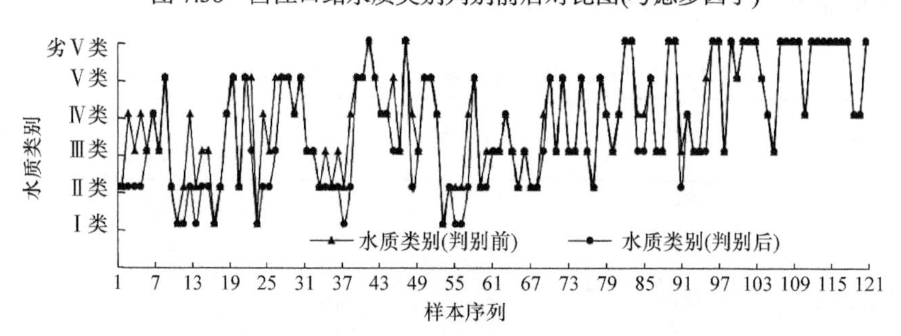

图 7.39　乐安河口站水质类别判别前后对比图(考虑多因子)

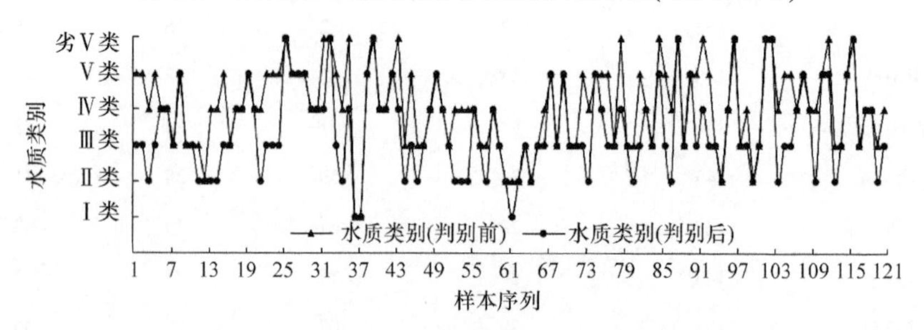

图 7.40　信江东支站水质类别判别前后对比图(考虑多因子)

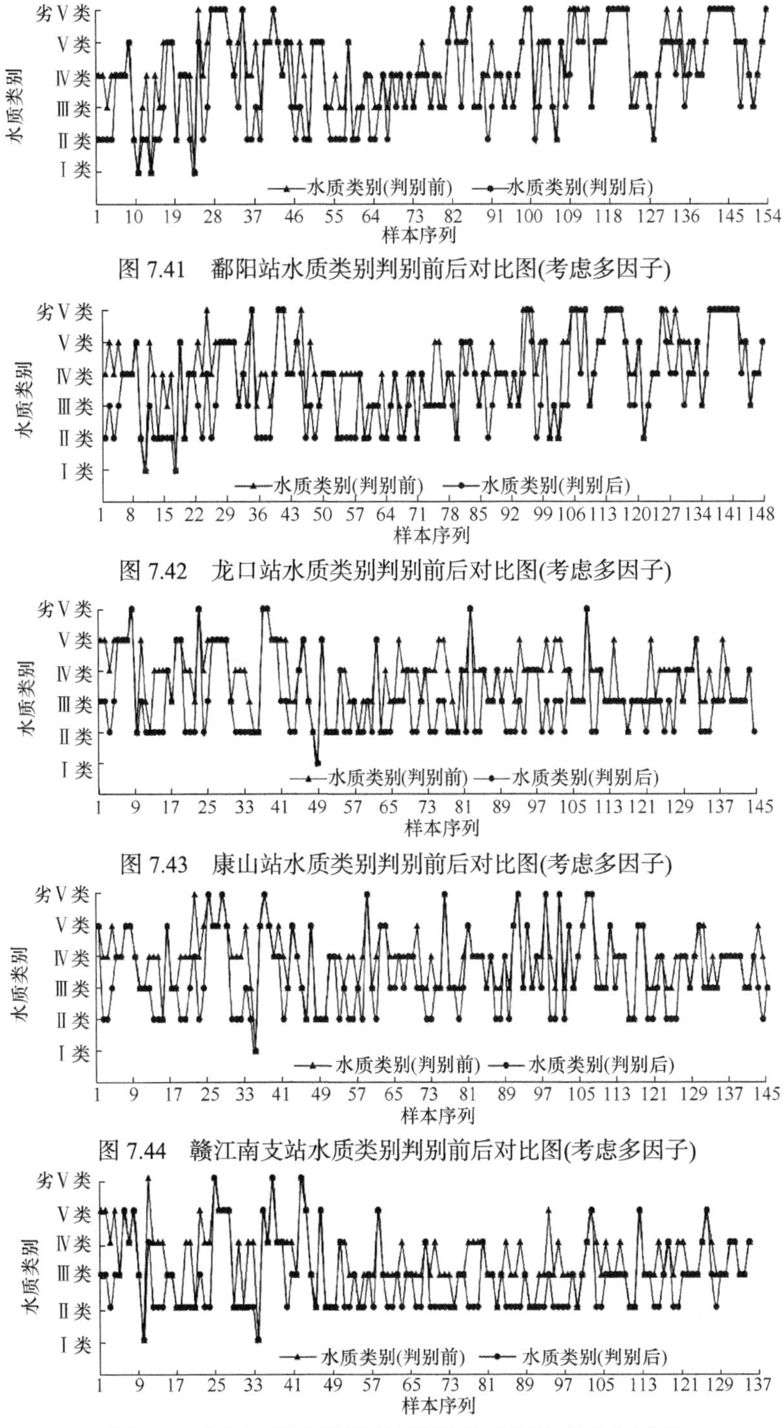

图 7.41　鄱阳站水质类别判别前后对比图(考虑多因子)

图 7.42　龙口站水质类别判别前后对比图(考虑多因子)

图 7.43　康山站水质类别判别前后对比图(考虑多因子)

图 7.44　赣江南支站水质类别判别前后对比图(考虑多因子)

图 7.45　抚河口站水质类别判别前后对比图(考虑多因子)

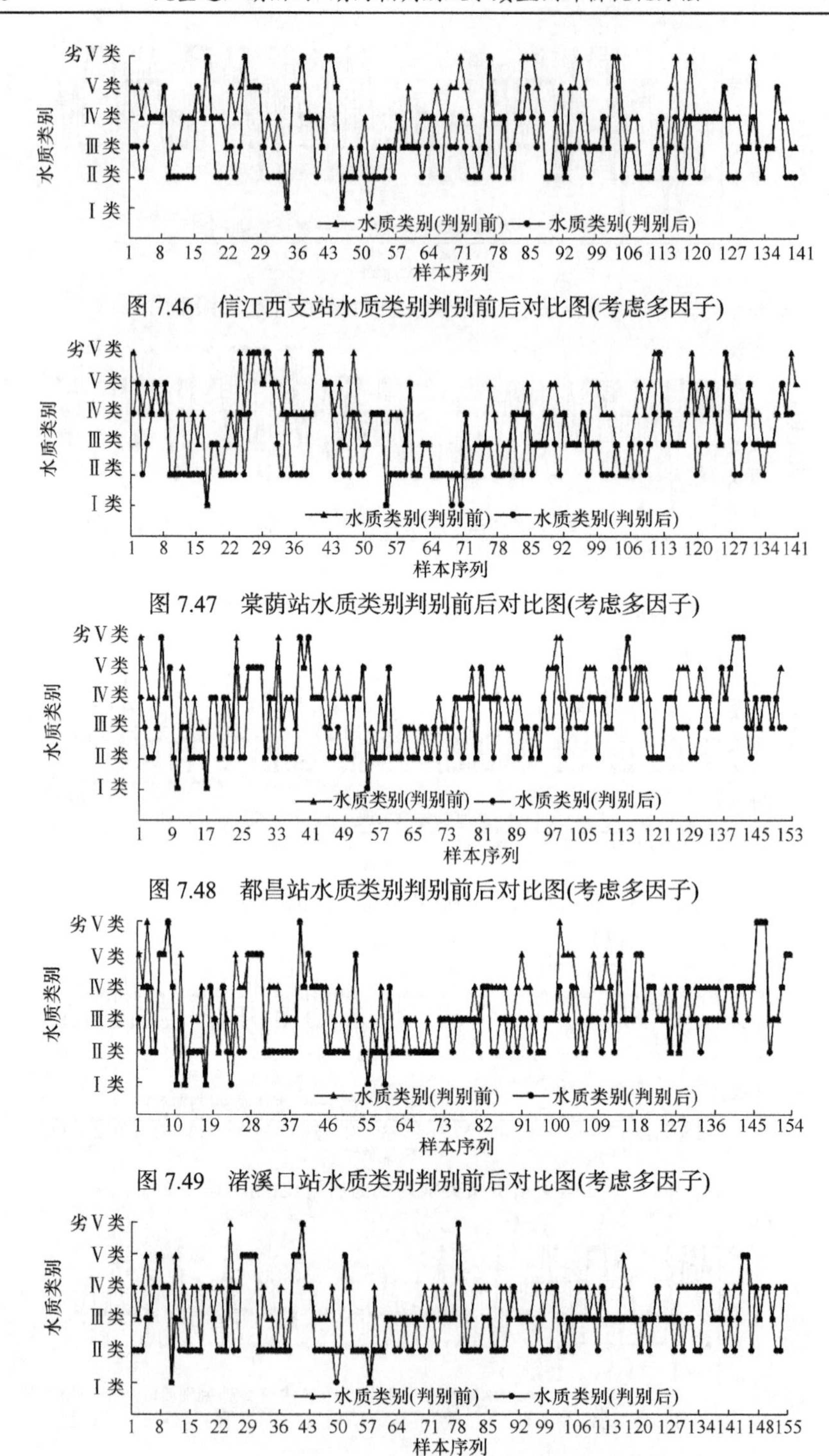

图 7.46 信江西支站水质类别判别前后对比图(考虑多因子)

图 7.47 棠荫站水质类别判别前后对比图(考虑多因子)

图 7.48 都昌站水质类别判别前后对比图(考虑多因子)

图 7.49 渚溪口站水质类别判别前后对比图(考虑多因子)

图 7.50 赣江主支站水质类别判别前后对比图(考虑多因子)

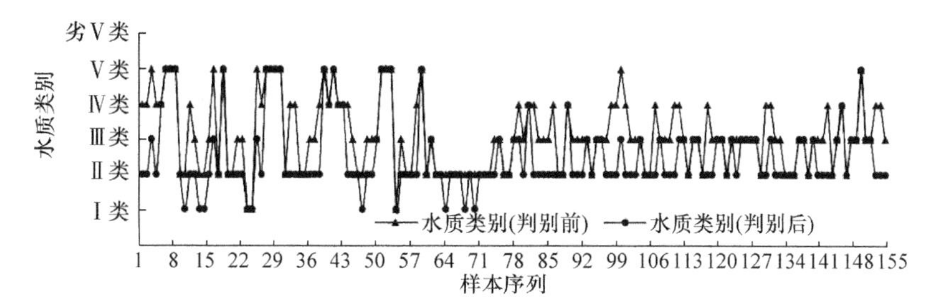

图 7.51　修河口站水质类别判别前后对比图(考虑多因子)

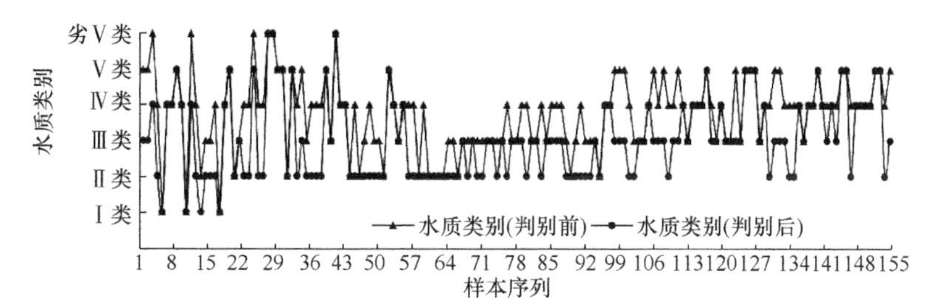

图 7.52　星子站水质类别判别前后对比图(考虑多因子)

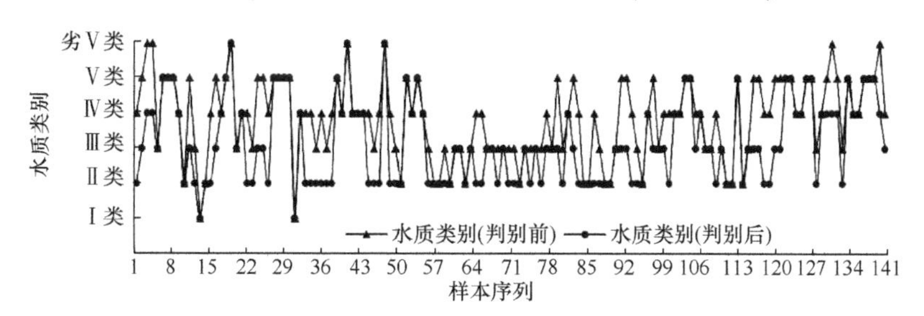

图 7.53　蛤蟆石站水质类别判别前后对比图(考虑多因子)

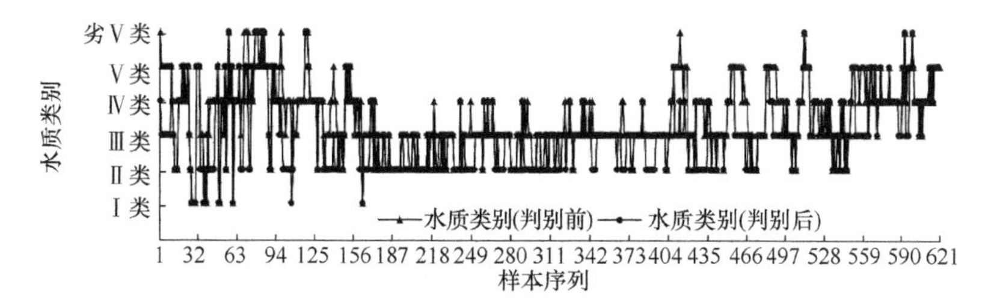

图 7.54　湖口站水质类别判别前后对比图(考虑多因子)

鄱阳湖水质类别判别前后所占比例如图 7.55 及表 7.15、表 7.16 所示。基于河-湖两相判别后鄱阳湖Ⅰ类、Ⅱ类、Ⅲ类所占的比例有所升高，尤其是Ⅱ类所占的比例由判别前的平均 11.12%增至判别后的平均 34.63%，平均增加了 23.51 个百分点。Ⅰ类和Ⅲ类所占的比例增加幅度较低，分别平均增加了 0.84 个百分点和 0.69 个百分点。Ⅳ类、Ⅴ类及劣Ⅴ类判别前后所占比例均有所降低，其中Ⅳ类所占比例降幅最大，由判别前的平均 31.96%降至判别后的平均 16.53%，平均降低了 15.43 个百分点，Ⅴ类及劣Ⅴ平均降幅分别为 7.29 个百分点、2.32 个百分点。各点位水质类别判别前后所占比例具体变化情况如图 7.56～图 7.72 所示。

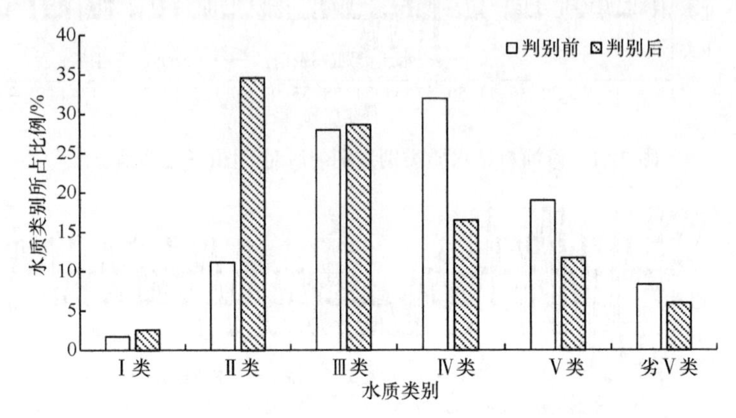

图 7.55　鄱阳湖水质类别判别前后所占比例对比图(考虑多因子)

表 7.15　鄱阳湖例行监测点位判别前水质类别所占比例统计(考虑多因子) (单位：%)

点位名称	Ⅰ类	Ⅱ类	Ⅲ类	Ⅳ类	Ⅴ类	劣Ⅴ类
昌江口站	2.96	9.63	42.22	23.70	16.30	5.19
乐安河口站	3.20	13.60	23.20	19.20	18.40	22.40
信江东支站	1.67	5.83	24.17	28.33	27.50	12.50
鄱阳站	1.92	3.85	17.95	28.85	26.92	20.51
龙口站	1.32	7.89	14.47	33.55	25.00	17.76
康山站	0.68	8.11	29.05	36.49	21.62	4.05
赣江南支站	0.68	4.79	26.03	41.10	19.86	7.53
抚河口站	1.40	11.89	40.56	31.47	11.89	2.80
信江西支站	1.43	10.71	23.57	34.29	18.57	11.43
棠荫站	1.40	11.89	22.38	35.66	18.18	10.49
都昌站	1.95	11.04	19.48	37.66	22.08	7.79
渚溪口站	2.55	14.01	30.57	33.76	14.65	4.46
赣江主支站	1.29	12.26	35.48	40.65	8.39	1.94
修河口站	1.94	28.39	36.77	20.65	12.26	0.00
星子站	1.94	9.03	25.81	40.65	18.71	3.87
蛤蟆石站	1.41	11.27	24.65	30.99	26.76	4.93
湖口站	1.56	14.82	38.22	26.37	15.91	3.12
平均值	1.72	11.12	27.92	31.96	19.00	8.28

表 7.16　鄱阳湖例行监测点位判别后水质类别所占比例统计(考虑多因子) (单位：%)

点位名称	Ⅰ类	Ⅱ类	Ⅲ类	Ⅳ类	Ⅴ类	劣Ⅴ类
昌江口站	2.96	36.30	35.56	11.11	9.63	4.44
乐安河口站	7.20	21.60	22.40	11.20	15.20	22.40
信江东支站	2.50	20.83	35.00	20.83	14.17	6.67
鄱阳站	1.92	19.87	19.87	19.87	21.79	16.67
龙口站	1.32	23.03	22.37	25.66	14.47	13.16
康山站	0.68	39.19	33.78	12.16	10.14	4.05
赣江南支站	0.68	26.71	29.45	21.23	15.07	6.85
抚河口站	1.40	44.76	32.87	10.49	8.39	2.10
信江西支站	2.14	37.86	26.43	20.00	8.57	5.00
棠荫站	2.80	40.56	24.48	17.48	9.79	4.90
都昌站	1.95	34.42	24.68	23.38	11.04	4.55
渚溪口站	3.82	36.31	31.85	15.92	8.92	3.18
赣江主支站	1.94	45.16	32.90	12.26	6.45	1.29
修河口站	6.45	57.42	21.94	4.52	9.68	0.00
星子站	2.58	36.77	29.68	18.06	10.97	1.94
蛤蟆石站	1.41	38.03	24.65	18.31	15.49	2.11
湖口站	1.72	29.95	38.38	18.56	9.36	2.03
平均值	2.56	34.63	28.61	16.53	11.71	5.96

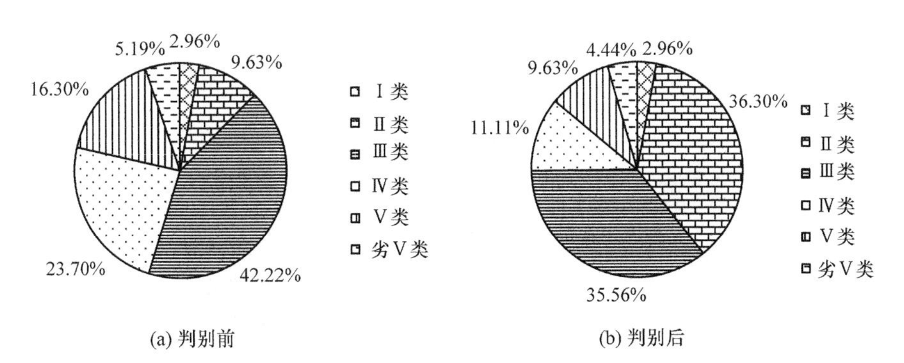

图 7.56　昌江口站判别前后水质类别对比图(考虑多因子)

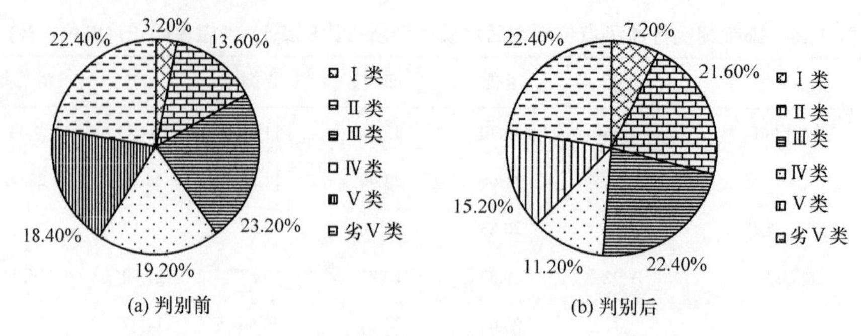

图 7.57　乐安河口站判别前后水质类别对比图(考虑多因子)

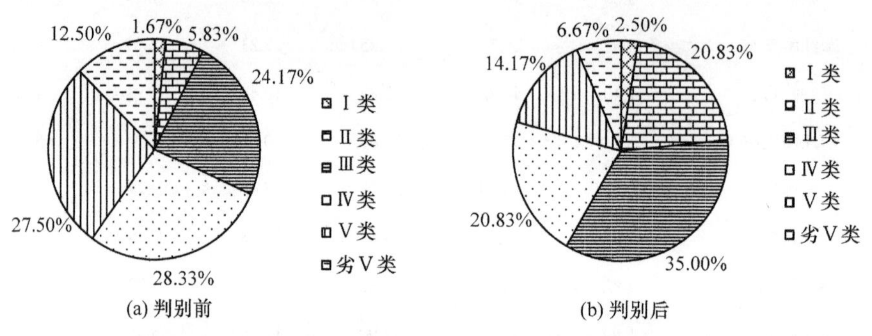

图 7.58　信江东支站判别前后水质类别对比图(考虑多因子)

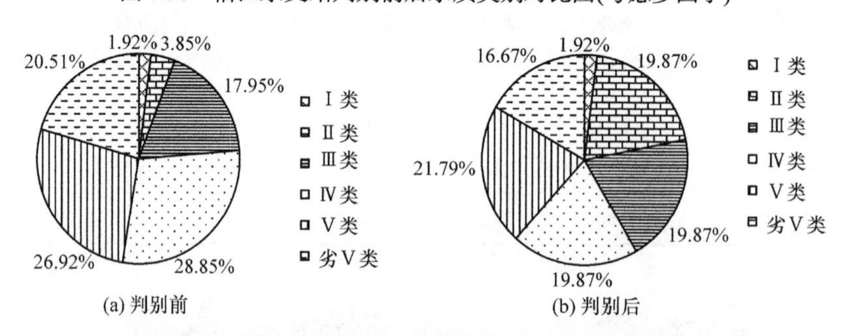

图 7.59　鄱阳站判别前后水质类别对比图(考虑多因子)

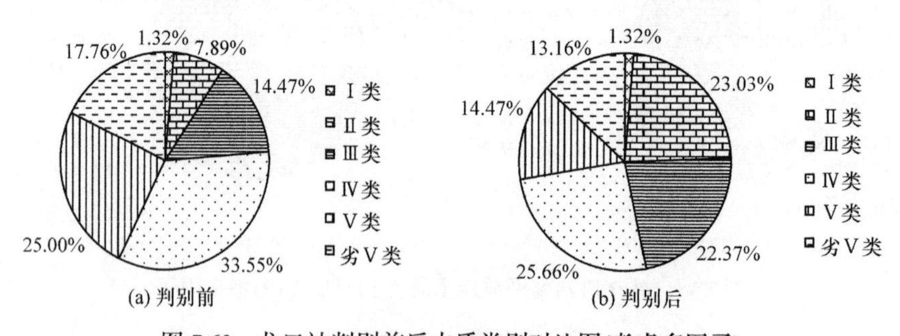

图 7.60　龙口站判别前后水质类别对比图(考虑多因子)

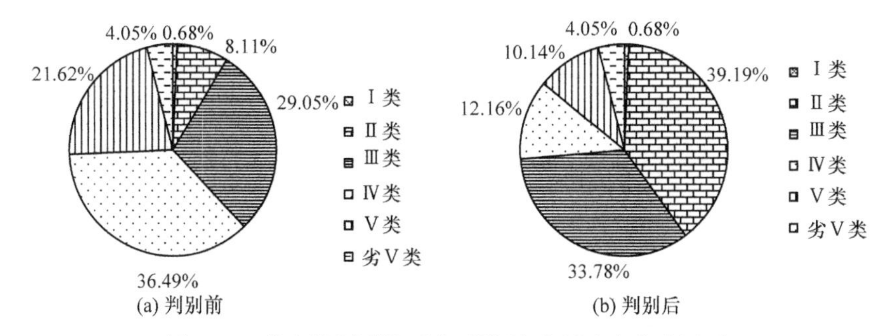

(a) 判别前 (b) 判别后

图 7.61 康山站判别前后水质类别对比图(考虑多因子)

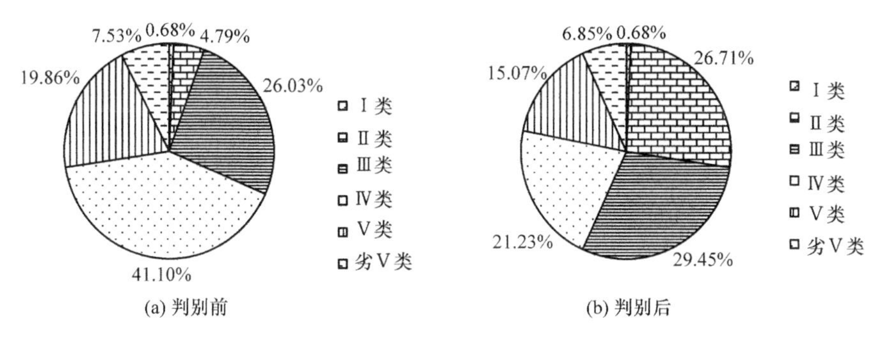

(a) 判别前 (b) 判别后

图 7.62 赣江南支站判别前后水质类别对比图(考虑多因子)

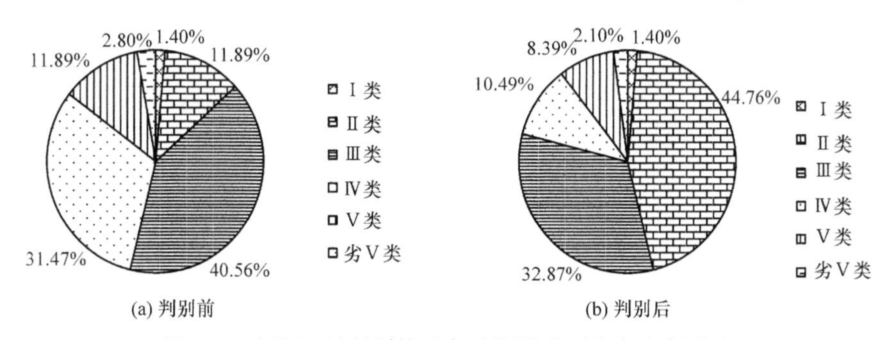

(a) 判别前 (b) 判别后

图 7.63 抚河口站判别前后水质类别对比图(考虑多因子)

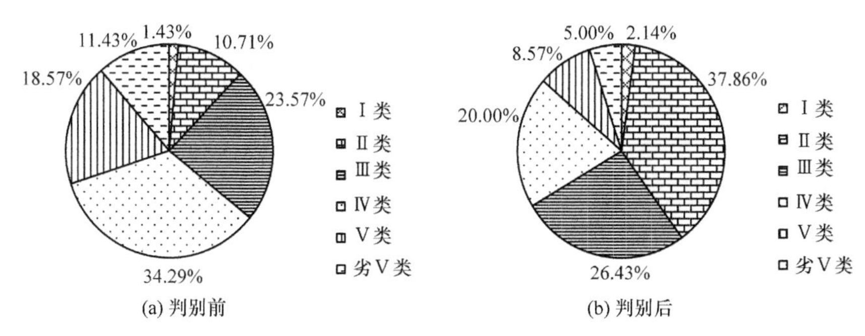

(a) 判别前 (b) 判别后

图 7.64 信江西支站判别前后水质类别对比图(考虑多因子)

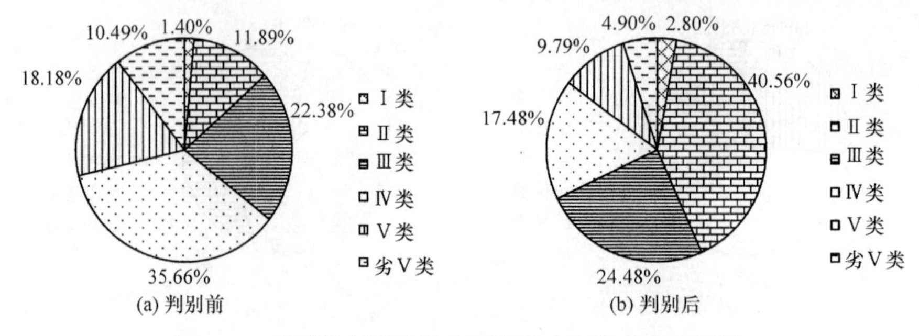

图 7.65　棠荫站判别前后水质类别对比图(考虑多因子)

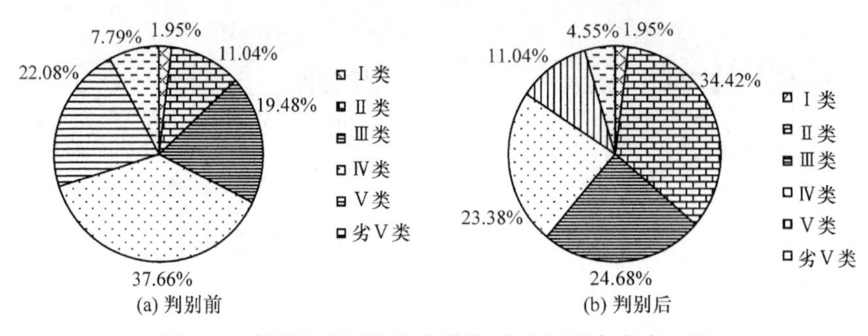

图 7.66　都昌站判别前后水质类别对比图(考虑多因子)

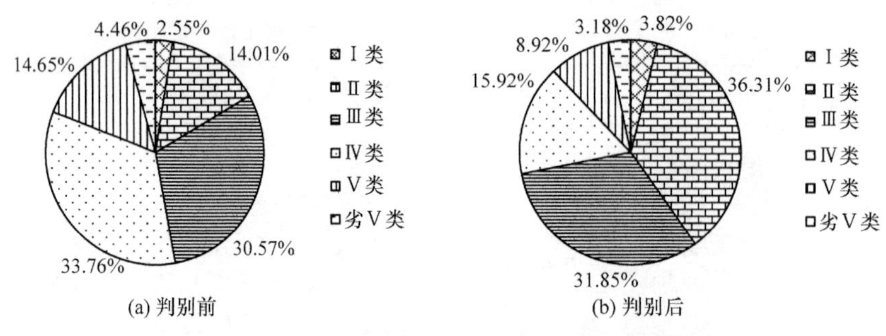

图 7.67　渚溪口站判别前后水质类别对比图(考虑多因子)

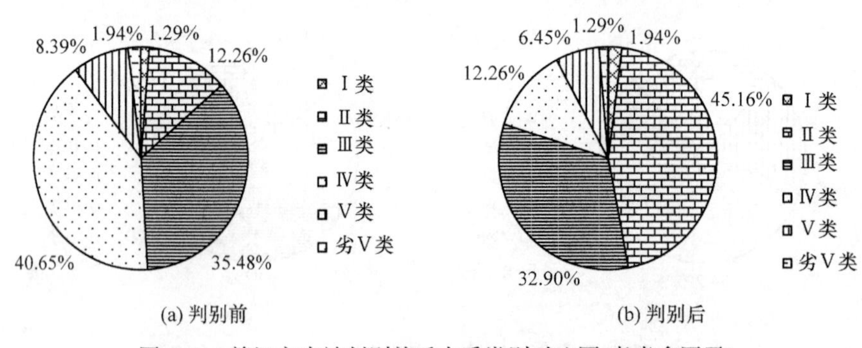

图 7.68　赣江主支站判别前后水质类别对比图(考虑多因子)

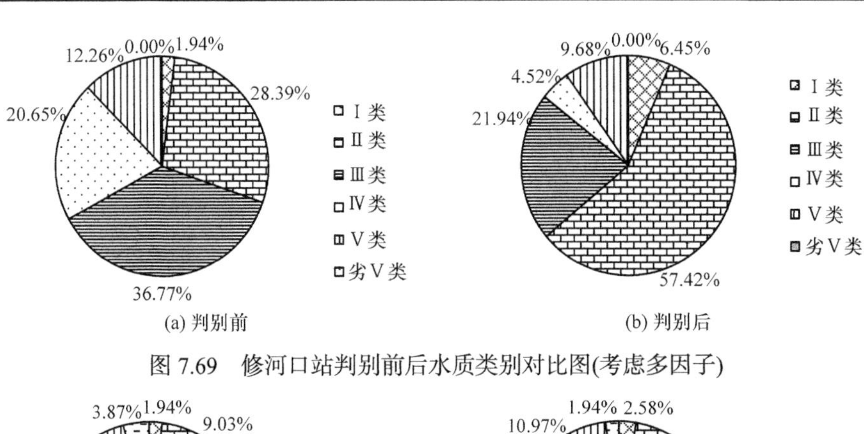

图 7.69　修河口站判别前后水质类别对比图(考虑多因子)

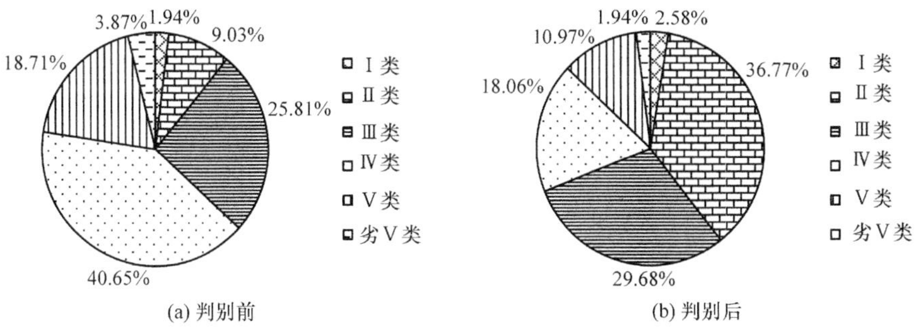

图 7.70　星子站判别前后水质类别对比图(考虑多因子)

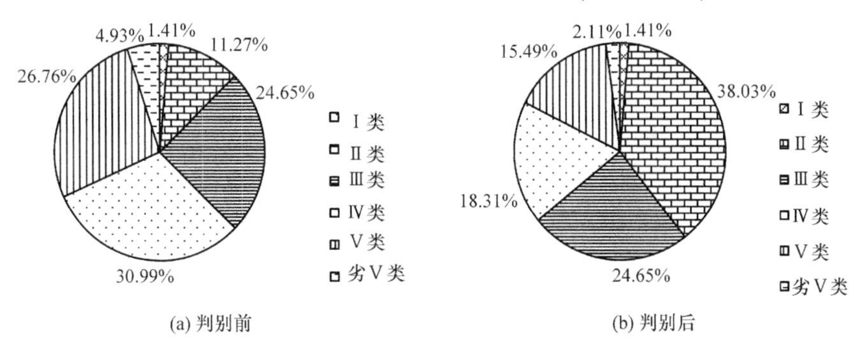

图 7.71　蛤蟆石站判别前后水质类别对比图(考虑多因子)

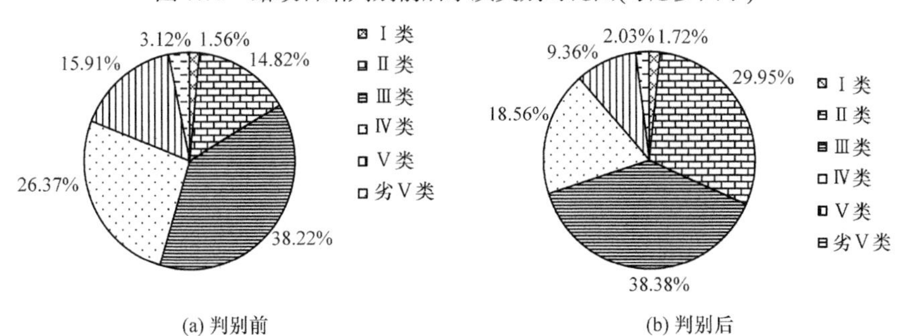

图 7.72　湖口站判别前后水质类别对比图(考虑多因子)

第8章　结论与建议

8.1　结　　论

鄱阳湖水文情势受流域来水及长江共同作用，上游五河、长江和鄱阳湖间交换关系发生了较大变化，鄱阳湖最高水位降低，枯水期持续时间延长，导致湖区水文情势呈现出“高水湖相，低水河相”这种新的特点。原本单一的湖相水质判别标准已不适用于鄱阳湖水质的判别。开展鄱阳湖河-湖两相不同形态下水质评价优化体系研究，不但能够合理掌握不同水期不同水体形态下鄱阳湖的水质状况，揭示其水质变化趋势及规律，而且能为流域水环境管理和规划提供与实际情况更为相符的数据支撑及决策依据，进而为推进鄱阳湖生态经济区和鄱阳湖生态水利枢纽工程建设、永葆鄱阳湖一湖清水以及鄱阳湖生态保护提供理论和技术支撑。

本书考虑了综合水深、流速、水龄、通江水体面积四种因子的数学判别方法，对鄱阳湖9个分区共计19个例行监测点位进行判别。判别过程中，基本河相水位H_{RN}=9.14m(下限临界值)，基本湖相水位H_{LN}=13.14m(上限临界值)，根据星子站多年实测结果给定，当星子站水位高于13.14m时，判别湖泊为基本湖相；当星子站水位低于9.14m时，判别为基本河相。基于各区水位站长序列实测数据，建立了不同月份各区与星子站水位相关方程，从而确定了星子站H_{RN}、H_{LN}水位条件下，其余各点位临界判别水位。基于丰水年、平水年、枯水年三个水平年数值模拟结果，以及鄱阳湖各点位河-湖两相判别临界参数，确定鄱阳湖19个例行监测点位主要判别区间集中在2～5月及9～11月这两个阶段。昌江口站(No.1)、乐安河口站(No.2)、信江东支站(No.3)、鄱阳站(No.4)、龙口站(No.5)五个测点位于湖泊东部入湖河口及湖湾区域，1～4月、11～12月基本体现为河相，5～10月基本体现为湖相。瓢山站(No.6)点位逐步向主湖区迁移，4月水位已接近湖相临界水位，故以湖相为主，全年河相主导阶段共6个月，分别为1～3月、10～12月。康山站(No.7)、赣江南支站(No.8)、抚河口站(No.9)、信江西支站(No.10)四个站点位于南部湖湾及入湖口区域，湖底地形较高，水动力条件较好，全年河相主导时期增加至7个月，分别为1～4月、10～12月，5～9月以湖相为主。棠荫站(No.11)接近鄱阳湖中泓区，水流较强，河相主导时期也长于湖相，全年河-湖两相分区与上述四个点位一致。都昌站(No.12)、渚溪口站(No.13)两个站点10月水深、水流等条件以湖相为主，全年河相与湖相时期分别为6个月。蚌湖站(No.14)站点全年判别为湖相，因其是鄱阳湖内属碟形湖，当枯季水位较低时，其依然以独立湖相存在。赣江主支站(No.15)、修河口站(No.16)位于西部入湖河口区域，全年河相主导阶段为 10 月～次年 4 月，湖相为 5～9 月。星子站(No.17)、蛤蟆石站(No.18)两个点位全年河相、湖相分布一致，11 月～次年 4 月以河相为主，5～10 月为湖相。湖口站(No.19)位于江湖交汇区域，水深与水流条件较好，12 月～次年 3 月体现为河相，4～11 月以湖相为主。

基于监测点位水质稳定性及相邻点位水质相关性，对鄱阳湖现有监测点位进行了优化布设。基于河-湖两相判别结果，以总磷体为主要水质因子对鄱阳湖 17 个监测点位共计 2973 个样本数据进行回顾性评价。重新评价样本为 1472 个，占总样本数的 49.51%。重新评价后水质类别有所提高的为 1358 个，占所有重新判定的 92.26%，其中提高一个等级的样本个数 486 个，提高两个等级的样本个数 872 个，分别占 35.79%、64.21%。对于重新评价的水质样本，除少数样本判别后结果和判别前一致外，绝大多数的水质类别有所提高。基于河-湖两相判别所开展的水质评价结果显著改善。

8.2 建　　议

国内外针对通江湖泊“一湖两标”的水质评价体系研究尚不多见。本书提出了考虑水深、水动力、水龄等多因素的河-湖两相定量判别方法体系，实现了鄱阳湖特定空间点位特定时间尺度下的河-湖两相定量判别。本书对于通江湖泊形态的定量化判别研究提供了参考，也为建立完善的通江湖泊水环境保护理论体系奠定了重要基础。在后续研究中，建议关注以下两个方面。

(1) 本书河-湖两相判别所考虑的因子主要是水文因子，而对生态因子尚未涉及。对河流、湖泊而言，一些生态要素如水生植物、水生动物等也是能很好体现其形态特征的重要指标，在后续研究过程中，可进一步增加判别因子类型，完善河-湖两相判别成果。

(2) 本书研究是基于鄱阳湖与上游五河及下游长江自然交换状态开展的，若鄱阳湖与外部江河实现人工调控，则判别结果需根据调控方案进一步优化。